河南省"十二五"普通高等教育规划教材
经河南省普通高等学校教材建设指导委员会审定

高等职业院校信息技术应用"十三五"规划教材

Gaodeng Zhiye Yuanxiao Xinxi Jishu Yingyong Shisanwu Guihua Jiaocai

计算机应用基础
项目化教程
（Windows 7+Office 2010）

JISUANJI YINGYONG JICHU XIANGMUHUA JIAOCHENG

王东霞　郝小会　主编

程亚维　白香芳　周观民　申玉霞　副主编

U0347304

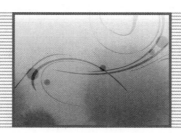

人民邮电出版社
北京

图书在版编目（CIP）数据

计算机应用基础项目化教程：Windows 7+Office
2010 / 王东霞，郝小会主编. -- 北京：人民邮电出版
社，2016.8（2020.9重印）
高等职业院校信息技术应用"十三五"规划教材
ISBN 978-7-115-42727-4

Ⅰ．①计… Ⅱ．①王… ②郝… Ⅲ．①Windows操作系
统－高等职业教育－教材②办公自动化－应用软件－高等
职业教育－教材 Ⅳ．①TP316.7②TP317.1

中国版本图书馆CIP数据核字(2016)第129486号

内 容 提 要

本书是按照高职高专院校计算机基础教育基本要求编写的，结合了"全国计算机等级考试一级 MS Office 考试大纲"，以实用性为原则，以项目教学为主线，采用"任务驱动，问题导向"的编写方式，突出计算机操作应用。为方便教学，本书设有案例教学、知识拓展、技能提升等模块，涵盖了不同专业不同层次学生必须掌握的计算机应用知识，方便教师围绕案例开展教学,引导学生自主学习探索。

本书分为 8 个项目，由 23 个工作任务组成，主要内容包括认识计算机、Windows7 操作、Word 2010 文档编辑与排版、Excel 2010 电子表格应用操作、PowerPoint 2010 演示文稿制作、网络与 Internet 应用、常用工具软件应用、全国计算机一级 MS Office 等级考试等。

本书将理论教学和实践教学相结合，把重点放在案例和实际应用上,适合作为非计算机专业的计算机基础课程教材，也可作为计算机爱好者的自学参考书及全国计算机等级考试的培训教材。

◆ 主　　编　王东霞　郝小会
　　副 主 编　程亚维　白香芳　周观民　申玉霞
　　责任编辑　范博涛
　　责任印制　焦志炜

◆ 人民邮电出版社出版发行　　北京市丰台区成寿寺路 11 号
　　邮编　100164　电子邮件　315@ptpress.com.cn
　　网址　http://www.ptpress.com.cn
　　北京天宇星印刷厂印刷

◆ 开本：787×1092　1/16
　　印张：19　　　　　　　　2016 年 8 月第 1 版
　　字数：472 千字　　　　　2019 年 9 月北京第 8 次印刷

定价：39.00 元

读者服务热线：**(010)81055256**　印装质量热线：**(010)81055316**
反盗版热线：**(010)81055315**

前言

　　高职高专培养的是技术技能人才，注重学生实践技能的提高和知识迁移能力的培养。针对这一目标，本书结合"全国计算机等级考试一级 MS Office 考试大纲"，在教学设计上，突出就业岗位对知识和技能的需求，以需求为导向设计项目和工作任务；在教学内容组织上，强调工作过程导向，通过解决工作过程的实际问题引入知识，围绕应用讲理论，取舍适度；在教与学的方法上，强调提出问题、解决问题、归纳问题、实践提高，以培养学生的实际工作能力。

　　从教学的角度，教材内容分为必学和自学两部分。必学内容以任务为主体展开，使多数学生能掌握计算机应用的基本技巧，能在自己所从事的领域较熟练地应用计算机办公软件；自学内容通过知识拓展展开，学生通过自学可以使其理论知识和技术水平得到进一步提高。从考取等级证书的角度，教材内容分为等考必修和任务拓展两部分。等考必修内容紧密结合全国计算机等级考试一级考试大纲，包括任务 1～7、任务 10～19 和任务 23，通过学习使多数学生能顺利通过等考；任务拓展包括任务 8、任务 9、任务 20～22，通过学习使学生实践技能达到拓展和延伸。

　　本书是一个教学团队精心合作的成果，所有的参编人员均有多年计算机应用基础教学经验。编写分工如下：任务 1、任务 2 由郝小会编写，任务 3、任务 4、任务 14、任务 17 由白香芳编写，任务 5、任务 12 由申玉霞编写，任务 6、任务 18 由王东霞编写，任务 7、任务 11 由周观民编写，任务 8、任务 19、任务 20 由冯艳茹编写，任务 9、任务 16 由杨小影编写，任务 10、任务 13 由程亚维编写，任务 15 由李攀编写，任务 21、任务 22、任务 23 由张晓利编写。全书由王东霞、郝小会担任主编，并负责总体设计和最后的统稿工作，程亚维、白香芳、周观民、申玉霞担任副主编。

　　本书的所有案例及素材均可从出版社网站上下载，或联系作者 wdxbest@163.com 邮箱获取。同时，为更好地服务教学，本书提供了丰富的数字化资源，师生可以通过以下两种方式获取学习资源：一是手机扫描教材中的二维码，即可获得；二是进入梧桐花教育在线学习平台（www.51suiyixue.com）搜索教材配套资源。

　　本书在编写的过程中得到了济源职业技术学院教材科及计算机应用基础教研室全体老师的大力支持和帮助，在此深表感谢！

　　由于编者水平有限，不足之处在所难免，恳请广大读者批评指正。

编　者
2016 年 7 月

目 录 CONTENTS

项目一 认识计算机

任务 1 计算机基础知识 2

任务 2 认识键盘与练习打字 31

项目二 Windows 7 操作

任务 3 创建一个新用户 42

任务8　批量制作新生入学通知书　118

任务9　编排毕业论文　125

项目四　Excel电子表格应用操作

任务10　制作学生信息登记表　136

项目五　PowerPoint 演示文稿制作

项目六　网络与 Internet 应用

项目一

认识计算机

现在，以计算机技术为核心的信息技术已经成为人类社会的一个重要组成部分，已渗透到人们工作和生活的每个角落。本项目主要讲解计算机的基础知识，从计算机的发展、数制转换、计算机系统组成，计算机的主要性能指标、计算机病毒及其防治、计算机多媒体知识及计算机编码等多个方面来认识计算机。通过项目的学习，可对计算机文化有一个较深的了解。

本项目包括以下任务：

任务 1 计算机基础知识

任务 2 认识键盘与练习打字

PART 1

任务 1
计算机基础知识

1.1　任务描述

由于学习的需要，小张要组装一台计算机，虽然他喜欢玩计算机游戏，但对计算机系统及外围知识不是很了解，为了更好地使用计算机，他需要了解一些计算机的基础知识。下面是计算机老师为他设计的学习思路。

1.2　解决思路

本任务的解决思路如下。
① 了解计算机的发展、特点、分类及应用。
② 了解数制表示与数制转换。
③ 熟悉计算机系统组成以及数据编码。
④ 了解计算机病毒及其预防。
⑤ 了解多媒体基础。

1.3　任务实施

1.3.1　计算机概述

计算机是一种按程序控制自动进行信息加工处理的通用工具。它的处理对象和结果都是信息。单从这点来看，计算机与人的大脑有某些相似之处。因为人的大脑和五官也是信息采集、识别、转换、存储、处理的器官，所以人们常把计算机称为电脑。

随着信息时代的到来，信息高速公路的兴起，全球信息化进入了一个全新的发展时期，人们越来越认识到计算机强大的信息处理功能。人们在满足物质需求的同时，对各种信息的需求也将日益增强，计算机已经成为人们生活中必不可少的工具。

1. 计算机的发展简史

1946 年 2 月，世界上第一台计算机 ENIAC（Electronic Numerical Integrator And Calculator，电子数字积分计算机）在美国诞生了，由美国国防部和美国宾西法尼亚大学共同研制成功的。ENIAC 占地面积为 170 平方米，重达 30 多吨，耗电量每小时 150 千瓦，使用了 18800 多个电子管，内存容量为 16 千字节，字长为 12 位，运行速度仅有每秒 5000 次，且可靠性差。但它的诞生揭开了人类科技的新纪元，也是人们所称的第四次科技革命（信息革命）的开端。

从第一台电子计算机诞生到现在，计算机技术飞速发展。通常根据计算机采用的电子元件不同而划分为：电子管、晶体管、中小规模集成电路和大规模超大规模集成电路等四个阶段。

（1）第一代计算机

第一代计算机（1946—1957），通常称为电子管计算机时代，其主要特点如下。

① 采用电子管作为逻辑开关元件。

② 存储器使用水银延迟线、静电存储管、磁鼓等。

③ 外部设备采用纸带、卡片、磁带等，运算速度每秒几千次到几万次，内存储器容量也非常小（仅 1000 ~ 4000 字节）。

④ 计算机程序设计语言还处于最低级阶段，用一串 0 和 1 表示的机器语言进行编程，由于没有操作系统，操作机器非常困难，直到 20 世纪 50 年代中期才出现了汇编语言。

第一代计算机体积庞大、造价昂贵、速度低、存储容量小、可靠性差、不易掌握，主要应用于军事目的和科学研究领域。

（2）第二代计算机

第二代计算机（1958—1964），人们通常称为晶体管计算机时代，其主要特点如下。

① 使用半导体晶体管作为逻辑开关元件。

② 使用磁芯作为主存储器，辅助存储器采用磁盘和磁带。

③ 输入/输出方式有了很大改进。

④ 开始使用操作系统，有了各种计算机高级语言 BASIC、FORTRAN 和 COBOL 的推出，使计算机工作的效率大大提高。

第二代计算机与第一代计算机相比较，晶体管计算机体积小，成本低，重量轻，功耗小，速度高，功能强且可靠性高。使用范围也由单一的科学计算扩展到数据处理和事务管理等领域中。

（3）第三代计算机

第三代计算机（1965—1971），通常称为集成电路计算机时代，其主要特点如下。

① 使用中、小规模集成电路作为逻辑开关元件。

② 开始使用半导体存储器。辅助存储器仍以磁盘、磁带为主。

③ 外部设备种类和品种增加。

④ 开始走向系列化、通用化和标准化。

⑤ 操作系统进一步完善，高级语言数量增多，这一时期还提出了结构化、模块化的程序设计思想，出现了结构化的程序设计语言 Pascal。

这一时期的计算机同时向标准化、多样化、通用化、机种系列化发展。IBM—360 系列是最早采用集成电路的通用计算机，也是影响最大的第三代计算机的代表。

（4）第四代计算机

第四代计算机（1971 年以后），通常称为大规模或超大规模集成电路计算机时代。其主要特点如下。

① 使用大规模、超大规模集成电路作为逻辑开关元件。

② 主存储器采用半导体存储器，辅助存储器采用大容量的软、硬磁盘，并开始引入和使

用光盘。

③ 外部设备有了很大发展，采用光字符阅读器（OCR）、扫描仪、激光打印机和绘图仪。

④ 操作系统不断发展和完善，数据库管理系统有了更新的发展，软件行业已发展成为现代新型的工业产业。

从 80 年代开始，日本、美国以及欧洲共同体都相继开展了新一代计算机的研究。新一代计算机是把信息采集、存储、处理、通信和人工智能结合在一起的计算机系统，它不仅能进行一般信息处理，而且能面向知识处理，具有形式推理、联想、学习和解释能力，能帮助人类开拓未知的领域和获取新的知识。

2. 计算机的发展趋势

随着电子和网络技术的发展，计算机的发展异常迅速，计算机的发展趋势呈现多样化，可概括为：巨型化、微型化、网络化和智能化。

巨型化指的是速度高、存储容量大、功能强的超大型计算机。巨型计算机主要用于满足尖端科学技术、军事、气象等学科研究的需要，同时也可满足计算机人工智能和知识工程研究的需要。

微型化是以超大规模集成电路为基础。目前，微型计算机已进入仪器、仪表、家用电器等小型设备中，同时也作为工业控制过程的心脏，使仪器设备实现"智能化"，从而使整个设备的体积大大缩小，重量大大减轻。

网络化是以计算机网络为基础，实现资源共享。事实表明，网络的应用已成为计算机应用的重要组成部分，现代的网络技术已成为计算机技术中不可缺少的内容。

智能化是计算机发展的总趋势。智能化是指计算机具有模仿人类较高层次智能活动的能力，使计算机不仅能根据人的指挥进行工作，而且还具有逻辑推理、学习与证明的能力。这样的新一代计算机是智能型的，它能代替人的部分脑力劳动。

3. 计算机的特点

计算机是一种能快速、高效地对各种信息进行存储和处理的电子设备。它按照人们事先编写的程序对输入的原始数据进行加工处理、存储或传送，以获得预期的输出信息，并利用这些信息来提高社会生产率、改善人民的生活质量。计算机具有以下几个特征。

① 运算速度快。计算机不仅具有快速运算的能力，而且能自动连续地高速运算，处理许多极复杂的科学问题。

② 精确度高，可靠性好。计算机不仅能达到用户所需的计算精度，而且可以连续无故障运行的时间也是其他运算工具无法比拟的。

③ 存储容量大，具有记忆能力和逻辑判断能力。计算机具有记忆功能，可以存储大量的信息；计算机还具有逻辑运算的功能，能对信息进行识别、比较、判断。

④ 过程控制能力高。计算机是自动化电子设备，在工作过程中不需人工干预，能自动执行存放在存储器中的程序。

⑤ 适用范围广，高性能的实时通信和交流能力。由于计算机技术和通信技术的密切结合，它可使分散在各地的计算机及其外围设备通过网络将数据直接发送、集中、交换和再分配。数据具有实时性、可交换性，从而大大提高了信息处理的效率。

⑥ 信息表达形式的直观性和使用的方便性。计算机可利用各种输出与输入设备将信息以人们能够理解与使用的方式输入与输出。

4．计算机的应用领域

计算机以其卓越的性能和强大的生命力，在科学技术、国民经济、社会生活等各个方面得到了广泛的应用，并且取得了明显的社会效益和经济效益。计算机的应用领域非常广阔，归纳起来主要有以下几个方面。

（1）科学计算

科学计算是计算机最早、最成熟的应用领域。科学计算所解决的大都是从科学研究和工程技术中所提出的一些复杂的数学问题，计算量大而且精度要求高，要求计算机高速运算和存储量大。例如，在高能物理方面的分子、原子结构分析，可控热核反应的研究，反应堆的研究和控制；地球物理方面的气象预报、水文预报、大气环境、水坝应力计算、房屋抗震强度计算的研究；在宇宙空间探索方面的人造卫星轨道计算、宇宙飞船的研制和制导等。

（2）自动控制

自动控制（实时控制）是指通过计算机对某一个过程进行自动操作，即对生产过程中所采集到的数据按照一定的算法处理，然后反馈到执行机构去控制相应过程，它是生产自动化的重要技术和手段。计算机在自动控制方面的应用，大大促进了自动化技术的普及和提高。例如，用计算机控制炼钢、控制机床等。

（3）信息处理

信息处理指非工程方面的所有计算、管理以及操纵任何形式的数据资料，是目前计算机应用最广泛的领域之一。例如，企业的生产管理、质量管理、财务管理、仓库管理、各种报表的统计和账目计算等。信息处理应用领域非常广阔，全世界将近 80%的微型计算机都应用于各种管理。

（4）人工智能

人工智能又称智能模拟，利用计算机系统模仿人类的感知、思维、推理等智能活动，是利用计算机模拟人脑部分功能的高级功能。它是在计算机科学、控制论等基础上发展起来的边缘学科，包括专家系统、机器翻译、自然语言理解等。例如数据库的智能性检索、智能机器人、模式识别、自动翻译、战术研究、密码分析和医疗诊断等。

（5）计算机辅助设计

计算机在计算机辅助设计（CAD）、计算机辅助制造（CAM）和计算机辅助教学（CAI）等方面发挥着越来越大的作用。利用计算机作为工具辅助产品测试的计算机辅助测试（CAT）；利用计算机对学生的教学、训练和对教学事务进行管理的计算机辅助教育（CAE）；利用计算机对文字、图像等信息进行处理、编辑、排版的计算机辅助出版系统（CAP）等。

例如，利用计算机部分代替人工进行汽车、飞机、家电、服装等的设计和制造，可以使设计和制造的效率提高几十倍，质量也大大提高。在教学中使用计算机辅助系统，不仅可以节省大量人力、物力，而且使教育、教学更加规范，从而提高教学质量。

（6）电子商务

电子商务是指在计算机网络上进行的商务活动。它是涉及企业和个人各种形式的、基于数字化信息处理和传输的商业交易。它包括电子邮件、电子数据交换、电子资金转账、快速响应系统、电子表单和信用卡交易等电子商务的一系列应用，又包括支持电子商务的信息基础设施。

1.3.2　数制基础

现在人们常用十进制来进行计数，十进制就是逢十进一的计数方法；钟表计时方式采用六十进制表示方法，即一小时等于六十分钟，一分钟等于六十秒的逢六十进一的计数方法。计算机根据电学特性在数据处理中使用二进制表示方法。

1. 数制定义

数制也称为计数制，是指用一组固定的符号和统一的规则来表示数值的方法。数制分为进位计数制和非进位计数制，目前计数方法一般采用进位计数制。在进位计数制中有数位、基数和位权三个要素。

① 数位：是指数码在一个数中所处的位置。

② 基数：是指在某种进位计数制中，每个数位上所能使用的数码的个数，例如十进位计数制中，每个数位上可以使用的数码为 0～9 十个数码，即其基数为 10。

③ 位权：是指在某种进位计数制中，每个数位上的数码所代表的数值的大小，等于在这个数位上的数码乘上一个固定的数值，这个固定的数值就是此种进位计数制中该数位上的位权。数码所处的位置不同，代表数的大小也不同。

2. 常用数制

进位计数制很多，这里主要介绍与计算机技术有关的几种常用进位计数制。

（1）十进制（Decimal）

十进位计数制简称十进制。十进制数有十个不同的数码符号 0、1、2、3、4、5、6、7、8、9。每一个数码符号根据它在这个数中所处的位置（数位），按"逢十进一"来决定其实际数值，即各数位的位权是以 10 为底的幂次方。

（2）二进制（Binary）

二进位计数制简称二进制。二进制数有两个不同的数码符号 0、1。每个数码符号根据它在这个数中的数位，按"逢二进一"来决定其实际数值。

（3）八进制（Octal）

八进位计数制简称八进制。八进制数有八个不同的数码符号 0、1、2、3、4、5、6、7。每个数码符号根据它在这个数中的数位，按"逢八进一"来决定其实际数值。

（4）十六进制（Hexadecimal）

十六进位计数制简称为十六进制。十六进制数有十六个不同的数码符号 0、1、2、3、4、5、6、7、8、9、A、B、C、D、E、F。由于数字只有 0～9 十个，而十六进制要使用十六个数字，所以用 A～F 六个英文字母分别表示数字 10～15。每个数码符号根据它在这个数中的数位，按"逢十六进一"来决定其实际的数值。

3. 计算机数制表示方式

（1）数制表示方式

为了区分不同数制的数，书中约定，对于不同数制 R 的数据 N，可记作（N）R。如（11101）₂、（627）₈、（E7）₁₆，分别表示二进制数 11101、八进制数 627 和十六进制数 E7。不用括号及下标的数据，默认为十进数。人们也习惯在一个数的后面加上字母 D（十进制）、B（二进制）、O（八进制）、H（十六进制）来表示其前面的数据采用的数制。如 1010B 表示二进制数 1010；E05H 表示十六进制数 E05。表 1.1 中列出了几种常用进位计数制表示法。

表 1-1　四种计数制的对应表

二进制	八进制	十进制	十六进制	二进制	八进制	十进制	十六进制
0000	000	00	0	1000	010	08	8
0001	001	01	1	1001	011	09	9
0010	002	02	2	1010	012	10	A
0011	003	03	3	1011	013	11	B
0100	004	04	4	1100	014	12	C
0101	005	05	5	1101	015	13	D
0110	006	06	6	1110	016	14	E
0111	007	07	7	1111	017	15	F

（2）计算机内部数据表示

计算机内部采用二进制数制进行数据处理，这是因为二进制具有如下特点。

① 简单可行，容易实现。因为二进制仅有两个数码 0 和 1，可以用两种不同的稳定状态（如有磁和无磁，高电位和低电位等）来表示。计算机的各组成部分都是有两个稳定状态的电子元件组成，它不仅容易实现，而且稳定可靠。

② 运算规则简单。二进制的计算规则非常简单。以加法为例，二进制加法规则仅有四条，即 0+0=0，1+0=1，0+1=1，1+1=10（逢二进一）。

③ 适合逻辑运算。二进制中的 0 和 1 正好分别表示逻辑代数中的假值（False）和真值（True），采用二进制数进行逻辑运算非常容易实现。

但是，二进制也有明显的缺点，数字冗长，书写繁复，容易出错，不便阅读。所以在计算机技术文献的书写中，常用十六进制数表示，它可以弥补二进制数书写位数过长的不足。

4. 非十进制数转换成十进制数

（1）进位计数制按权展开式

进位计数制逢 N 进一，N 是指进位计数制表示一位数所需要的符号数目，称为基数。处在不同位置上的数字所代表的值是确定的，这个固定位上的值称为位权，简称"权"。各进位制中位权的值恰巧是基数的若干次幂。因此，任何一种数制表示的数都可以写成按权展开的多项式之和。

设一个基数为 r 的数值 N，$N=(d_{n-1}d_{n-2}\cdots d_1d_0d_{-1}\cdots d_{-m})$，则 N 的展开为，

$$N=d_{n-1}\times r^{n-1}+d_{n-2}\times r^{n-2}+\cdots+d_1\times r^1+d_0\times r^0+d_{-1}\times r^{-1}+\cdots+d_{-m}\times r^{-m}$$

非十进制数转换成十进制数采用按权展开的方法，可以把任意数制的一个数转换成十进制数。

（2）非十进制数转换成十进制数

按权展开的方法，即把二进制数（或八进制数，或十六进制数）写成 2（或 8 或 16）的各次幂之和的形式，然后计算其结果。下面是将二进制、八进制和十六进制数转换为十进制数的例子。

例 1：将二进制数 110.101 转换成十进制数。

二进制转换为十进制

$(110.101)_2 = 1 \times 2^2 + 1 \times 2^1 + 0 \times 2^0 + 1 \times 2^{-1} + 0 \times 2^{-2} + 1 \times 2^{-3} = 4 + 2 + 0 + 0.5 + 0 + 0.125 = (6.625)_{10}$

例2：将八进制数 123 转换成十进制数。

$$(123)_8 = 1 \times 8^2 + 2 \times 8^1 + 3 \times 8^0 = 64 + 16 + 3 = (83)_{10}$$

例3：将十六进制数 2BA 转换成十进制数。

$$(2BA)_{16} = 2 \times 16^2 + 11 \times 16^1 + 10 \times 16^0 = 512 + 176 + 10 = (698)_{10}$$

由上述例子可见，只要掌握了数制的概念，那么将任意一个 R 进制的数转换成十进制数的方法都是一样的。

5. 十进制数转换成非十进制数

各种数制间的转换，重点是要掌握二进制整数与十进制整数之间的转换。把十进制数转换为二进制数、八进制数、十六进制数的方法是：整数部分转换采用"除 R 取余法"；小数部分转换采用"乘 R 取整法"。下面以十进制（123.48）$_{10}$转换二进制为例来讲解转换方法。

（1）整数部分的换算

把十进制整数转换成二进制整数的方法是采用"除 2 取余逆读"法。具体步骤是：把十进制整数除以 2 得到一个商数和一个余数；再将所得的商除以 2，得到一个新的商数和余数；这样不断地用 2 去除所得的商数，直到商等于 0 为止。每次相除所得的余数便是对应的二进制整数的各位数字。第一次得到的余数为最低有效位，最后一次得到的余数为最高有效位。这样各次取出的余数组成二进制数。

例如，将十进制数 123 转换成二进制数。

十进制转换为二进制

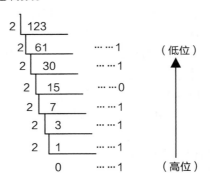

所以 $(123)_{10} = (1111011)_2$

把十进制整数转换为 R 进制数，也是采用这种"除 R 取余法"方法，例如，将十进制数 123 转换为八进数和十六进制数的转换方法。

所以 $(123)_{10} = (173)_8$ 所以 $(123)_{10} = (7B)_{16}$

（2）小数部分的换算

将已知的十进制数的纯小数（不包括乘后所得整数部分）反复乘以 2，取整数部分，直到乘积的小数部分为 0 或小数点后的位数达到精度要求为止。例如，将十进制小数 0.48 换算成二进制（精确到小数点后第 5 位）的方法如下：

$$0.48×2=0.96 \quad \cdots\cdots \quad 0（高位）$$
$$0.96×2=1.92 \quad \cdots\cdots \quad 1$$
$$0.92×2=1.84 \quad \cdots\cdots \quad 1$$
$$0.84×2=1.68 \quad \cdots\cdots \quad 1$$
$$0.68×2=1.36 \quad \cdots\cdots \quad 1 \quad（低位）$$

所以 $(0.48)_{10}=(0.01111)_2$

将十进制小数 0.48 转换为八进制和十六进制数方法同上。

$$0.48×8=3.84 \quad \cdots\cdots \quad 3（高位）$$
$$0.84×8=6.72 \quad \cdots\cdots \quad 6$$
$$0.72×8=5.76 \quad \cdots\cdots \quad 5$$
$$0.76×8=6.08 \quad \cdots\cdots \quad 6$$
$$0.08×8=0.64 \quad \cdots\cdots \quad 0 \quad（低位）$$

$$0.48×16=7.68 \quad \cdots\cdots \quad 7（高位）$$
$$0.68×16=10.88 \quad \cdots\cdots \quad A$$
$$0.88×16=14.08 \quad \cdots\cdots \quad E$$
$$0.08×16=1.28 \quad \cdots\cdots \quad 1$$
$$0.28×16=4.48 \quad \cdots\cdots \quad 4 \quad（低位）$$

所以 $(0.48)_{10}=(0.36560)_8$ 　　　　　　所以 $(0.56)_{10}=(0.7AE14)_{16}$

若要将十进制数（123.48）$_{10}$ 换算成二进制数、八进制数或十六进制数，则只需要将其整数部分和小数部分分别转换成二进制数、八进制数或十六进制数，最后将其结果组合起来即可。其最终结果如下：

$(123.48)_{10}=(1111011.01111)_2$

$(123.48)_{10}=(173.36560)_8$

$(123.48)_{10}=(7B.7AE14)_{16}$

6. 非十进制数之间的相互转换

由于二进制、八进制、十六进制之间存在着特殊的对应关系，即 $2^3=8$，$2^4=16$，所以每 3 位二进制数对应 1 位八进制数，每 4 位二进制数对应 1 位十六进制数。

（1）二进制数与八进制数的相互换算

因为每 3 位二进制数对应 1 位八进制数，所以二进制数换算成八进制数的方法是：以小数点为基准，整数部分从右向左，三位一组，最高位不足三位时，左边添 0 补足三位；小数部分从左向右，三位一组，最低位不足三位时，右边添 0 补足三位。然后将每组的三位二进制数用相应的八进制数表示，即得到八进制数。现将二进制数$(10011.0101)_2$换算为八进制数，不足三位的组合，在其对应数加 0，其转换方法：

$$010 \quad 011 \quad . \quad 010 \quad 100$$
$$2 \qquad 3 \quad . \quad 2 \qquad 4$$

所以，$(10011.0101)_2=(23.24)_8$

八进制数换算成二进制数的方法是：将每一位八进制数用三位对应的二进制数表示，转换时不够三位，可在数的左边用 0 补足三位。

例如，将八进制数$(217.36)_8$换算为二进制数的方法：

二进制和八进制、
十六进制相互转换

$$\begin{array}{ccccccc} 2 & 1 & 7 & . & 3 & 6 \\ 010 & 001 & 111 & . & 011 & 110 \end{array}$$

所以，$(217.36)_8 = (10001111.011110)_2$

（2）二进制数与十六进制数的相互换算

因为二进制的基数是 2，而十六进制的基数是 16。所以四位二进制数对应一位十六进制数。

二进制数换算成十六进制数的方法是：以小数点为基准，整数部分从右向左，四位一组，最高位不足四位时，左边添 0 补足四位；小数部分从左向右，四位一组，最低位不足四位时，右边添 0 补足四位。然后将每组的四位二进制数用相应的十六进制数表示，即可以得到十六进制数。

例如，将二进制数$(1011011.0111101)_2$换算成十六进制数的方法：

$$\begin{array}{cccc} 0101 & 1011 & . & 0111 & 1010 \\ \downarrow & \downarrow & & \downarrow & \downarrow \\ 5 & B & . & 7 & A \end{array}$$

所以，$(1011011.0111101)_2 = (5B.7A)_{16}$

十六进制数换算成二进制数的方法是：将每一位十六进制数用四位对应的二进制数表示。

例如，将十六进制数$(4F.A9)_{16}$转换为二进制数的方法：

$$\begin{array}{cccc} 4 & F & . & A & 9 \\ 0100 & 1111 & . & 1010 & 1001 \end{array}$$

所以，$(4F.A9)_{16} = (1001111.10101001)_2$

以上讨论可知，二进制与八进制、十六进制的转换比较简单、直观。所以在程序设计中，通常将书写起来很长、且容易出错的二进制数用简捷的十六进制数表示。

7. 关于计算机数据存储和访问的几个概念

在计算机内部，一切数据都是用二进制数的编码来表示。为了衡量计算机中数据的量，方便数据的处理和访问，人们规定了位、字节、字、字长和地址等概念。

（1）计算机中数据量的表示单位

位是计算机中存储数据的最小单位，二进制数中的每一个"0"和"1"都可称为"位"，因为其英文名为"bit"，故称为"比特"。

字节是计算机存储容量的基本单位，计算机存储容量的大小是用字节的多少来衡量的。其英文名为"byte"，通常用"B"表示，1 个字节由 8 位组成，即 1B=8bit。字节经常使用的单位还有 KB（千字节）、MB（兆字节）、GB（千兆字节）和 TB（太字节）等，它们与字节的关系是：

1 KB=2^{10}B=1024B

1 MB=2^{10}KB=1024KB

1 GB=2^{10}MB=1024MB

1 TB=2^{10}GB=1024GB

（2）数据处理单位

字是计算机内部作为一个整体参与运算、处理和传送的一串二进制数，其英文名为"Word"。字是计算机内 CPU 进行数据处理的基本单位。

字长是计算机 CPU 一次处理数据的实际位数，是衡量计算机性能的一个重要指标。字长越长，一次可处理的数据二进制位越多，运算能力就越强，计算精度就越高。目前，计算机字长有8位、16位、32位和64位，通常我们所说的 N 位的计算机是指该计算机的字长有 N 位二进制数。例如，586微机内部总线的字长是64位，被称为64位机，则586计算机一次最多可以处理64位数据。

（3）数据访问存取单位

为了对内存中的数据进行有效的管理和存取，把内存看作由许多存储单元组成，给每个存储单元一个唯一的序号，称为"地址"。通过地址可以从对应存储单元中取出数据（"读出"）或向对应的存储单元存入数据（"写入"）。内存地址是从0开始编址，每个存储单元存放一个字节的数据。内存地址是用二进制数表示的，书写格式一般用十六进制表示。假设某台式计算机内存储器的容量为1 KB，因为1 KB为1024字节，内存地址是从0开始编址，所以最后一个字节的地址编码应为1023，即十六进制的（03FF）H，那么该台计算机内存储器的编址范围为（0000）H~（03FF）H。

1.3.3　计算机系统组成

1.冯·诺依曼型计算机的基本结构

1945年美籍匈牙利科学家冯·诺依曼（John von Neumann）提出了一个"存储程序"的计算机方案。这个方案包含3个要点。

① 采用二进制数的形式表示数据和指令。

计算机指令由操作码和操作数两部分组成，操作码决定要完成的操作，操作数指参加运算的数据及其所在的单元地址。

② 将指令和数据存放在存储器中。

③ 计算机硬件由控制器、运算器、存储器、输入设备和输出设备5大部分组成。

其工作原理就是"顺序存储程序"，其核心是"程序存储"和"程序控制"。我们把按照"顺序存储程序"原理设计的计算机称为"冯·诺依曼型计算机"，其基本结构如图1-1所示。

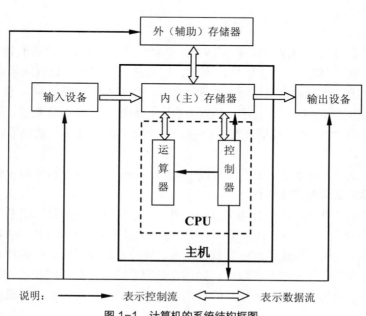

图1-1　计算机的系统结构框图

2.总线结构

微型计算机（简称微机）结构是以总线为核心将中央处理器（CPU）、存储器、输入/输出设备智能地连接在一起的。所谓总线，是指微型计算机各部件之间传送信息的通道。微型计算机的系统总线从功能上分为地址总线、数据总线和控制总线。微型计算机系统总线结构图如图1-2所示。

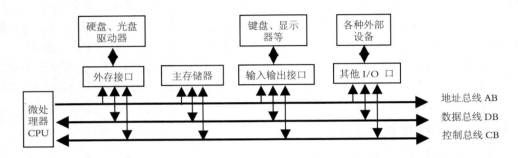

图1-2　总线结构图

（1）地址总线（AB）

地址总线上传送的是 CPU 向存储器、I/O 接口设备发出的地址信息，寻址能力是 CPU 特有的功能，地址总线上传送的地址信息仅由 CPU 发出，因而地址总线是单向传输的。地址总线的位数决定了 CPU 的寻址能力，也决定了微型机的最大内存容量。例如，16 位地址总线的寻址能力是 2^{16}=64 KB，而 32 位地址总线的寻址能力是 4GB。

（2）数据总线（DB）

数据总线是 CPU 与存储器、CPU 与 I/O 接口之间的传送数据信息（各种指令数据信息）的总线，这些信号通过数据总线往返于 CPU 与存储器、CPU 与 I/O 接口设备之间，因此，数据总线上的信息是双向传输的。数据总线的位数和微处理器的位数是相一致的，是衡量微机运算能力的重要指标。

（3）控制总线（CB）

控制总线传送的是各种控制信号，有 CPU 至存储器、I/O 接口设备的控制信号，有 I/O 接口送向 CPU 的应答信号、请求信号，因此，控制总线上的信息是双向传输的。控制信号包括时序信号、状态信号和命令信号（如读写信号、忙信号、中断信号）等。控制总线是最复杂、最灵活、功能最强的一类总线，其方向也因控制信号不同而有差别。例如，读写信号和中断响应信号由 CPU 传给存储器和 I/O 接口；中断请求和准备就绪信号由其他部件传输给 CPU。

总线在硬件上的体现就是计算机的主板（Main Board），它也是微机的主要硬件之一。

3.微型计算机系统的整体结构

微型计算机是计算机中应用最为广泛的一类，一个完整的微型计算机系统应该包括硬件系统和软件系统两大部分，两者缺一不可。硬件系统由主机和外设组成，主机由 CPU 和内存储器构成。软件系统由系统软件和应用软件组成，操作系统是系统软件的核心，在每个计算机系统中是不可少的；其他的系统软件，如语言处理系统可根据不同用户的需要配置不同程序语言编译系统。应用软件则随各用户的应用领域来配置。一般微型计算机系统的整体结构如图1-3所示。

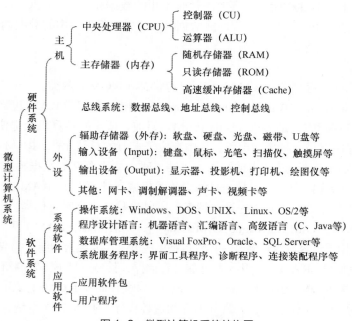

图 1-3 微型计算机系统结构图

1.3.4 计算机硬件系统

1.中央处理器（CPU）

中央处理器 CPU（Central Processing Unit）是微型计算机硬件系统的核心，它是一个体积小、集成度高、功能强的芯片，主要包括运算器（ALU）和控制器（CU）两大部件。CPU又称微处理器 MPU（Micro-Processor Unit）。计算机中的所有操作都受 CPU 控制，所以它的品质直接影响着整个计算机系统的性能。CPU 可以直接访问内存储器，它和内存储器构成了计算机的主机，是计算机的主体。

（1）运算器

运算器又称为算术逻辑部件 ALU（Arithmetic and Logical Unit），它的主要功能是对二进制数码进行算术或逻辑运算，参加运算的数（称为操作数）全部是在控制器的统一指挥下从内存储器中取到运算器里，绝大多数运算任务都由运算器完成。

（2）控制器

控制器 CU（Control Unit）是计算机的神经中枢，由它指挥计算机各个部件自动、协调地工作，就像人的大脑指挥躯体一样。控制器的主要部件包括指令寄存器、移码器、时序节拍发生器、操作控制部件和指令计时器（也称为程序计时器）。控制器的基本功能是根据指令计时器中指定的地址从内存取出一条指令，对其操作码进行译码，再由操作控制部件有序地控制各部件完成操作码规定的功能。控制器也记录操作中各部件的状态，使计算机能有条不紊地自动完成程序规定的任务。

2.存储器（Memory）

存储器是计算机的记忆装置，负责存储程序和数据。存储器分为两大类：一类是设在主机的内部存储器（简称内存），也称为主存储器，用于存放当前运行的程序和程序所用的数据，属于临时存储器；另一类是属于计算机外部设备的存储器（简称外存），也称为辅助存储器（简称辅存）。外存属于永久性存储器，存放着暂时不用的数据和程序。CPU 只能直接访问存储在内存中的数据。当 CPU 需要某一程序或数据时，首先应将外存中的数据调入内存，然后才能被中央处理器访问和处理。

（1）内存储器

内存储器分为随机存储器（RAM）和只读存储器（ROM）两类。

① 随机存储器 RAM（Random Access Memory）。随机存储器 RAM 也称为读写存储器，常说的计算机的内存指的就是随机存储器 RAM。目前，所有的计算机大都使用半导体 RAM 存储器。半导体存储器是一种集成电路，其中有成千上万的存储元件。RAM 有两个重要的特点：一是其中的信息随时可以读出或写入，当写入时，原来存储的数据将被冲掉；二是加电使用时其中的信息会完好无缺，但是一旦断电（关机或意外掉电），RAM 中存储的数据就会消失，而且无法恢复。由于 RAM 的这一特点，所以也称它为临时存储器。

RAM 可分为动态 RAM（Dynamic RAM）和静态 RAM（Static RAM）两大类。动态随机存储器 DRAM 主要用于大容量内存储器，其特点是集成度高，要经常刷新，存取速度相对 SRAM 较慢；静态随机存储器 SRAM 主要用于高速缓冲存储器，其特点是不需要刷新，存取速度快。

② 只读存储器 ROM（Read Only Memory）。只读存储器 ROM 主要用来存放固定不变的控制计算机的系统程序和数据，如常驻内存的监控程序、基本 I/O 系统、各种专用设备的控制程序和有关计算机硬件的参数表等。ROM 中的信息是在制造时用专门设备一次写入的，存储的内容是永久性的，即使关机或掉电也不会丢失。只读存储器可分为掩膜只读存储器（MROM）、可编程只读存储器（PROM）、可擦写的可编程只读存储器（EPROM）3 类。

（2）高速缓冲存储器

高速缓冲存储器（Cache）由静态存储器（SRAM）构成，主要是为了解决内存与 CPU 工作速度上的匹配问题。由于 CPU 速度的不断提高，而内存由于容量大、寻址系统繁多、读写电路复杂等原因，造成了主存的工作速度大大低于 CPU 的工作速度，直接影响了计算机的性能。Cache 中存放常用的程序和数据，当 CPU 访问这些程序和数据时，首先从高速缓存中查找，如果所需程序和数据不在 Cache 中，才到内存中读取数据，同时将数据写入 Cache 中。因此采用 Cache 可以提高系统的运行速度。

（3）外部存储器

外部存储器又叫辅助存储器，与内存相比，外部存储器的特点是存储量大、价格较低，而且在断电的情况下也可以长期保存信息，所以又称为永久性存储器。对磁盘存储数据是通过磁盘驱动器的机械装置对磁盘的盘片进行读写而实现的。存储数据称为写磁盘，取数据称为读磁盘。目前最常用的外部存储器有硬盘、光盘和 U 盘存储器等，如图 1-4 所示。

图 1-4　软盘、硬盘、光盘和 U 盘

① 软盘。软盘是计算机中最早使用的数据存储器之一，容量比较小，已经淘汰了。

② 硬盘。硬盘的磁盘驱动器和盘片都是固定在机箱内的，外面是看不到的，计算机硬盘的技术发展非常快，存储容量由原来的几十兆扩展为几百 G。在计算机系统中，如果只有一

个硬盘且该硬盘只有一个分区，一般将该区命名为 C 盘（C:）；如果该硬盘分成多个区，则这些区分别命名为 C 盘（C:）、D 盘（D:）、E 盘（E:）……；如果有两个硬盘，则第二个硬盘的盘符命名在第一个硬盘分区符之后，接着第一个盘之后开始命名。

为了能在盘面的指定区域上读写数据，必须将每个磁盘面划分为数目相等的同心圆，称为磁道，每个磁道又等分成若干个弧段，称为扇区（Sector）。磁道按径向从外向内，依次从 0 开始编号，其中"0"磁道处于硬盘上一个非常重要的地位，硬盘的主引导记录区就在这个位置。盘片组中相同编号的磁道形成了一个假想的圆柱，成为硬盘的柱面（Cylinder），每个盘面有一个径向可移动的读写磁头（Head）。与主机交换信息是以扇区为单位进行的，通常，一个扇区的容量为 512 字节。所以硬盘的容量计算公式是

硬盘的容量 = 柱面数（C）×磁头数（H）×扇区数（S）×512B

③ 光盘。光驱的符号一般排在硬盘的后面，如果 C 盘和 D 盘是硬盘，则光驱的符号一般是"E:"，如果硬盘的符号多于两个，依次类推。下面介绍几类光盘。

CD-ROM 为常见的光盘，被称为只读光盘存储器，是英文"Compact Disk-Read Only Memory"第一个英文字母组合。从名称中可以看出 CD-ROM 光盘只能读不能写，即只能读取光盘中的数据，不能往光盘中写数据。CD-ROM 光盘中的信息是生产厂家或公司用设备压入光盘的。

CD-R（CD-Recordable）称为可记录式光盘，它必须配合 CD-R 光盘刻录机和刻录软件将资料一次写入 CD-R 光盘中，但是写入后的资料是不能更改及删除的，对资料的保存有较高的安全性。

CD-RW 称为重复擦写式光盘，它与 CD-R 一样，也必须配合 CD-RW 光盘刻录机和刻录软件将资料写到 CD-RW 光盘中。不过 CD-RW 光盘上的资料可自由更改及删除，使用寿命可重复擦写 1000 次左右。

DVD-Video 和 DVD-ROM。DVD-Video 是影碟，DVD-ROM 即 DVD 只读盘是计算机软件只读光盘，两者是有差别的。DVD 影碟仅含有视频节目，可以在影碟机中进行播放，而 DVD-ROM 是一种存储数据的介质，用在计算机上。它们的区别类似于 CD 唱盘与 CD-ROM 之间的区别。计算机可以播放 CD 唱盘以及读取 CD-ROM，而 CD 唱机不能读取 CD-ROM 中的数据。DVD 光驱是向下兼容的，可以播放 CD-ROM 光盘和 CD 唱盘。

④ U 盘。U 盘又称优盘，它是利用闪存（Flash Memory）在断电后能够快速存储的数据不丢失的特点而制定的。其优点是重量轻，体积小，通过计算机的 USB 接口即插即用，不需要专门电源，使用非常方便；容量从原来的 128MB、256MB 发展到现在的 8G 以上。随着其价格的降低和容量的提高，U 盘的使用已经非常普及了。

3. 输入设备

输入设备是用来向计算机输入命令、数据、文本、图像、音频和视频等信息的。其主要作用是把人们可读的信息转换为计算机能够识别的二进制代码，并输入到计算机中，供计算机处理。例如，用键盘输入信息时，敲击它的每个位都能产生相应的电信号，再由电路板转换成相应的二进制代码送入计算机。目前常用的输入设备是键盘、鼠标、光笔、扫描仪、麦克风、摄像头等设备。

（1）键盘

键盘（Keyboard）是计算机最常用的一种输入设备，通常包括数字键、字母键、符号键、功能键和控制键等，并分放在一定的区内。除标准键盘外，还有 Windows 键盘、各种形式的

多媒体键盘和专用键盘。如银行计算机管理系统中供储户用的键盘，按键为数不多，只是为了输入储户的密码和选择操作之用。专用键盘的主要优点是简单，即使没有受过专门训练的人也能使用。

（2）鼠标

鼠标（Mouse）是个像老鼠形状的塑料盒子（"鼠标"正是由此得名），其上有两（或三个）个按键。当它在平板上滑动时，屏幕上的鼠标指针也跟着移动。它不单可用于光标定位，还可用来选择菜单、命令和文件，故能减少击键次数，简化操作过程。目前，鼠标已经在计算机和工作站上广泛应用，是标准的输入设备之一。鼠标根据其使用原理可以分为：机械鼠标、光电鼠标和光电机械鼠标。

（3）其他输入设备

键盘和鼠标是计算机中最常用的输入设备，此外还有扫描仪、条形码阅读器、光学字符阅读器（OCR）、触摸屏、光笔、麦克风和数码相机等。

4. 输出设备

输出设备的任务是将信息传送到中央处理机之外的介质上，这些介质可分为硬拷贝和软拷贝两大类。显示器和打印机是计算机中最常用的两种输出设备。

（1）显示器

显示器（Monitor）也称为监视器，是计算机中标准输出设备之一，也是人机交互必不可少的设备。显示器用于计算机或终端，可显示多种不同的信息。

常用的显示器有阴极射线管显示器（简称 CRT）和液晶显示器（简称 LCD），如图 1-5 所示。CRT 显示器又有球面 CRT 和纯平 CRT 之分。纯平显示器大大改善了视觉效果，已取代球面 CRT 显示器。液晶显示器为平板式，体积小、重量轻、功耗少，目前已成为显示器的主流。在选择和使用显示器时，应该了解一些显示器的性能指标。

像素（Pixel）与点距（Pitch）：屏幕上图像的分辨率取决于能在屏幕上独立显示的点的直径，这种独立显示的点称作像素，屏幕上两个像素之间的距离称为点距。一般讲，点距越小，分辨率就越高，显示器质量也就越好。

分辨率：分辨率是衡量显示器的一个常用指标。它指的是整个屏幕上像素的数目（列×行）目前，通常用 1024×768，显示器屏幕宽度不同，则分辨率也不一样。

显示器的尺寸：它以显示器的对角线来度量。显示器有 14 英寸、15 英寸、17 英寸、19 英寸和 21 英寸等。

（2）打印机

打印机（Printer）是计算机目前最常用的输出设备，也是品种、型号最多的输出设备之一。

按打印机打印原理，打印机可分为击打式打印机和非击打式打印机两大类。击打式打印机中有字符式打印机和针式打印机（又称点阵打印机）。非击打式打印机种类繁多，有静电打印机、热敏式打印机、喷墨式打印机和激光打印机等，如图 1-6 所示。

图 1-5　CRT 显示器和 LCD 显示器

图 1-6　打印机（针式打印机、喷墨打印机、激光打印机）

点阵打印机是在脉冲电流信号的控制下，打印针击打的针点形成字符或汉字的点阵。点阵打印机有 9 针、24 针之分。这类打印机的最大优点是耗材（包括色带和打印纸）便宜，缺点是打印速度慢，噪音大、打印质量差（字符的轮廓不光顺，有锯齿形）。

喷墨打印机属非击打式打印机，其工作原理是让喷嘴朝着打印纸不断喷出极细小的带电的墨水雾点，当他们穿过两个带电的偏转板时接受控制，然后落在打印纸的指定位置上，形成正确的字符，无机械击打动作。喷墨打印机的优点是设备价格低廉、打印质量高于点阵打印机、可彩色打印、无噪声。缺点是打印速度慢、耗材（主要指墨盒）贵。

激光打印机也属非击打式打印机，工作原理与复印机相似，激光打印机的优点是无噪声、打印速度快、打印质量最好，常用来打印正式文件及图表。其缺点是设备价格高、耗材贵，打印成本在打印机中最高。

（3）其他输出设备

在微型机上使用的其他输出设备有绘图仪、声音输出设备（音箱或耳机）、视频投影仪、刻录机等。

1.3.5　计算机软件系统

软件系统是指计算机系统所使用的各种程序及其文档的集合。计算机软件一般可分为系统软件和应用软件两大类。

1. 系统软件

系统软件由一组控制计算机系统并管理其资源的程序组成，其主要功能包括：启动计算机，存储、加载和执行应用程序，对文件进行排序、检索，将程序语言翻译为机器语言等。一般来说系统软件可分为操作系统、语言处理程序、服务程序和数据库管理系统。

（1）操作系统

① 操作系统的定义。操作系统（Operating System，OS）是控制其他程序运行，管理系统资源并为用户提供操作界面的系统软件的集合。它是一种能让计算机使用其他软件的系统软件。它负责计算机的全部软、硬件资源的分配、调度和管理工作，合理地组织计算机的工作流程，实现信息的存取和保护。它提供用户接口，使用户获得良好的工作环境。它协调计算机系统各部分之间、系统与用户之间、用户与用户之间的关系。当计算机安装了操作系统以后，就不再直接操作计算机硬件，而是利用操作系统所提供的命令来操作和使用计算机。

② 操作系统的功能。操作系统是管理、控制和监督计算机软、硬件资源协调运行的程序系统，由一系列具有不同控制和管理功能的程序组成。它是直接运行在计算机硬件上的最基本的系统软件，是系统软件的核心。操作系统具有五大基本管理功能，即处理机管理、存储管理、文件管理、设备管理和作业管理。

③ 操作系统的分类。人们对所使用的计算机要求不同，从而对计算机操作系统的性能要求也不同。根据操作系统的使用环境和对作业处理方式来考虑，可分为批处理系统（DOS/VSE）、分时系统（Windows、UNIX、XENIX、Mac OS）、实时系统（VRTX、RTOS、RTlinux）；根据所支持的用户数目，可分为单用户（MSDOS、OS/2）、多用户系统（UNIX、MVS、Windows）；根据硬件结构，可分为网络操作系统（Netware、Windows NT、OS/2）、分布式系统（Amoeba）、多媒体系统（Amiga）等。

操作系统是计算机发展的产物，是用户和计算机操作的接口，不仅方便了用户使用计算机，而且可以统一管理计算机系统的全部资源，合理组织计算机工作流程，充分、合理地发挥计算机的效率。

（2）程序设计语言

程序设计语言是系统软件的重要组成部分，是人机进行信息交流的标准，按照其发展过程可分为低级语言和高级语言。

低级语言包括机器语言和汇编语言。机器语言用二进制序列表示指令，能够被计算机直接识别，无需翻译，运行速度快，但难于记忆，兼容性与移植性较差。后来人们为了方便记忆，就把用二进制表示的机器指令用符号助记，这些助记符就成了汇编指令，从而诞生了汇编语言。汇编语言是针对特定机器的助记符，所以汇编语言是无法脱离机器而存在的，是一种低级语言。

高级语言是一种接近于人们使用习惯的程序设计语言，程序中所使用的运算符号和运算式子，接近日常用的数学式子。高级语言容易学习，通用性强，书写的程序比较短，可移植性相对较好，便于推广和交流，是很理想的一种程序设计语言。

语言处理程序是用来对各种程序设计语言进行翻译，使之产生计算机可以直接执行的目标程序（用二进制代码表示的程序）的各种程序的集合。计算机硬件系统只能直接识别以数字代码表示的指令序列，即机器语言。如果要在计算机上运行高级语言程序就必须配备程序语言翻译程序。翻译程序本身是一组程序，不同的高级语言都有相应的翻译程序。对于高级语言来说，翻译的方法有解释和编译两种。

"解释"就是在运行源程序时，把源程序语句逐条进行解释和执行。这种方式速度较慢，每次运行都要经过"解释"，边解释边执行。对源程序进行解释的程序，称为解释程序。BASIC语言源程序的执行就采用这种方式。

"编译"就是调用相应语言的编译程序，把源程序变成由机器语言组成的目标程序（以.OBJ为扩展名），然后再用连接程序，把目标程序与库文件相连接形成可执行文件。

（3）服务程序

服务程序能够提供一些常用的服务性功能，它们为用户开发程序和使用计算机提供了方便，像计算机中常用的诊断程序、调试程序均属此类。

（4）数据库管理系统

数据库是指按照一定联系存储的数据集合，可为多种应用共享，如工厂中的职工信息、医院的病历、人事部门的档案都可分别组成数据库。数据库管理系统 DBMS（Data Base Management System）则是能够对数据库进行加工、管理的系统软件。其主要功能是建立、维护、删除数据库及对数据库中的数据进行各种操作，如检索、修改、排序、合并等。

常见的数据库管理系统有 Visual FoxPro、Oracle、SQL Server 等。数据库技术是计算机技术中发展最快的、应用最广的一个分支。可以说，在今后的计算机应用开发中大都离不开数据库。因此，了解数据库技术尤其是计算机环境下的数据库应用是非常必要的。

2. 应用软件

应用软件是为了解决各种实际问题而编写的计算机程序。例如，文字处理、表格处理、电子演示、电子邮件收发等是企事业单位或日常生活中常见的问题，WPS 办公软件、Microsoft Office 办公软件都是针对上述问题而开发的。

此外，针对财务会计业务问题的财务软件，针对机械设计制图的绘图软件（AutoCAD），以及图像处理软件（Photoshop）等等都是解决某类问题的应用软件。

1.3.6 微型计算机的主要性能指标

计算机的性能涉及体系结构、软硬件配置、指令系统等多种因素，一般来说主要有下列技术指标。

（1）字长

字长是指计算机运算部件一次能同时处理的二进制数据的位数，是由 CPU 内部的寄存器、加法器和数据总线的位数决定的。字长标志着计算机处理信息的精度。字长越长，计算机的运算精度就越高，处理能力就越强。当前普通计算机字长有 16 位、32 位，高档计算机的字长是 64 位。

（2）时钟主频

时钟主频是指 CPU 在单位时间（秒）内发出的脉冲数。它的高低很大程度上决定了计算机速度的高低。主频单位是 MHz 或 GHz，一般来说，主频越高，速度越快。由于微处理器发展迅速，计算机的主频也在不断地提高。P4 处理器的主频目前已达到 1~3GHz。

（3）运算速度

计算机的运算速度通常是指每秒钟执行的加法指令数目，常用每秒百万次 MIPS（Million Instructions Per Second）来表示。这个指标更能直观地反映机器的速度。

（4）存储容量

存储容量分内存容量和外存容量。这里主要是指内存储器的容量。因为所有的程序必须先调入内存才能够运行，所以内存容量越大，机器所能运行的程序就越大，处理能力就越强。尤其是当前涉及图像信息处理的应用，没有足够大的内存容量就无法正常运行某些软件。

（5）存取周期

内存储器的存取周期也是影响整个计算机系统性能的主要指标之一。简单讲，存取周期就是 CPU 从内存储器中存取数据所需的时间。存取周期越短，则存取速度越快。半导体存储器的存取周期约在几十到几百微秒之间。

此外，还有计算机的可靠性、可维护性、平均无故障时间和性能价格比也都是计算机的技术指标。

1.3.7 数据编码

1. 西文字符编码

计算机中的信息都是用二进制编码表示的。用以表示字符的二进制编码称为字符编码。计算机中常用的字符编码有 BCD（Extended Binary-Coded Decimal Interchange Code）码和 ASCII（American Standard Code for Information Interchange）码。IBM 系列大型机采用 BCD 码，微型机采用 ASCII 码。下面主要介绍 ASCII 码。

ASCII 码是美国标准信息交换码，被国际标准化组织（ISO）指定为国际标准。ASCII 码有 7 位码和 8 位码两种版本。国际通用 7 位 ASCII 码，用 7 位二进制数 $d6d5d4d3d2d1d0$ 表示一个字符的编码，其编码范围从（0000000）B ~（1111111）B，共有 $2^7=128$ 个不同的编码值，相应可以表示 128 个不同字符的编码。7 位 ASCII 码表如表 1-2 所示，表中对大小写英文字母、阿拉伯数字、标点符号及控制符等特殊符号规定了编码，共 128 个字符，其中包括 26 个大写英文字母，26 个小写英文字母，0~9 共 10 个数字，34 个通用控制字符和 32 个专用字符（标点符号和运算符）。

要确定某个数字、字母、符号或控制符的 ASCII 码，可以在表 1-2 中先查到它的位置，

ASCII 码简介

然后确定它所在位置的相应行和列，再根据行确定低 4 位编码（$b_3b_2b_1b_0$），根据列确定高 3 位编码（$b_6b_5b_4$），最后将高 3 位编码与低 4 位编码合在一起（$b_6b_5b_4b_3b_2b_1b_0$）就是要查字符的 ASCII 码。例如，查表得到字母 A 的高 3 位为 100，低 4 位为 00001，那么 A 的 ASCII 码为（100 0001）B（或 65D，或 41H）。字母"a"的码值是 97D，数字"0"的码值是 48D。

表 1-2 标准 ASCII 码字符集

$d_3d_2d_1d_0$ \ $d_6d_5d_4$	000	001	010	011	100	101	110	111
0000	NUL	DLE	SP	0	@	P	`	p
0001	SOH	DC1	!	1	A`	Q	a	q
0010	STX	DC2	"	2	B	R	b	r
0011	ETX	DC3	#	3	C	S	c	s
0100	EOT	DC4	$	4	D	T	d	t
0101	ENQ	NAK	%	5	E	U	e	u
0110	ACK	SYN	&	6	F	V	f	v
0111	BEL	ETB	'	7	G	W	g	w
1000	BS	CAN	(	8	H	X	h	x
1001	HT	EM	)	9	I	Y	i	y
1010	LF	SUB	*	:	J	Z	j	z
1011	VT	ESC	+	;	K	[	k	{
1100	FF	FS	,	<	L	\	l		
1101	CR	GS	-	=	M	]	m	}
1110	SO	RS	.	>	N	↑	n	~
1111	SI	US	/	?	O	→	o	DEL

在 ASCII 码中，有 4 组字符：第 1 组是控制字符，如 NUL 等，其对应 ASCII 码值最小；第 2 组是数字 0～9；第 3 组是大写字母 A～Z；第 4 组是小写字母 a～z。这 4 组对应的值逐渐变大。在 ASCII 码表中，按照 ASCII 码值从小到大排列顺序是

控制字符 ＜ 数字 ＜ 英文大写字母 ＜ 英文小写字母。

同样，也可以由 ASCII 码通过查表得到某个字符。例如，有一个字符的 ASCII 码是 1100001B，通过查表可知，这个 ASCII 码对应的字符是小写字母 a。

需要特别注意的是，十进制数字字符的 ASCII 码与它们的二进制数值是不同的。例如，十进制数值 5 的七位二进制数是（0000101），而十进制数字字符"5"的 ASCII 码为 $(0110101)_2 = (35)_{16} = (53)_{10}$。由此可见，数值 5 与数字字符"5"在计算机中的表示是不同的。数值 5 可以表示数的大小，并参与数值运算；而数字字符"5"只是一个符号，不能参与数值运算。

8 位 ASCII 码需用 8 位二进制数进行编码。当最高位为 0 时，称为基本 ASCII 码（编码与 7 位 ASCII 码相同）。当最高位为 1 时，形成扩充的 ASCII 码。扩充的 ASCII 码表示数的范围为 0～255，可表示 256 种字符。通常各个国家都把范围在 128～255 的扩充 ASCII 码作为自己国家语言文字的代码。

2.中文字符编码

标准的 ASCII 码只对控制字符、英文字母、数字和标点等符号做编码。为了用计算机处理汉字，同样也需要对汉字进行编码。从汉字编码的角度看，计算机对汉字信息的处理过程实际上是各种汉字编码间的转换过程。这些编码主要包括：汉字输入码、汉字信息交换码、汉字内码、汉字字形码及汉字地址码等。

（1）汉字输入码

为将汉字输入计算机而编制的代码称为汉字输入码，也称为外码。汉字输入码是根据汉字的发音或字形结构等多种属性和汉语有关规则编制而成的，目前流行的汉字输入码的编码方案已有很多，如全拼输入法、双拼输入法、自然码输入法、五笔字型输入法等。对于同一个汉字，不同的输入法有不同的输入码。例如，"中"字的全拼输入码是"zhong"，而五笔型的输入码是"kh"。这两种不同的输入码通过汉字信息交换码的转换，成为相同的机内码。

（2）汉字信息交换码（国标码）

① 国标码。汉字信息交换码是用于汉字信息处理系统之间或者与通信系统之间进行信息交换的汉字代码，简称交换码，也称为国标码。它是为使系统、设备之间信息交换时采用统一的形式而制定的。我国 1981 年颁布了国家标准——《信息交换用汉字编码字符集——基本集》，代号"GB2312-80"，即国标码。

国标码规定了进行一般汉字信息处理时所使用的 7445 个字符编码。其中 682 个非汉字图形字符（如序号、数字、罗马数字、英文字母、日文假名、俄文字母、汉语拼音等）和 6763 个汉字的代码。汉字代码中又有一级常用汉字 3755 个，二级非常用汉字 3008 个。一级常用汉字按汉语拼音字母顺序排列，二级非常用汉字按偏旁部首排列，部首顺序依笔画多少排序。

② 区位码。在国标码中，全部国标汉字与图形符号组成一个 94×94 的矩阵，矩阵的每一行称为一个"区"，每一列称为一"位"，这样就形成了 94 个区（01 区~94 区）、每个区内有 94 位（01 位~94 位）的汉字字符集。一个汉字所在位置的区号和位号组合在一起就构成一个四位数的代码，前两位数字为"区码"（01~94），独立占一个字节，后两位数字为"位码"，也独立占一个字节，这种代码称为"区位码"。区位码的编码范围为 0101~9494，转为十六进制为 0101H~5E5EH。在区位码中，1~15 区为非汉字图形区，16~87（10H~57H）区是汉字区，88~94 是保留区。其中 16~55 区为一级汉字，56~87 区为二级汉字。每一个汉字的区位码是唯一存在的，没有重码。

③ 区位码与国标码之间的关系

$$国标码 = 十六进制的区位码 + 2020H$$

说明
　　汉字的区位码大部分是用十进制来表示的，因区码和位码均是独立的，在将十进制的区码和十进制的位码转换成十六进制时，不能作为整体来转换，只能分开进行转换，然后再分别加上 20H，就成为此汉字的国标码。
　　例如，已知"大"字的区位码为 2083，将十进制的区码（20）和十进制的位码（83）转换成十六进制，20D=14H，83D=53H，则此汉字的国标码为：1453H+2020H=3473H。

（3）汉字内码

汉字内码是为在计算机内部对汉字进行存储、处理和传输而编制的汉字代码，它应能满足存储、处理和传输的要求。当一个汉字输入计算机后就转换为内码，然后才能在机器内流动、处理。

目前，对应于国标码一个汉字的内码也用 2 个字节存储，并把每个字节的最高二进制位置"1"作为汉字内码的标识，以免与单字节的 ASCII 码产生歧义。如果用十六进制来表述，就是把汉字国标码的每个字节上加一个 80H（即二进制数 10000000）。所以，汉字的国标码与其内码有下列关系：

$$汉字内码=汉字国标码+8080H$$

例如，已知"中"字的国标码为 5650H，则根据上述公式得：

"中"字的机内码= 5650H+8080H=D6D0H

① 区位码、国标码与机内码的转换关系

$$区位码（H）\xrightarrow{+2020H}国标码\xrightarrow{+8080H}机内码$$

② 汉字在区位码、国标码和机内码的表示范围

汉字在区位码表示的范围为：10H～57H；汉字在国标码的表示范围为：（10H+20H）～（57H+20H）即 30H～77H；汉字在机内码的表示范围应该为：（10H+A0H）～（57H+A0H）即 B0H～F7H。

（4）汉字字形码

汉字字形码又称汉字输出码。经过计算机处理的汉字信息，如果要显示或打印出来阅读，则必须将汉字内码转换成人们可读的方块汉字。每个汉字的字形信息是预先存放在计算机内的，常称为汉字库。汉字内码与汉字字形码一一对应。输出时，根据内码在字库中查到其字形描述信息，然后显示或打印输出。描述汉字字形的方法主要有：点阵字形和轮廓字形两种。

① 点阵字形。点阵字形表示方法比较简单，就是用一个排列成方阵的点的黑白来描述汉字。具体如下。

汉字是方块字，将方块等分成有 n 行 n 列的格子，简称它为点阵。凡笔画所到的格子点为黑点。用二进制"1"表示，否则为白点，用二进制"0"表示。这样，一个汉字的字形就可用一串二进制数表示了。例如，16×16 汉字点阵有 256 个点，需要 256 位二进制位来表示一个汉字的字形码。这就是汉字点阵的二进制数字化。

计算机中，8 位二进制位组成一个字节，它是度量存储空间的基本单位。可见一个 16×16 点阵的字形码，需要 16×16/8=32 字节存储空间；同理，24×24 点阵的字形码需要 24×24/8=72 字节存储空间；32×32 点阵的字形码需要 32×32/8=128 字节存储空间。

显然，点阵中行、列数划分越多，字形的质量越好，锯齿现象也就越小，但存储汉字字形码所占用的存储容量也越多。汉字的点阵字形的缺点是放大后会出现锯齿现象，很不美观。

汉字输出时经常要使用汉字的点阵字形，所以把各个汉字的字形码以汉字库的形式存储起来。为满足不同需要，还出现了各种各样的字库，如宋体字库、仿宋体字库、楷体字库、简体字库和繁体字库等。

② 轮廓字形。轮廓字形方法比点阵字形复杂，一个汉字中笔画的轮廓可用一组曲线来勾画，它采用数学方法来描述每个汉字的轮廓曲线。中文 Windows 下广泛应用的 TrueType 字型就是采用轮廓字型法。这种方法的优点是字型精度高，且可以任意放大、缩小而不产生锯齿现象；缺点是输出之前必须经过复杂的数学运算处理。

（5）各种汉字代码之间的关系

汉字的输入、处理和输出的过程，实际上是汉字的各种代码之间的转换过程，或者说汉字代码在系统有关部件之间流动的过程，这些代码在汉字信息处理系统中的位置及它们之间的关系如图1-7所示。

图1-7 汉字信息处理系统的模型

汉字输入码向内码的转换是通过使用输入字典（或称索引表，即外码与内码的对照表）实现的。一般的系统具有多种输入方法，每种输入方法都有各自的索引表。在计算机的内部处理过程中，汉字信息的存储和各种必要的加工，以及向U盘、硬盘存储汉字信息，都是以汉字内码形式进行的。汉字通信过程中，处理机将汉字内码转换为适合于通信用的交换码以实现通信处理。在汉字的显示和打印输出过程中，处理机根据汉字内码计算出地址码，按地址码从字库中取出汉字字型码，实现汉字的显示和打印输出。有的汉字打印机，只要输入汉字内码，就可以自行将汉字印出，汉字内码到字形码的转换由打印机本身完成。

1.3.8 多媒体基础知识

1.多媒体的含义

媒体是信息表示和传输的载体。信息的载体除了文字外，还有包含更大信息量的声音、图形、图像等。为了使计算机具有更强的处理能力，20世纪90年代末人们研究出了能处理多种信息载体的计算机，称为"多媒体计算机"。多媒体技术是现今信息技术研究的热点问题之一。

2.多媒体的特征

多媒体是指计算机领域中的感觉媒体，主要包括文字、声音、图形、图像、视频和动画等。与传统的媒体相比，多媒体具有数字化、集成性和交互性等特征，其中集成性和交互性最为重要。

① 数字化。数字化是指各种媒体的信息都以数字形式（即0和1编码）进行存储、处理和传输，而不是传统的模拟信号方式。

② 集成性。集成性是指对文字、声音、图形、图像、视频和动画等媒体进行综合处理，达到各种媒体的协调一致。

③ 交互性。交互性是指用户能方便地与系统进行交流，以便对系统的多媒体处理功能进行控制。例如，在具有交互性系统中用户能随时点播辅助教学中的音频、视频片断，并立即将问题的答案输入给系统进行"批改"等。

3.多媒体信息处理的关键技术

多媒体技术的实质是把不同形式存在的各种媒体信息数字化，然后用计算机对它们进行组织、加工，并以友好的形式提供给用户使用。

多媒体与纯文字的情况不同，多媒体有极大的数据量，并要求媒体之间高度协调（如声音、图像完全同步）。因此，对多媒体的处理和多媒体在网络上的传输，在技术上是比较复杂的。多媒体技术就是指多媒体信息的输入、输出、压缩存储和各种信息处理方法、多媒体数据库管理、多媒体网络传输等对多媒体进行加工处理的技术。

（1）数据压缩技术

信息时代的重要特征是信息的数字化，而将多媒体信息中的音频、视频信号数字化后的数据量非常庞大，给多媒体信息的传输、存储、处理带来极大的压力。解决这一难题的有效方法就是数据压缩编码，为此，需要对图像进行压缩处理。图像压缩就是在没有明显失真的前提下，将图像的位图信息转变成另外一种能将数据量缩减的表达形式。数据压缩算法可以分为无损压缩和有损压缩两种。

① 无损压缩。无损压缩用于要求重构的信号与原始信号完全相同的场合。一个常见的例子是磁盘文件压缩存储，它要求解压缩后不能有任何差错。根据目前的技术水平，无损压缩算法可以把数据压缩到原来的 1/2 ~ 1/4。

② 有损压缩。有损压缩适用于重构信号不一定非要与原始信号完全相同的场合。例如，对于图像、视频和音频数据的压缩就可以采用有损压缩，这样可以大大提高压缩比（可达 10：1，甚至 100：1），而人的感官也不会对原始信号产生误解。目前应用于计算机的多媒体压缩算法标准有如下两种。

压缩静止图像的 JPEG 标准。这是由联合图像专家组 JPEG（Join Photographic Expert Group）制定的静态数字图像数据压缩编码标准。它既适合于灰度图像，也适合于彩色图像。

压缩运动图像的 MPEG 标准。这是由活动图像专家组 MPEG（Motion Photographic Expert Group）制定的用于视频影像和高保真声音的数据压缩标准。

（2）大容量光盘存储技术

数据压缩技术只有和大容量的光盘、硬盘相结合，才能初步解决语音、图像和视频的存储问题。近几年快速发展的光盘存储器 CD（Compact Disk），由于其原理简单、存储容量大、便于批量生产、价格低廉和数据易于长期保存等原因，而被广泛应用于多媒体信息和软件的存储中。

另外，多媒体网络技术、超大规模集成电路制造技术、多媒体数据库技术等也是处理多媒体信息的主要技术。

1.3.9　计算机病毒及其防治

计算机病毒实质上是一种特殊的计算机程序。这种程序具有自我复制能力，可非法入侵而隐藏在存储媒体的引导部分、可执行程序或数据文件中。当病毒被激活时，源病毒能把自身复制到其他程序体内，影响和破坏程序的正常执行和数据的正确性。有些恶性病毒对计算机系统具有极大的破坏性。计算机一旦感染病毒，病毒就可能迅速扩散，这种现象和生物病毒侵入生物体，并在生物体内传染一样，"病毒"一词就是借用生物病毒的概念。

在《中华人民共和国计算机信息系统安全保护条例》中计算机病毒被明确定义为"编制或者在计算机程序中插入的破坏计算机功能或者破坏数据，影响计算机使用并且能够自我复制的一组计算机指令或者程序代码"。

1. 计算机病毒的特点

计算机病毒是一种特殊的计算机程序，具有以下特点。

① 寄生性。它是一种特殊的寄生程序，不是一个通常意义下的完整的计算机程序，而是寄生在其他可执行的程序中，因此，它能享有被寄生的程序所能得到的一切权利。

② 破坏性。破坏是广义的，不仅仅是指破坏系统，删除或修改数据，甚至格式化整个磁盘，而且包括占用系统资源，降低计算机运行效率等。

③ 传染性。它能够主动地将自身的复制品或变种传染到其他未染毒的程序上。

④ 潜伏性。病毒程序通常短小精悍，寄生在别的程序上使得其难以发现。在外界激发条件出现之前，病毒可以在计算机内的程序中潜伏、传播。

⑤ 隐蔽性。当运行受感染的程序时，病毒程序能首先获得计算机系统的监控权，进而能监视计算机的运行，并传染其他程序，但不到发作时机，整个计算机系统看上去一切如常。其隐蔽性使广大计算机用户对病毒丧失了应有的警惕性。

计算机病毒是计算机科学发展过程中出现的"污染"，是一种新的高科技类型犯罪。它可以造成重大的政治、经济危害。

2. 计算机病毒的分类

（1）按照计算机病毒的破坏情况分类

① 良性计算机病毒。良性病毒是指其不包含有立即对计算机系统产生直接破坏作用的代码。良性病毒只是为了表现自身，并不彻底破坏系统和数据，但会大量占用 CPU 时间，增加系统开销，降低系统工作效率。这种病毒多数是恶作剧者的产物，他们的目的不是为了破坏系统和数据，而是为了让使用染有病毒的计算机用户通过显示器或扬声器看到或听到病毒设计者的编程技术。这类病毒有"小球病毒""1575/1591 病毒""救护车病毒""扬基病毒""Dabi 病毒"等。

② 恶性计算机病毒。恶性病毒就是指在其代码中包含有损伤和破坏计算机系统的操作，在其传染或发作时会对系统产生直接的破坏作用。这类病毒有"黑色星期五病毒""火炬病毒""米开朗·基罗病毒"等。这种病毒危害性极大，有些病毒发作后可以给用户造成不可挽回的损失。

（2）按照计算机病毒寄生方式分类

① 引导型病毒。引导型病毒会去改写（即一般所说的"感染"）磁盘上的引导扇区（BOOT SECTOR）的内容，U 盘或硬盘都有可能感染病毒。再不然就是改写硬盘上的分区表（FAT）。如果用已感染病毒的 U 盘来启动的话，则会感染硬盘。

② 文件型病毒。文件型病毒主要以感染文件扩展名为.COM、.EXE 和.OVL 等可执行程序为主。它的安装必须借助于病毒的载体程序，即要运行病毒的载体程序，方能把文件型病毒引入内存。已感染病毒的文件执行速度会减缓，甚至完全无法执行。有些文件遭感染后，一执行就会遭到删除。

③ 混合型病毒。混合型病毒综合引导型和文件型病毒的特性，它的"性情"也就比系统型和文件型病毒更为"凶残"。此种病毒透过这两种方式来感染，更增加了病毒的传染性以及存活率。不管以哪种方式传染，只要中毒就会经开机或执行程序而感染其他的磁盘或文件，此种病毒也是最难杀灭的。

④ 宏病毒。宏病毒是一种寄存于文档或模板的宏中的计算机病毒。一旦打开这样的文档，宏病毒就会被激活，转移到计算机上，并驻留在 Normal 模板上。从此以后，所有自动保存的文档都会"感染"上这种宏病毒，而且如果其他用户打开了感染病毒的文档，宏病毒又会转移到他的计算机上。Word 宏病毒的主要破坏是：不能正常打印，封闭或改变文件名或存储路径，删除或随意复制文件，封闭有关菜单，最终导致无法正常编辑文件。

3. 计算机病毒的检测

如何知道计算机是否感染了病毒呢？当发生了下列现象时，应该想到计算机有可能感染了病毒。

① 显示器上出现了莫名其妙的数据或图案。

② 数据或文件发生丢失。

③ 程序的长度发生了改变。

④ 磁盘的空间发生了改变，明显缩小。

⑤ 程序运行发生异常。

⑥ 系统运行速度明显减慢。

⑦ 经常发生死机现象。

⑧ 访问外设时发生异常，例如不能正确打印等。

感染病毒以后用反病毒软件检测和消除病毒是被迫的处理措施，况且已经发现相当多的病毒在感染之后会永久性地破坏被感染程序，程序如果没有备份将无法恢复。

4. 计算机病毒的预防

计算机病毒主要通过移动存储设备（如光盘、U 盘或者移动硬盘）和计算机网络两大途径进行传播。因此，预防计算机病毒应从切断其传播途径入手。人们从工作实践中总结出一些预防计算机病毒的简单易行的措施，具体归纳如下。

① 专机专用。制定科学的管理制度，对重要的任务部门应采用专机专用，禁止与任务无关的人员接触该系统，防止潜在的病毒罪犯。

② 安装具有实时监测功能的反病毒软件或防病毒卡，定期检查，发现病毒应及时消除，有效预防计算机病毒的侵袭。

③ 建立备份。对每个购置的软件应拷贝副本，定期备份重要数据文件，以免遭受病毒危害后无法恢复。

④ 固定启动方式。对配置有硬盘的机器应该从硬盘启动系统，如果非要用软盘启动系统时，则一定要保证系统软盘是无病毒的。

⑤ 不要使用盗版软件和来路不明的软盘或光盘。

⑥ 慎用从网上下载的软件。通过 Internet 是病毒传播的一大途径，对网上下载的软件最好检测后再用。也不要随便阅读从不相识人员处发来的电子邮件。

⑦ 分类管理数据，对各类数据、文档和程序应分类备份保存。

计算机病毒的防治宏观上讲是一项系统工程，除了技术手段之外还涉及诸多因素，如法律、教育、管理制度等，尤其是教育，是防止计算机病毒的重要策略。感染病毒后可采用人工检测或使用杀毒软件进行病毒查杀，国内比较著名的杀毒软件有《瑞星杀毒软件》《360 软件》《金山毒霸》和《卡巴斯基》等。

1.4 知识拓展

1.4.1 配置微型计算机硬件系统

1. 计算机硬件系统的基本配置

微型计算机的各个部件可以组合。不同用途、不同档次的微型计算机的配置也不完全一致，可以根据用户的使用能力、经济能力自行进行配置，基本要求如下。

① 各组成部件要先进、合理，完全兼容部件选择优质产品。

② 选择市场的主流产品，要有良好的可升级、可扩展能力。

③ 明确购机目的，计算机的配置要与用途相适应。

④ 要有好的性能价格比。

⑤ 选择有声誉、有良好售后服务的经销商。

微型计算机的基本配置包括主机、显示器、键盘、鼠标。主机又包括主机箱、主板、CPU、内存条、硬盘、光驱、各种连线、显卡、声卡和电源等。

2.计算机硬件系统的增强性配置

目前计算机增强性配置是指配有高速度大硬盘、大内存、图型加速显示、高速的 DVD 光驱。如果配置多媒体计算机系统，应该增加一些音频视频采集卡、图形采集卡等多媒体扩展卡，以及刻录机、扫描仪、录音录像机、音响和数码相机等外部设备，这些构建强大的多媒体硬件环境。

随着技术的进步，计算机的各种部件都在不断地更新换代，受市场需求和竞争的影响，其价格更是变化无常，让人无所适从。计算机的配置不同，其性能上会有很大的差异，所以计算机的配置和组装是至关重要的。

3.配置注意事项

① 选择 CPU 时，主频越快越好，但也要依据自身的经济状况及机器的主要用途进行选择。

② 根据已选定的 CPU 类型及工作主频等技术指标，选择支持它的主板。

③ 考虑到在市场上内存条的价格不是很高和一段时间内的使用情况，建议目前至少配备 1G DDR 内存。

④ 硬盘容量要越大越好，但同时要考虑到转速。

⑤ 显示器可以说是计算机购置中一个大件，价格比较贵且相对其他硬件来说比较稳定，不会在短时间内因过时被淘汰。

4.配置建议

① 预留升级空间不能省。

② 不易升级的部件不能省。

③ 方便易用的部件不能省。

④ 健康安全的不能省。

⑤ 定位以内的不能省。

另外在选择配置时应从整体出发，全面考虑。不要只考虑某个方面，而忽略了其他方面的因素，这样就有可能给系统造成"瓶颈"，发挥不出应有的性能，而且还要注意所选择的配件之间是否会存在不兼容、兼容性差的问题，不要盲目地求新求快。

1.4.2 组装计算机

1.连接显示器

在显示器的后面有两根电缆，分别是连接到显卡的视频电缆（也称为数据线）及接入电源的电源线，如图 1-8 所示。

连接步骤如下。

① 查看数据线的梯形头，使它和显卡上的接口相吻合（二者均为梯形）。

② 先将显示器的梯形插头插入主机，拧紧两边的固定螺丝。

③ 将显示器的电源插头插入主机电源，如图 1-9 所示。

2.安装键盘

找到主机箱后面板标记"键盘"图标的用于插入键盘的插座，把键盘插头上的"脊"与插座上的"槽"相对，然后轻轻插进去。

3.安装鼠标

首先要考虑鼠标的接口类型，目前主要分两种接口：PS/2 和 USB，前者是传统的鼠标键盘接口，小圆头，同安装键盘过程一样；USB 支持即插即用，现在用得较多，找到主机后的 USB 口，将鼠标插头的管脚对准插座的孔，轻轻插进去。

显示器电源接口

键盘鼠标接口

显示器视频线接口

图 1-8　显示器的数据线

图 1-9　主机后（面板）视图

检查各个外部设备与计算机主机的连接是否正常，接上电源线之后就可以开机了。

4. 安装操作系统

首先设置光驱启动。然后从光盘安装 Windows 7 系统。

在重启之前放入 Windows 7 安装光盘，在看到屏幕底部出现 CD 字样的时候，按回车键，才能实现光盘启动，否则计算机开始读取硬盘，也就是跳过光盘启动从硬盘启动了。Windows 7 系统盘光盘启动之后便是蓝色背景的安装界面，这时系统会自动分析计算机信息，不需要任何操作，直到出现蓝色背景的中文界面。系统开始格式化 C 盘，格式化之后是复制文件，需要 8 ~ 13 分钟（根据机器的配置决定）。

复制文件完成（100%）后，系统会自动重新启动，这时当再次见到 CD-ROM.的时候，不需要按任何键，让系统从硬盘启动，因为安装文件的一部分已经复制到硬盘里了（注：此时光盘不可以取出）。

出现蓝色背景的彩色 Windows 7 安装界面，左侧有安装进度条和剩余时间显示，时间也是根据机器的配置决定，通常 P4，2.4 的机器的安装时间是 15 ~ 20 分钟。

此时直到安装结束，计算机自动重启之前，除了输入序列号和计算机信息（随意填写），以及敲 2 ~ 3 次回车之外，不需要做任何其他操作。系统会自动完成安装。

最后安装所需要的驱动，重启之后，将光盘取出，让计算机从硬盘启动，进入 Windows 7 的设置窗口。

5．安装应用软件

根据工作和学习的需要，安装相应的应用软件。

1.4.3　计算机的启动与关闭

1. 冷启动

开机的过程即是给计算机加电的过程。在一般情况下，计算机硬件设备中需加电的设备有显示器和主机。由于电器设备在通电的瞬间会产生电磁干扰，这对相邻的正在运行的电器设备会产生副作用，所以开机顺序是先打开显示器，后打开主机电源。开机步骤如下。

打开显示器开关，检查显示器电源指示灯是否已亮，若电源指示灯已亮，则表示显示器已经通电。按下主机电源开关，给主机加电。等待数秒后，会出现 Windows 7 的桌面，表示启动成功。

2. 热启动

在计算机已加电的情况下重新启动计算机。也就是在加电情况下，出现异常情况，计算机不能正常运行，这时需要进行热启动。常用的操作方法有以下两种。

按下主机面板上的 Reset 键，这时计算机将会重新启动。

按 Ctrl+Alt+Del 键重新启动，按下这三个按键后，将出现 "Windows 任务管理器" 对话框，在该对话框中选择 "关机"→"重新启动"，也可以实现计算机的重新启动。

启动计算机后，单击用户名，输入用户的密码，登录 Window 7。

3. 关机

关机操作过程即是给计算机断电的过程。退出系统关机必须执行标准操作，以利于系统保存内存中的信息，删除在运行程序时产生的临时文件。选择任务栏上的 "开始"→"关闭计算机" 命令，出现 "关闭计算机" 窗口。单击 "关闭" 按钮，系统将自动关闭主机。关机顺序是先关主机，再关显示器。

在异常情况下，系统不能自动关闭时，可选择强行关机，其方法是按下主机电源开关不放手，持续 5 秒，即可强行关闭主机。开机、关机之间要隔上一段时间，千万不能反复按开关，一般心里默数到 20 以后再开。

1.5　任务总结

通过本任务的学习，了解计算机发展历程、发展方向、计算机特点（速度快、精度高、存储容量大、可靠性高、程序运行自动化）和计算机的主要应用。

计算机中的数据采用二进制表示，掌握十进制、二进制、八进制和十六进制之间的数制转换关系。

计算机系统由硬件系统和软件系统组成。硬件系统由运算器、控制器、存储器、输入设备和输出设备组成，主机是由 CPU 和内存组成的；软件系统由系统软件和应用软件组成；机器语言和汇编语言是一种低级语言，计算机只能识别机器语言，与低级语言相比，用高级语言编写的程序其通用性和可移植性较好。

西文一般采用 ASCII 码，汉字的编码有汉字输入码、汉字信息交换码（区位码、国标码）、汉字内码（机内码）和汉字字形码。区位码、国标码与机内码的转换关系如下：

$$区位码（H） \xrightarrow{+2020H} 国标码 \xrightarrow{+8080H} 机内码$$

计算机病毒是人为编制的具有破坏作用的程序。它具有寄生性、隐蔽性、传染性、潜伏性、破坏性的特征。计算机病毒主要通过移动存储设备（如光盘、U 盘或者移动硬盘）和计算机网络两大途径进行传播。杀毒软件只能清除部分病毒，而不能清除所有病毒。

1.6 实践技能训练

实训 1   认识计算机

1.实训目的

① 了解微型计算机硬件系统的组成及其常用的外部设备。

② 熟悉计算机组装技巧。

③ 掌握计算机的开关机步骤。

2.实训要求

① 认识计算机外部设备。认识计算机中的主板、微处理器、内存条、软驱、硬盘、光驱、各种适配卡、电源、机箱、键盘与鼠标、显示器、打印机等常用硬件，如图 1-10 所示。

图 1-10   计算机常用硬件

② 连接显示器。

③ 安装键盘。

④ 安装鼠标。

⑤ 接上电源线。检查各个外部设备与计算机主机的连接是否正常，之后就可以开机了。

⑥ 安装操作系统。

⑦ 安装应用软件。

实训 2   启动计算机

1.实训目的

① 了解计算机冷启动。

② 了解计算机热启动

③ 掌握计算机的开关机方法。

2.实训要求

（1）冷启动

给计算机加电，观察计算机中主机和显示器的变化。

（2）热启动

在计算机已加电的情况下重新启动计算机，观察计算机中主机和显示器的变化。

（3）关机

① 正常关闭应用程序和系统程序。

② 正常关闭计算机，并进行断电操作。

PART 2

任务 2
认识键盘与练习打字

2.1 任务描述

学校要举行打字比赛，为了促进比赛活动，信息工程系进行了打字方面的培训讲座，内容主要有认识键盘、输入法及输入练习等。

2.2 解决思路

本任务的解决思路如下。

① 认识键盘上各个键的使用方法。

② 熟练中文输入法的操作。

③ 熟悉智能 ABC 输入法和搜狗输入法的使用。

④ 了解五笔输入法的应用。

2.3 任务实施

2.3.1 认识键盘

1. 键盘

键盘（Keyboard）是计算机最常用的一种输入设备，如图 2-1 所示。

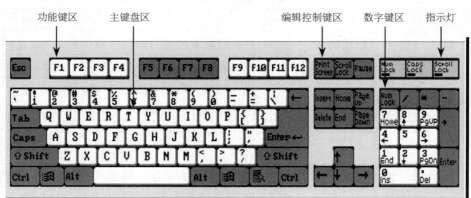

图 2-1 键盘

计算机键盘通常包括数字键、字母键、符号键、功能键和控制键等，并分放在一定的区域内。按功能可分为 4 个区：功能键区、主键盘区、编辑控制键区和数字键区。

（1）功能键区

功能键区位于键盘的最上方，包括"Esc"键和"F1"～"F12"键。功能键在不同的程序中被赋予不同的含义，可以实现不同的功能。功能键区中的 Esc 键是最常用的键，它具有取消或放弃当前操作等作用，所以很多人也习惯叫它为取消键。F1 键～F12 键我们平时很少用到，它一般被某些软件设为实现某种功能的快捷键，例如，很多软件都把 F1 设置为帮助菜单的快捷键。

（2）主键盘区

主键盘区是键盘上用来打字输入的主要区域，包括以下几种功能键。

① 字母键。通过字母键可以输入大小写英文字母，共有 26 个字母键。当输入字母时，只要按住"Shift"键的同时，再按下所需输入的字母键，即可输入与当前状态不一样的字母。例如，当前输入字母的状态是小写字母状态，当按下"Shift"键不松开，再按下字母键，则输出的字母为大写字母。

② 数字键和符号键。这些键包括数字、运算符号和标点符号等。每个键都是双字符键，键上的数字或符号，分别称为上档字符和下档字符。输入下档字符时，直接键入键盘中的对应键即可；输入上档字符时，则需要按下"Shift"键的同时，按下上档字符键。

③ 控制键。控制键一般和其他键结合使用，起控制作用。为了方便两只手同时操作，"Shift""Ctrl""Alt"和 Windows 系统键均有两个，左右各有一个，相同键的功能完全相同。

（3）编辑控制键区

编辑控制键区位于键盘的中间，共有 13 个键，主要用于光标控制等编辑操作。F12 键后面的三个功能键平时也很少用到。PrintScreen 键（屏幕打印控制键）为邻近 F12 键右边的那个键，叫屏幕打印控制键。当按下 PrintScreen 键时，它能将当前屏幕的画面内容保存在粘贴板中，然后把粘贴板中的画面复制到其他文档中。

（4）数字键区

数字键区位于键盘右侧，数字键区主要是为了方便输入数字而设置的，同时也有编辑和光标控制功能。Num Lock 键为数字锁定键，当灯亮时数字键起作用；灯灭时，光标键起作用。

2. 功能键的用法

各功能键的功能如表 2-1 所示。

表 2-1　计算机键盘控制键和编辑键的功能

键名	名称	功能说明
Esc	取消键	具有取消或放弃当前操作等作用
Tab	制表位键	控制光标向右移若干个字符
CapsLock	大小写锁定键	改变键盘大写/小写输入状态。键盘处于大写字母输入状态时，右侧的 Caps Lock 指示灯变亮
Shift	上档键	与其他键组合使用。常用于输入双字符键的上档字符
Ctrl	控制键	与其他键组合使用，完成一些特定的控制功能
Alt	换码键	与 Ctrl 键相似，也是与其他键组合后产生特殊的作用

键名	名称	功能说明
BackSpace	退格键	使光标回退一个字符，并删除该位置上的原有字符
Enter	回车键	回车键是使用频率最高的键之一，用来确认命令、换行等
Space	空格键	位于键盘下方最长的那个键就是空格键，用来输入空格
PrintScreen	屏幕打印控制键	将当前屏幕的内容放到 Windows 的"剪贴板"中或用打印机打印出来
ScrollLock	屏幕锁定键	当显示文件的内容超过一个屏幕时，用于停止文件的滚动
NumLock	数字锁定键	当灯亮时数字键起作用；灯灭时，光标键起作用
Pause	暂停键	暂停当前操作，若要继续，按任意键即可
Insert	插入键	改变键盘的插入/改写状态
Home、End	行首键、行尾键	控制光标返回到行首或者行尾
Delete	删除键	删除光标后面的字符或选中的对象
PageUp 、PageDown	翻页键	控制屏幕向前翻页或向后翻页
←　→　↑　↓	光标键	控制光标左、右、上、下的移动

2.3.2　中文输入法操作

（1）中文英文输入法切换（以智能 ABC 输入法为例）

按着 Ctrl 键不松开，再按空格键（Space 键），可在中文输入法和英文输入法之间进行切换，而中文输入法为当前默认的输入法。

（2）输入法之间的切换

按着 Ctrl 键不松开，再按 Shift 键，可以在英文和各种中文输入法之间切换；单击桌面底端任务栏上的输入法按钮，弹出输入法菜单，如图 2-2 所示，单击自己需要的输入方法（如"智能 ABC 输入法"）即可。

（3）中文输入法的屏幕提示

中文输入法选定后，屏幕上会出现一个所选输入法的状态框。图 2-3 所示是"智能 ABC 输入法"状态框。全角下输入的标点和数字，占用两个字符的位置，占用的空间比较大，而半角下的标点和数字占用空间相对来说较小。中文标点是中文状态下的标点符号，符合中文标点符号的特征；英文标点是在输入英文时的标点符号，标点符号符合英文标点符号特征。

图 2-2　"输入法"菜单

图 2-3　"智能 ABC 输入法"状态框

（4）软键盘的使用

软键盘可以对键盘上没有的符号进行输入。Windows 中大部分中文输入法都提供了十三种软键盘布局，用鼠标右键单击输入法状态条上的软键盘切换按钮，屏幕上就会显示所有软键盘菜单，如图 2-4 所示。

如果要输入数字序号，则选择数字序号，会出现图 2-5 数字序号软键盘，输入需要的序号即可。序号键大部分是双字符键，我们可以配合 shift 键使用。

| | |  |
| 图 2-4 软键盘菜单 | | 图 2-5 数字序号软键盘 |

（5）中文输入方式的设置

① 全拼输入。输入规则是按规范的汉语拼音输入，输入过程和书写汉语拼音的过程完全一致。

提示　单字输入时，韵母"ü"要用"V"代替。

② 简拼输入。输入规则是取各个音节的第一个字母，对于包含 zh、ch、sh（知、吃、诗）的音节，也可以取前两个字母。例如，

汉字	全拼	简拼
计算机	jisuanji	jsj
长城	changcheng	cc　cch，chc，chch

③ 混拼输入。混拼即两个音节以上的词语输入时，有的音节全拼，有的音节简拼。例如，

汉字	全拼	混拼
金沙江	jinshajiang	jinsj 或 jshaj

（6）中文标点键位表

在英文输入法状态下，所有标点符号与键盘一一对应，输入的标点符号为半角标点符号。但在中文中需输入的是全角标点符号（即中文标点符号），中文标点符号的输入需切换至全角标点符号状态。中文标点符号的键位表如表 2-2 所示。

表 2-2　中文标点符号键位表

标点符号	名称	键盘定义	标点符号	名　称	键盘定义
。	句号	.	……	省略号	Shift+6
，	逗号	,	——	破折号	Shift+-

标点符号	名称	键盘定义	标点符号	名　称	键盘定义
、	顿号	\	（　）	括号	Shift+9 或 0
；	分号	；	—	连接号	Shift+7
：	冒号	Shift+；	《	左书名号	Shift+,
？	问号	Shift+/	》	右书名号	Shift+.
""	双引号	Shift+'	￥	人民币符号	Shift+4
' '	单引号	,			

注：该中文标点符号是在"智能 ABC 输入法"状态框为全角中文标点符号情况下进行输入的。

2.3.3　搜狗拼音输入法

搜狗拼音输入法是 2006 年 6 月由搜狐（SOHU）公司推出的一款 Windows 平台下的汉字拼音输入法。搜狗拼音输入法是基于搜索引擎技术的、特别适合网民使用的、新一代的输入法产品，用户可以通过互联网备份自己的个性化词库和配置信息。搜狗拼音输入法为中国国内现今主流汉字拼音输入法之一。

（1）中英文切换

① 输入法默认是按下"Shift"键就切换到英文输入状态，再按一下"Shift"键就会返回中文输入状态。用鼠标单击状态栏上面的中字图标也可以切换。

② 支持回车输入英文和 V 模式输入英文。在输入较短的英文时使用能省去切换到英文状态下的麻烦。具体使用方法是：

回车输入英文：输入英文，直接敲回车即可。

V 模式输入英文：先输入"V"，然后再输入需要输入的英文，可以包含@+*/–等符号，然后敲空格即可。

③ 翻页键设置。

搜狗拼音输入法默认的翻页键是逗号（,）、句号（.），即输入拼音后，按句号（.）进行向下翻页选字，相当于 PageDown 键，找到所选的字后，按其相对应的数字键即可输入。用逗号、句号时手不用移开键盘主操作区，这样效率最高，也不容易出错。

（2）模糊音

模糊音是专为对某些音节容易混淆的人所设计的。当启用了模糊音后，如 sh<-->s，输入"s"也可以出来"十"，输入"shi"也可以出来"四"。

搜狗支持的模糊音有：

声母模糊音：s <--> sh, c<-->ch, z <-->zh, l<-->n, f<-->h, r<-->l,

韵母模糊音：an<-->ang, en<-->eng, in<-->ing, ian<-->iang, uan<-->uang。

（3）网址输入模式

网址输入模式是我们特别为网络设计的便捷功能，让你能够在中文输入状态下就可以输入几乎所有的网址。规则是：

输入以 www. http: ftp: telnet: mailto:等开头的字母时，自动识别进入到英文输入状态，后面可以输入如 www.sogou.com，ftp://sogou.com 类型的网址，如图 2-6 所示。

图 2-6　网址输入模式

输入邮箱时，可以输入前缀不含数字的邮箱，如 yonghuming@126.com。

（4）U 模式笔画输入

U 模式是专门为输入不会读的字设计的。在输入 u 键后，依次输入一个字的笔顺，笔顺为：h 横、s 竖、p 撇、n 捺、z 折，就可以得到该字，同时小键盘上的 1、2、3、4、5 也代表 h、s、p、n、z。其中点也可以用 d 来输入。树心的笔顺是点点竖（nns），而不是竖点点。例如，输入"你"字如图 2-7 所示。

图 2-7　U 模式笔画输入

（5）V 模式中文数字（包括金额大写）

v 模式中文数字是一个功能组合，包括多种中文数字的功能。只能在全拼状态下使用：

中文数字金额大小写：输入"v424.52"，输出"肆佰贰拾肆元伍角贰分"。

罗马数字：输入 99 以内的数字如"v12"，输出"XII"。

年份自动转换：输入"v2009.2.6"或"v2009-2-6"或"v2009/2/6"，输出"2009 年 2 月 6 日"。

年份快捷输入：输入"v2009n2y6r"，输出"2009 年 2 月 6 日"。

（6）插入当前日期时间

"插入当前日期时间"的功能可以方便地输入当前的系统日期、时间、星期。方法是：输入"rq"（日期的首字母），输出系统日期"2009 年 2 月 12 日"；输入"sj"（时间的首字母），输出系统时间"2009 年 2 月 12 日 15:31:37"。输入"xq"（星期的首字母），输出系统星期"2009 年 2 月 12 日星期四"。

2.3.4　指法入门

（1）基本键手指分配图（如图 2-8 所示）

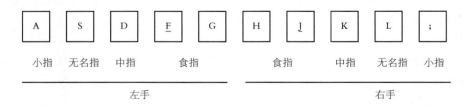

图 2-8　基本键手指分配图

（2）手指分配图

打字时，每一根手指都有明确的分工，在击打时，一定要严格按照其分工击打，决不能越位到其他键位上击打。击键时，力度要适中，依靠手指和手腕灵活击键，不能使用手臂来回在整个键盘上查找键位。击上一排键时，手指伸出，击下一排键时，手指缩回，击完键后迅速返回原位。下面，我们对照键盘手指分工图来讲述一下每一根手指的具体击键分工情况，如图 2-9 所示。

左手食指负责 4、5、R、T、F、G 和 V、B 8 个键。

左手中指负责 3、E、D 和 C 4 个键。

左手无名指负责 2、W、S 和 X 4 个键。

左手小指负责 1、Q、A、Z 这 4 个键以及它们左边的所有键。

右手食指负责 6、7、Y、U、H、J 和 N、M 8 个键。

右手中指负责 8、I、K 和逗号键 4 个键。

右手无名指负责 9、O、L 和句号键 4 个键。

右手小指负责 0、P、分号键和问号键以及它们右边的所有键。

空格键由左右拇指控制。

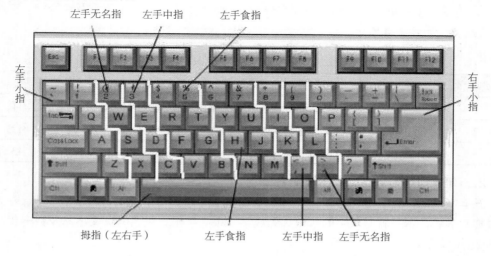

图 2-9 手指分配图

（3）打字要领

初学打字，掌握适当的练习方法，对于提高自己的打字速度，成为一名打字高手是必要的。

① 一定把手指按照分工放在正确的键位上；

② 有意识地慢慢记忆键盘各个字符的位置，体会不同键位上的字键被敲击时手指的感觉，逐步养成不看键盘输入的习惯；

③ 在进行打字练习时必须集中精力，做到手、脑、眼协调一致，尽量避免边看原稿边看键盘，这样容易分散记忆力；

④ 初级阶段的练习即使速度慢，也一定要保证输入的准确性。

2.4 知识拓展

五笔字型输入法

五笔字型汉字输入法是把汉字的笔画形象地概括为"横、竖、撇、捺、折"五种基本笔画，并考虑了汉字的三种（左右型、上下型、杂合型）基本字型而得名"五笔字型"。

1. 几个基本概念

① 汉字的三个层次：笔画、字根、汉字。

② 汉字的五种笔画：横、竖、撇、捺、折。以 1、2、3、4、5 作为代号，如表 2-3 所示。

表 2-3　笔画代码

代号	基本笔画	名称	笔画走向	笔画变形
1	一	横	左→右	
2	丨	竖	上→下	丿 刂
3	丿	撇	右上→左下	
4	丶	捺	左上→右下	丶
5	乙	折	带转折	乛 乚 乙 𠃋

③ 五笔字型根据汉字的结构将汉字分为三种字型，左右型、上下型及杂合型。字形代码为 1、2、3，如表 2-4 所示。

表 2-4　汉字字形及识别码

字型代号	字型	字例	特征	识别码
1	左右	汗 结 封	总体左右排列	11，21，31，41，51
2	上下	字 花 空	总体上下排列	12，22，32，42，52
3	杂合	这 司 乘	不易区分上下左右	13，23，33，43，53

2.五笔字型基本字根及其分布

五笔字型把英文字母 A~Y 分为五个区，每区五个位，每个键上有若干个字根，左上角的字根称为键名，本身就是汉字的字根称为成字字根。字根、键名、英文字母及数字代码对照如图 2-10 所示。

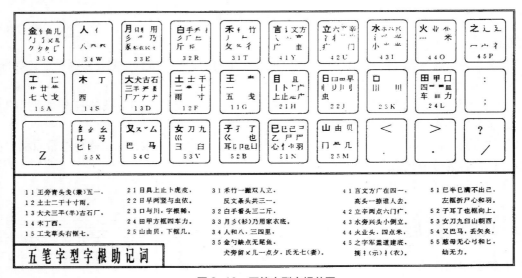

图 2-10　五笔字型字根总图

3.五笔字型汉字拆分原则

汉字的结构有以下四种。

① 单：即基本字根本身单独成为一个汉字（成字字根）。

② 散：指构成汉字的基本字根之间保持一定的距离。

③ 连：一种情况是一个基本字根连一单笔画；另一种情况是"带点结构"。

④ 交：是指几个基本字根交叉套迭之后构成的汉字。

汉字拆分的四句口诀是：能散不连，兼顾直观；能连不交，取大优先。

4. 关于简码

① 简码输入。为了减少击键次数，提高输入速度，一些常用的字，除可以按全码输入外，多数都可以只取其前边的一至三个字根，再加空格键输入，即只取其全码的最前边的一个、二个或三个字根（码）输入，形成所谓的一、二、三级简码。

② 一级简码（即高频字码）。一级简码将各键击打一下，再击打一下空格键，即可打出 25 个最常用的汉字，如图 2-11 所示。

图 2-11 一级简码

③ 二级简码。二级简码取前两码再加空格。如，

化：亻 匕（WX）　　　信：亻 言（WY）

李：木 子（SB）　　　张：弓 丿（XT）

④ 三级简码。三级简码取前三码再加空格。如，

华：亻 匕 十（WXF）　　想：木 目 心（SHN）

同一个汉字可以有几种简码。

5. 单个汉字的全码编码规则

五笔字型均直观，依照笔顺把码编；

键名汉字打四下，基本字根请照搬；

一二三末取四码，顺序拆分大优先；

不足四码要注意，交叉识别补后边。

五笔输入法无论是字还是词输入码最多均为 4 码，如果该字有简码，不足 4 码加空格。

6. 常用字词输入方法

键名：连击 4 下。

成字字根：字根所在键+第 1 码+第 2 码+末码。

两字词：每字第 1、2 码，共 4 码。

三字词：第 1、2 字第 1 码，第 3 字第 1、2 码，共 4 码

四字词：每字第 1 码，共 4 码。

多字词：第 1、2、3、末字第 1 码，共 4 码。

2.5　任务总结

通过本任务的学习，了解键盘中各个键的用法，熟悉各种输入法的使用方法和指法入门知识，为输入文字奠定好的基础。

2.6　实践技能训练

实训　键盘认识与指法练习

1. 实训目的

① 了解键盘分区。

② 学会使用几个常用的控制键。

③ 能在"写字板"中正确输入字符。

④ 熟悉主键盘区字符键的名称和分布规律。

2. 实训要求及步骤

（1）键盘认识

键盘是计算机最常用的一种输入设备，通常包括数字键、字母键、符号键、功能键和控制键等，掌握下列键的用法。

Tab、Caps Lock、Shift、Ctrl、Alt、BackSpace、Enter、Space、Print Screen、 Scroll Lock、Insert、Home、End、Delete、Page Up、Page Down、←、→、↑、↓

（2）操作指法及姿势

① 腰部坐直，两肩放松，上身微向前倾。

② 手臂自然下垂，小臂和手腕自然平抬。

③ 手指略微弯曲，左右手食指、中指、无名指、小指依次轻放在 F、D、S、A 和 J、K、L、；八个键位上，并以 F 与 J 键上的凸出横条为识别记号，大拇指则轻放于空格键上。

④ 眼睛看着文稿或屏幕。

（3）特殊字符的输入练习

在"记事本"（利用"开始"→"程序"→"附件"→"写字板"）的文档中输入以下内容。

① 数字序号：㈠ ㈡ ㈢ ㈣ ㈤ ① ② ③ ④ ⑤ 1. 2. 3. 4. Ⅰ Ⅱ Ⅲ Ⅳ Ⅴ

② 标点符号：。 、 ； ！ … — "" ～ ‖《》「」〖 〗【】

③ 数学符号：≈ ≠ ≤ ≮ ± ∫ ∞ Σ ∏ ∈ ∵ ⊙ ≌ √

④ 特殊符号：§ № ★ ◎ ◇ ▲ ※ →

⑤ 希腊字母：α β γ δ ε ξ ω

（4）利用金山打字通进行中英文指法练习

① 安装金山打字软件；

② 用金山打字软件进行"学前测试"与坐姿训练；

③ 用金山打字软件进行键位练习；

④ 用金山打字软件测试"英文速度"；

⑤ 用金山打字软件进行中文词组练习。

Windows 7 操作

Windows 7 是目前最流行的操作系统，核心版本号为 Windows NT 6.1。Windows 7 包含 6 个版本，能够满足不同用户使用时的需要。本系统增加了用户个性化设计、应用服务设计、用户易用设计、娱乐视听设计等很多特色功能。每个用户可以自定义计算机而不会影响其他个人设置。

本项目包括以下任务：

任务 3　创建一个新用户

任务 4　管理文件和文件夹

任务 3
创建一个新用户

3.1 任务描述

计算机学会有 2 个文秘人员，共用一台计算机，两人都想按照自己的喜好设置桌面，所以经常换桌面背景。老师建议他俩设置多个用户，各自管理。

3.2 解决思路

本任务的解决思路如下。
① 了解 Windows 7。
② 熟悉 Windows 7 窗口操作。
③ 认识"开始"菜单和任务栏。
④ 设置个性化桌面。
⑤ 创建用户名为"tom"的新用户。

3.3 任务实施

3.3.1 了解 Windows 7

Windows 7 是微软公司于 2009 年 10 月 22 日发布的新一代操作系统。它继承了 Windows XP 的实用性和 Windows Vista 的华丽性，同时也完成了很大变革。Windows 7 包含 6 个版本，能够满足不同用户使用的需要。本系统增加了用户个性化设计、应用服务设计、用户易用设计、娱乐视听设计等特色功能。

1. Windows 7 的新特点

Windows 7 与以前微软公司推出的操作系统相比，具有以下新特点。

（1）易用

Windows 7 提供了很多方便用户的设计，如窗口半屏显示、快速最大化、跳转列表等。

（2）快速

Windows 7 大幅缩减了 Windows 的启动时间，据实测，在 2008 年的中低端配置下运行时，系统加载时间一般不超过 20 秒，这与 Windows Vista 的 40 余秒相比，是一个很大的进步。

（3）特效

Windows 7 效果很华丽，除了有碰撞效果、水滴效果，还有丰富的桌面小工具，并且在拥有这些新特效的同时，Windows 7 的资源消耗却是最低的。

（4）简单安全

Windows 7 改进了安全和功能合法性，还把数据保护和管理扩展到外围设备。改进了基于角色的计算方案和用户账户管理，在数据保护和坚固协作的固有冲突之间搭建了沟通桥梁，同时也能够开启企业的数据保护和权限许可。

2.Windows 7 的基本知识

（1）Windows 7 的硬件要求

CPU：1GHz 及以上。

内存：1GB。

硬盘：20GB 以上可用空间。

显卡：支持 DirectX 9 或更高版本的显卡，若低于此版本，Aero 主题特效可能无法实现。

其他设备：DVD R/W 驱动器。

（2）Windows 7 的版本介绍

Windows 7 包括 6 个版本，分别为 Windows 7 Starter（初级版）、Windows 7 Home Basic（家庭基础版）、Windows 7 Home Premium（家庭高级版）、Windows 7 Professional（专业版）、Windows 7 Enterprise（企业版）和 Windows 7 Ultimate（旗舰版），这 6 个版本的操作系统功能都存在差异，主要是为了针对不同用户的需求而设计的。

（3）Windows 7 的安装方式

Windows 7 提供三种安装方式：升级安装、自定义安装和双系统共存安装。

① 升级安装。这种方式可以将用户当前使用的 Windows 版本替换为 Windows 7，同时保留系统中的文件、设置和程序。如果原来的操作系统是 Windows XP 或更早的版本，建议进行卸载之后再安装 Windows 7。或者采用双系统共存安装的方式将 Windows 7 系统安装在其他硬盘分区。如果系统是 Windows Vista，则可以采用升级安装方式升级到 Windows 7 系统。

② 自定义安装。此方式将用户当前使用的 Windows 版本替换为 Windows 7 后不保留系统中的文件、设置和程序，也叫清理安装。在进行安装时首先将 BIOS 设置为光盘启动方式，由于不同的主板 BIOS 设置项不同，建议大家先参看使用手册来进行设置。BIOS 设置完之后放入安装盘，根据安装盘的提示和自己的需求完成安装。

③ 双系统共存安装。即保留原有的系统，将 Windows 7 安装在一个独立的分区中，与机器中原有的系统相互独立，互不干扰。双系统共存安装完成后，会自动生成开机启动时的系统选择菜单，这些都和 Windows XP 十分相像。

3.Windows 7 的启动和退出

（1）Windows 7 的启动

打开计算机显示器和机箱开关，计算机进行开机自检后出现欢迎界面，根据系统的使用用户数，分为单用户登录和多用户登录，如图 3-1 和图 3-2 所示。

单击需要登录的用户名后，如果有密码，输入正确密码后按下 Enter 键或文本框右边的 按钮，即可进入系统。

（2）Windows 7 的退出

Windows 7 提供了关机、睡眠、锁定、注销和切换用户操作等方式来退出系统，用户可以根据自己的需要来进行选择。

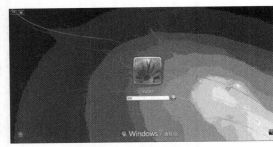

图 3-1　单用户登录

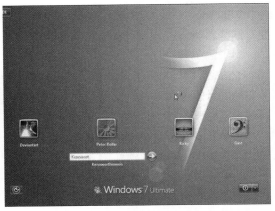

图 3-2　多用户登录界面

① 关机。使用完计算机要正常关机退出系统。单击"开始"按钮，弹出"开始"菜单，单击"关机"按钮，即可完成关机。

② 睡眠。Windows 7 提供了睡眠待机模式，它的特点是进入睡眠状态的计算机电源是打开的，当前系统的状态会保存下来，但是显示器和硬盘都停止工作，当不需要使用计算机时进行唤醒就可进入刚才的状态，这样可以在暂时不使用系统时起到省电的效果。进入这种模式的方法是单击"开始"按钮，打开"开始"菜单，单击"关机"右侧的按钮，在弹出的菜单中选择"睡眠"命令。

③ 锁定。当用户暂时不使用计算机但又不希望别人对自己的计算机进行查看时，可以使用计算机的锁定功能。实现锁定的操作方法是打开"开始"菜单，单击"关机"右侧的按钮，在弹出的菜单中选择"锁定"命令。当用户再次需要使用计算机时，只需输入用户密码即可进入系统。

④ 注销。Windows 7 提供多个用户共同使用计算机操作系统的功能，每个用户可以拥有自己的工作环境，当用户使用完需要退出系统时可以通过"注销"命令退出系统环境。实现注销的操作方法是打开"开始"菜单，单击"关机"右侧的按钮，在弹出的菜单中选择"注销"命令。

⑤ 切换用户。这种方式使用户之间能够快速地进行切换，当前用户退出系统回到用户登录界面。实现用户切换的操作方法是打开"开始"菜单，单击"关机"右侧的按钮，在弹出的菜单中选择"切换用户"命令。

3.3.2　Windows 7 窗口

1. 桌面

用户登录进入 Windows 7 操作系统之后，即可看到系统桌面。桌面包括背景、图标、"开始"按钮和任务栏等主要部分，Windows 7 桌面如图 3-3 所示。

用户可以根据自己的喜好进行桌面设置，包括设置桌面主题、桌面背景、背景图标个性化、屏幕保护程序和更改桌面小工具等操作。用户可以双击桌面图标来快速打开文件、文件夹或应用程序。任务栏主要由程序按钮区、通知区域和"显示桌面"按钮组成，Windows 7 的任务栏比之前的系统有了很大创新，用户使用起来更为方便灵活。

桌面图标是各个应用程序的快捷方式，默认的桌面图标有"Administrator 文档""计算机""网络"和"回收站"4 个图标，又称为系统图标。

2. Windows 窗口基本操作

当运行程序或打开文档时，Windows 系统会在桌面上开辟一块称为"窗口"的矩形区域，供操作者使用。可以看到，用户的绝大部分操作都是针对窗口的，如打开/关闭、最大化/最小化、移动窗口等。

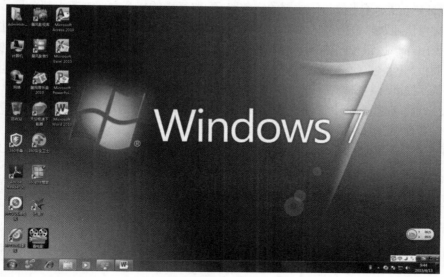

图 3-3　Windows 7 桌面

（1）Windows 7 窗口的组成

Windows 7 窗口主要由标题栏、"后退"和"前进"按钮、地址栏、搜索框、菜单栏、工具栏、显示方式切换按钮、导航窗格、库窗格、文件窗格和细节窗格组成。Windows 7 窗口如图 3-4 所示，下面介绍各组成部分的功能。

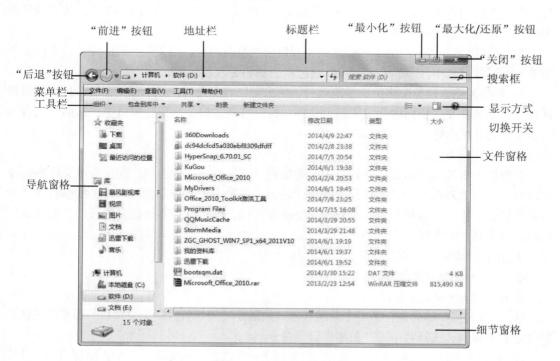

图 3-4　Windows 7 窗口

①　"后退"和"前进"按钮。用于快速访问上一个或下一个浏览过的位置，单击"前进"按钮右侧的小箭头后，可以显示浏览列表，以便于快速定位。

②　地址栏。显示了当前访问位置的完整路径，路径中的每个文件夹节点都会显示为按钮。单击按钮即可快速跳转到对应的文件夹。在每个文件夹按钮的右侧，还有一个箭头按钮，单击后可以列出与该按钮相同位置下的所有文件夹。用户在地址栏中输入桌面、计算机、回收站、控制面板、网络、收藏夹、视频、图片、文档、音乐、游戏和联系人等，就可以访问这些位置，从而提高计算机的使用效率。

③　搜索框。在搜索框中输入关键字后，即可在当前位置使用关键字进行搜索，凡是文件内部或文件名称中包含该关键字者，都会显示出来。

④　菜单栏。菜单栏中的元素默认是隐藏的，其中列出了文件夹与文件操作有关的命令，不过这些命令现在已经通过其他界面元素更简便地实现了。如果希望只显示该元素一次，可以直接按下〈Alt〉键，单击窗口中其他任何界面元素即可将其再次隐藏；若要一直显示该元素，则可以单击工具栏中的"组织"按钮，从下拉菜单中选择"布局"→"菜单栏"命令。

⑤　工具栏。工具栏用于自动感知当前位置的内容，并提供最贴切的操作。例如，当前文件夹中保存了很多文件夹，则会提供"打开""共享""新建文件夹"等选项，以替代传统的菜单栏。

⑥　显示方式切换开关。其中列出了 3 个按钮，分别用于控制当前文件夹使用的视图模式、显示或隐藏预览窗格以及打开帮助。

⑦　导航窗格。导航窗格以树形图的方式列出了一些常见位置，同时该窗格还根据不同位置的类型，显示了多个节点，每个子节点可以展开或合并。

⑧　库窗格。库是 Windows 7 中新增的功能，库窗格中提供了一些与库有关的操作，并且可以更改排列方式。如果希望隐藏该位置的库窗格，可以单击"组织"按钮，从下拉菜单中选择"布局"→"库窗格"命令。

⑨　文件窗格。其中列出了当前浏览位置包含的所有内容，如文件、文件夹以及虚拟文件夹等。在文件窗格中显示的内容，可以通过视图按钮更改显示视图。

⑩　预览窗格。预览窗格默认是隐藏的，单击窗口右上角的"显示预览窗格"按钮即可将其打开。如果在文件窗格内选定了某个文件，其内容就会显示在预览窗格中，从而可以直接查看文件的详细内容。

（2）打开与关闭窗口

在桌面、资源管理器或"开始"菜单等位置，通过单击或双击相应的命令或文件夹，都可以打开该对象对应的窗口。例如，选择"开始"菜单中的"计算机"命令，能够打开"计算机"窗口，在"计算机"窗口中双击某个磁盘图标，就可以打开该磁盘的窗口。关闭窗口可以通过下列方法实现。

①　单击窗口的"关闭"按钮。

②　按〈Alt+F4〉组合键。

③　按〈Ctrl+W〉组合键。

④　打开的窗口都会在任务栏上分组显示，如果要关闭任务栏的单个窗口，则可以在任务栏的项目上单击，选择其中的"关闭窗口"命令。

⑤　如果多个窗口以组的形式显示在任务栏上，可以在一组的项目上单击鼠标右键，选择"关闭所有窗口"命令。

⑥ 将鼠标移至任务栏窗口的图标上，用鼠标右键单击出现的窗口缩略图，从快捷菜单中选择"关闭"命令。

（3）最小化、最大化和还原窗口

一般情况下，可以通过以下方法最大化、最小化或还原窗口。

① 使用窗口按钮：单击窗口右上角由左向右的"最小化"按钮 ▬ 、"还原"按钮 ▢（或最大化"按钮 ▢）与"关闭"按钮 ✕ 。

② 使用快捷菜单：用鼠标右键单击窗口的标题栏，使用"还原""最大化""最小化"命令。

③ 双击操作：当窗口最大化时，双击窗口的标题栏可以还原窗口；反之则将窗口最大化。

④ 执行任务栏菜单命令：用鼠标右键单击任务栏的空白区域，从快捷菜单中选择"显示桌面"命令，将所有打开的窗口最小化以显示桌面。如果要还原最小化的窗口，则可以再次用鼠标右键单击任务栏的空白区域，从快捷菜单中选择"显示打开的窗口"命令。

⑤ 通过任务栏通知区域：单击任务栏通知区域最右侧的"显示桌面"按钮 ，将所有打开的窗口最小化以显示桌面。如果要还原窗口，应再次单击该按钮。

⑥ 通过 Aero 晃动：当只需使用某个窗口，而将其他所有打开的窗口都隐藏或最小化时，可以在目标窗口的标题栏上按住鼠标左键不放，然后左右晃动鼠标若干次，其他窗口就会被隐藏起来。将窗口布局恢复为原来的状态时，应再次按下鼠标左键不放，然后左右晃动鼠标。

（4）移动与改变窗口大小

在 Windows 系统中，可以将窗口移至桌面的任意位置，或调整窗口的大小。移动和调整窗口的操作可以通过拖动鼠标完成。

① 移动窗口：将鼠标指针移到窗口的标题栏上，按住左键不放，移动鼠标，到达预期位置后，松开鼠标按键即可。

② 调整窗口大小：将鼠标指针放在窗口的 4 个角或 4 条边上，此时指针将变成双向箭头，按住左键向相应的方向拖动。

 说明　　如果是已最大化的窗口则无法调整大小，必须先将其还原为之前的大小。另外，对话框不可调整大小。

（5）自动排列窗口

Windows 提供了层叠、堆叠和并排 3 种排列窗口的方式。用鼠标右键单击任务栏的空白区域，从快捷菜单中选择"层叠窗口""堆叠显示窗口"或"并排显示窗口"命令之一便可更改窗口的排列方式。堆叠排列窗口的效果如图 3-5 所示。

如果希望每个窗口都重新恢复为原来的大小，则单击窗口的标题栏，并按住鼠标左键不放，向屏幕中央拖动窗口。如果向屏幕顶部拖动窗口，则可以直接将该窗口最大化；向下方拖动，则可从最大化状态恢复为原始状态。

（6）切换窗口

如果在桌面上打开了多个应用程序或文档，那么当前打开的窗口往往会遮挡其他的程序或文档，因此在使用其他应用程序时，就需要从当前窗口切换到要使用的窗口。切换窗口的操作方法有以下几种。

① 使用任务栏：在 Windows 7 系统中，每个打开的窗口在任务栏上都有对应的程序图标。如果要切换到其他窗口，只需单击窗口在任务栏上的图标，该窗口就会出现在其他打开

窗口的前面，成为活动窗口。

图 3-5 堆叠显示窗口

② 使用〈Alt+Tab〉组合键：通过按〈Alt+Tab〉组合键可以切换到上一次查看的窗口。如果按住〈Alt〉键并重复按〈Tab〉键可以在所有打开的窗口缩略图和桌面之间循环切换。当切换到某个窗口时，释放〈Alt〉键即可显示其中的内容。

③ 使用 Flip 3D：Flip 3D 以三维方式排列所有打开的窗口和桌面，可以快速地浏览窗口中的内容。在按下〈Windows 徽标〉键（以下简称〈Win〉键）的同时，重复按〈Tab〉键即可使用 Flip 3D 切换窗口，如图 3-6 所示。当切换到要查看的窗口时，释放〈Win〉键即可。另外，单击某个窗口的任意部分也可以显示该窗口中的内容。

图 3-6 Flip 3D 切换窗口

3.3.3 "开始"菜单和任务栏的设置

1. 设置个性化"开始"菜单

在 Windows 7 系统中，"开始"菜单的右窗格默认显示"文档""图片""音乐""游戏""计算机""控制面板"等文件夹。

"开始"菜单的左窗格显示最近使用程序的数目和跳转列表中的项目数默认为"10"。通过设置"任务栏和「开始」菜单属性"对话框，可以自定义"开始"菜单上的链接、图标以及菜单的外观和行为。"任务栏和「开始」菜单属性"对话框如图3-7所示。

① 自定义"开始"菜单的右窗格。打开"任务栏和「开始」菜单属性"对话框，在"「开始」菜单"选项卡中单击"自定义"按钮，打开"自定义「开始」菜单"对话框。从列表中选择要在"开始"菜单右窗格显示的项目，然后单击"确定"按钮，再单击"应用"按钮关闭对话框即可。

② 调整最近打开程序的数目。在"自定义「开始」菜单"对话框中，对"要显示的最近打开过的程序的数目"和"要显示在跳转列表中的最近使用的项目数"微调框进行设置，然后单击"确定"按钮，再单击"应用"按钮关闭对话框即可。

图3-7 "任务栏和「开始」菜单属性"对话框

③ 将最近使用的项目添加至"开始"菜单。在"自定义「开始」菜单"对话框中，选中列表框的最后一项"最近使用的项目"复选框，然后单击"确定"按钮，再单击"应用"按钮关闭对话框即可。

将最近使用的项目添加到"开始"菜单之后，打开"开始"菜单，用鼠标右键单击窗格中的"最近使用的项目"菜单项，从快捷菜单中选择"清除最近的项目列表"命令，就可以清除最近使用的项目列表。

2.使用和设置"开始"菜单跳转列表

"跳转列表"是Windows 7系统新增的功能，用于列出用户最近使用的程序、网站、文件或文件夹等项目的列表。使用"开始"菜单跳转列表可以打开用户经常使用的程序和文件。除此之外，还可以将项目锁定到跳转列表中，以便对其进行快速访问。

① 查看程序的跳转列表：在"开始"菜单中，将鼠标指针指向要查看程序右侧的箭头。

② 将项目锁定到跳转列表：单击"开始"按钮，然后打开程序的跳转列表。将鼠标指针指向要锁定的项目，单击出现的"锁定到此列表"按钮。

③ 将项目从跳转列表解锁：单击"开始"按钮，然后打开程序的跳转列表。将鼠标指针指向要解锁的项目，单击"从此列表解锁"按钮。

3.清理"开始"菜单和跳转列表中的项目

"开始"菜单和跳转列表是根据已打开的程序来组织其中项目的，用于记录用户已打开的程序、文件或网站。当不希望其他人查看自己使用过的程序或文档时，可以对"开始"菜单和跳转列表中的项目进行清理，操作步骤如下。

STEP 1 右键单击任务栏的空白处，从快捷菜单中选择"属性"命令，打开"任务栏和「开始」菜单属性"对话框，切换到"「开始」菜单"选项卡。

STEP 2 如果要清除"开始"菜单中最近的程序，则取消选中"存储并显示最近在「开始」菜单中打开的程序"复选框。

STEP 3 如果要清除"开始"菜单和跳转列表中最近打开的文件，则取消选中"存储并显示最近在「开始」菜单任务栏中打开的项目"复选框。

STEP 4 单击"应用"按钮，再单击"确定"按钮关闭对话框即可。

4. 改变任务栏的外观和行为

任务栏位于桌面的底部，主要由"开始"按钮、中间部分和通知区域三部分组成。"开始"按钮用于打开"开始"菜单，以启动大部分的应用程序；中间部分默认以大图标方式显示已打开的程序或文档，单击任务栏中的程序图标可以预览打开窗口中的内容，并且能够实现各窗口之间的快速切换；通知区域显示一些特定程序和计算机设置状态的图标。

① 锁定和解锁任务栏。用鼠标右键单击任务栏的空白处，打开快捷菜单。如果要解锁任务栏，则取消选中"锁定任务栏"复选框，即可清除命令左侧的复选标记；再次选中该复选框，可以重新锁定任务栏。

② 显示或隐藏任务栏。打开"任务栏和「开始」菜单属性"对话框，在"任务栏"选项卡中选中"自动隐藏任务栏"复选框，然后单击"确定"按钮，完成任务栏的隐藏操作。如果要显示隐藏的任务栏，则将鼠标指针指向上次看到任务栏的位置即可。

③ 显示小图标。在"任务栏和「开始」菜单属性"对话框的"任务栏"选项卡中，选中"使用小图标"复选框，单击"确定"按钮。

④ 更改任务栏在屏幕的位置。任务栏通常位于屏幕的底部，也可以将其移动到桌面的两侧或顶部，方法为：在"任务栏和「开始」菜单属性"对话框的"任务栏"选项卡中，将"屏幕上的任务栏位置"下拉列表框设置为合适的选项。

⑤ 调整任务栏的大小。解除任务栏的锁定，然后将鼠标指针指向任务栏的边缘，当指针变为双向箭头时，按住鼠标左键并拖动，将任务栏调整为所需的大小即可。

⑥ 改变任务栏图标的合并方式。在"任务栏和「开始」菜单属性"对话框的"任务栏"选项卡中，单击"任务栏按钮"右侧的下拉列表框，然后选择任务栏图标的合并方式。

5. 设置任务栏通知区域

默认情况下，通知区域位于任务栏的右侧，主要包括一些程序图标和时钟、音量、网络、操作中心等系统图标。安装某些应用程序时，程序的图标会自动添加到通知区域。用户可以更改图标和通知的显示方式，并且可以将其关闭。

要隐藏通知区域中的图标，可以单击该图标，然后将其拖动到桌面。单击通知区域中的"显示隐藏的图标"按钮 ，展开通知区域即可查看通知区域中的隐藏图标。单击"显示隐藏的图标"按钮，然后将图标拖动到通知区域，即可将隐藏图标添加到通知区域。

如果始终要在任务栏上显示所有图标和通知，则可以打开"任务栏和「开始」菜单属性"对话框，单击"任务栏"选项卡中的"自定义"按钮，打开"通知区域图标"窗口，如图3-8所示。选中"始终在任务栏上显示所有图标和通知"复选框，然后单击"确定"按钮。

在"通知区域图标"窗口中，单击"打开或关闭系统图标"链接，打开"系统图标"窗口，如图3-9所示。如果要关闭系统图标，可以将该图标右侧的"行为"下拉列表框设置为"关闭"选项。将图标右侧的"行为"下拉列表框设置为"打开"选项时，可以再次打开该图标。

虽然按照设计，其他后台运行的程序图标会被隐藏，但如果程序有某些事件是需要引起用户注意的，系统就会暂时将程序的图标直接显示出来，并持续若干秒。随后，该图标被隐藏。这一特性的设计初衷很好，但也可能造成一些不便。例如，腾讯QQ不支持这一特性，该软件的通知图标会被直接隐藏起来，任务栏上也不显示该程序的按钮。如果有QQ好友和用户联系，用户可能无法通过闪烁的图标得知这一情况，也就无法及时回复消息。

在"通知区域图标"窗口中列出了所有曾经在通知区域内显示过的程序图标，每个图标都可以通过"行为"下拉列表框中的"显示图标和通知""隐藏图标和通知"和"仅显示通知"

等选项，来自定义图标的行为方式。

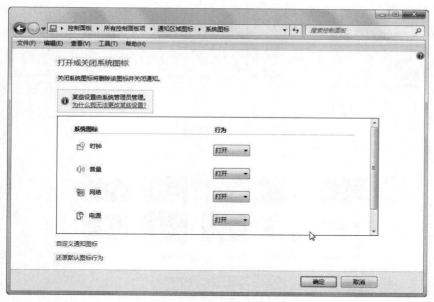

图 3-8 "通知区域图标"窗口

图 3-9 "系统图标"窗口

3.3.4　设置个性化桌面

1. 添加桌面图标

① 用鼠标右键单击桌面的空白处，从快捷菜单中选择"个性化"命令，打开"个性化"窗口，如图 3-10 所示。

② 单击窗口中的"更改桌面图标"链接，打开"桌面图标设置"对话框。在"桌面图标"栏内选中"计算机"和"控制面板"复选框，如图 3-11 所示。单击"确定"按钮，返回"个性化"窗口。

设置个性化桌面

图 3-10　"个性化"窗口	图 3-11　设置桌面图标

2.更改桌面主题及窗口颜色

① 在"个性化"窗口中，单击列表框中"Aero 主题"栏下的"风景"主题。

② 单击"桌面背景"链接，打开"桌面背景"窗口，将"更改图片时间间隔"下拉列表框设置为"1 小时"，如图 3-12 所示，单击"保存修改"按钮，返回"个性化"窗口，完成桌面背景设置。

图 3-12　设置桌面背景

③ 单击"窗口颜色"链接，打开"窗口颜色和外观"窗口，选择"紫罗兰色"色块，如图 3-13 所示。单击"保存修改"按钮，返回"个性化"窗口，完成窗口颜色的设置。

3.设置屏幕保护程序

① 在"个性化"窗口中，单击"屏幕保护程序"链接，打开"屏幕保护程序设置"对话框。

② 将"屏幕保持程序"栏中的下拉列表框设置为"三维文字"选项。

③ 单击"设置"按钮，打开"三维文字设置"对话框，在"自定义文字"单选按钮右侧的文本框中输入"今日事，今日毕"，如图 3-14 所示。单击"确定"按钮，返回"屏幕保护程序设置"对话框。

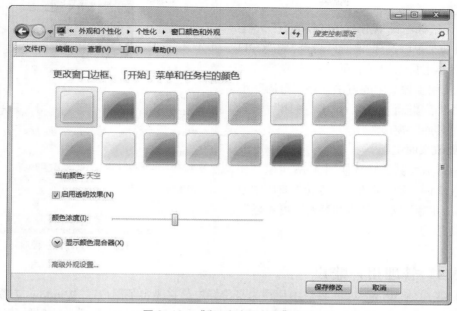

图 3-13 "窗口颜色和外观"窗口

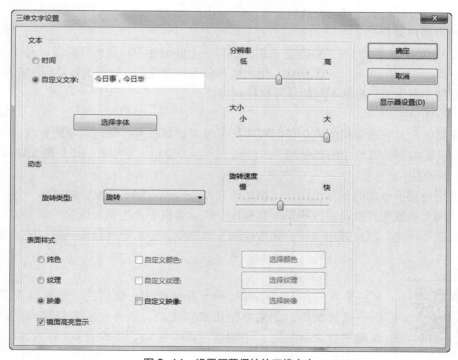

图 3-14 设置屏幕保护的三维文字

④ 将"等待"微调框设置为"30"分钟，如图 3-15 所示。单击"确定"按钮，返回"个性化"窗口后，单击窗口右上角的"关闭"按钮，屏幕保护程序设置完成。

4. 小工具

① 用鼠标右键单击桌面的空白处，从快捷菜单中选择"小工具"命令，打开"小工具库"窗口。

② 用鼠标右键单击"CPU 仪表盘"小工具，从快捷菜单中选择"添加"命令，将"CPU 仪表盘"小工具添加到桌面上。

③ 使用步骤②中的方法，将"日历"小工具也添加到桌面上，然后单击"关闭"按钮，将"小工具库"窗口关闭。

5. 更改桌面主题

Windows 7 系统默认使用 Aero 主题。如果要更改桌面主题，则在"个性化"窗口中单击"Aero 主题"或"基本和高对比度主题"栏下要使用的主题即可。

图 3-15 设置屏幕保护程序

3.3.5 管理用户账户

用户账户是 Windows 7 系统中用户的身份标志，它决定了用户在 Windows 7 系统中的操作和访问权限。合理地管理用户账户，不但有利于为多个用户分配适当的权限和设置相应的工作环境，也有利于提高系统的安全性能。

1. 用户账户简介

在安装 Windows 7 时，系统会要求用户创建一个能够使用户设置计算机以及安装应用程序的管理员账户。在 Windows 系统中，用户账户分为标准用户、管理员账户和来宾账户 3 种类型，每种类型为用户提供不同的计算机控制级别。

（1）管理员账户

管理员账户具有计算机的完全访问权限，可以对计算机进行任何需要的更改，所进行的操作可能会影响到计算机中的其他用户。注意，一台计算机上至少有一个管理员账户。

（2）标准用户

标准用户用于日常的计算机操作，例如使用办公软件、网上冲浪、即时聊天等。标准用户可以使用大多数软件以及更改不影响其他用户或计算机安全的系统设置，如果要安装、更新或卸载应用程序，就会弹出"用户账号控制"对话框，输入管理员密码后，才能继续执行操作。

（3）来宾账户

来宾账户是给临时使用计算机的用户使用的。默认情况下，来宾账户已被禁用，如果要使用来宾账户，则首先需要将其启用。使用来宾账户登录系统时，不能创建账户密码、更改计算机设置以及安装软件或硬件。

创建新用户

2. 创建新的用户账户

在 Windows 中，可以为每个使用计算机的用户创建一个用户账户，以便用户进行个性化的设置。创建新的用户账户 tom，操作步骤如下。

STEP 1 选择"开始"→"控制面板"菜单命令，打开"控制面板"窗口。

STEP 2 单击"用户账户和家庭安全"下方的"添加或删除用户账户"链接，打开"管理账户"窗口，如图 3-16 所示。

图 3-16 "管理账户"窗口

STEP 3 单击窗口左下方的"创建一个新账户"链接，打开"创建新账户"窗口，在文本框中输入新账户的名称 tom，然后选择新账户的类型，如"标准用户"。

STEP 4 单击"创建账户"按钮，新账户创建完成。

3.更改账户设置

账户创建之后，可以在"管理账户"窗口中单击某账户，打开"更改账户"窗口，如图 3-17 所示，然后在其中对账户设置进行更改。

例如，如果要创建账户密码，可以单击"更改账户"窗口中的"创建密码"链接，打开"创建密码"窗口，如图 3-18 所示。在文本框中输入账户密码，然后单击"创建密码"按钮。

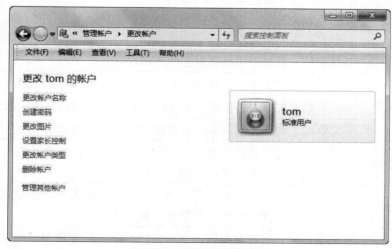

图 3-17 "更改账号"窗口

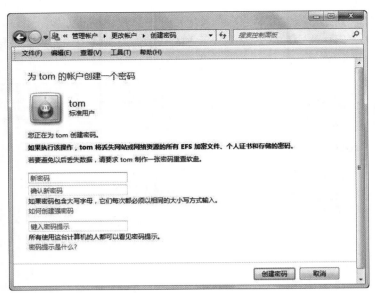

图 3-18 "创建密码"窗口

假如要删除已经创建的密码，则可以单击"更改账户"窗口中的"删除密码"链接，在打开的"删除密码"窗口中单击"删除密码"按钮。

3.4 知识拓展

菜单项的约定。不同的菜单项代表不同的命令，但其操作方式却有相似之处。Windows为了方便用户的识别和使用，在一些菜单项的前面或后面加上了某些特殊标记，有关约定参见表 3-1。

表 3-1 菜单项的约定

菜单项	说明
黑色字符	正常的菜单项，表示可以选取
灰色字符	无效的菜单项，表示当前不可选取。例如，当在"我的电脑"窗口中没有选取任何对象时，"编辑"菜单下的"剪切"和"复制"菜单项呈现灰色，表示当前没有可操作的对象
名称后带 "…"	选择此类菜单项，会打开一个对话框，要求用户输入信息或改变设置
名称后带 "▶"	表示级联菜单，当鼠标指针指向它时，会自动弹出下一级子菜单
分组线	菜单项之间的分隔线条，通常按功能进行分组显示
名称后带组合键	提供了通过键盘运行菜单命令的快捷方式。可以在不打开菜单的情况下，直接按下组合键执行相应命令
名称前带 "●"	表示可选项。但在分组菜单中，同时只可能有一个且必定有一个选项被选中，被选中的选项前带有 "●" 标记
名称前带 "√"	选项标记，可在两种状态之间进行切换。当菜单项前有此标记时，表示命令有效

3.5　任务总结

本任务结合设置桌面、创建新用户，介绍了设置桌面的背景、屏幕保护程序、任务栏和"开始"菜单、窗口的最大化、最小化、关闭等操作，通过本任务的学习，应当掌握个性化桌面背景的设置和新用户的创建方法，并能够将这些方法运用到日常的工作生活当中去。

3.6　实践技能训练

实训 1　设置个性化桌面

1.实训目的

① 掌握 Windows 7 的启动与退出方法。

② 熟悉 Windows 7 桌面的组成及各种图标的作用。

③ 掌握桌面背景、图标和屏幕保护程序的设置。

④ 掌握自定义任务栏的设置。

2.实训要求

① 为桌面设置背景为"Aero"主题中的"风景"图片，更改图片时间间隔为 10 分钟，无序播放。

② 设置窗口颜色为"淡紫色"。

③ 为桌面设置"知识就是力量"的三维文字屏幕保护程序，等待时间为 6 分钟。

④ 设置任务栏为自动隐藏。

实训 2　管理账户

1.实训目的

① 掌握新账户的创建方法。

② 掌握更改账户的操作方法。

2.实训要求

① 创建名为"Changsha"的管理员级账户和"lisi"的标准用户账户，并设置密码。

② 修改"lisi"账户名为"wangwu"。

PART 4

任务 4
管理文件和文件夹

4.1 任务描述

李科是计算机学会的秘书，近期学院举办 4 项计算机方面的竞赛，他把各项竞赛的通知、规程、比赛内容等文件随意放在计算机中，文件名也是系统默认的，想找个文件挺费劲的。针对这些问题，他去请教老师。老师建议他学习文件、文件夹管理的相关知识。

4.2 任务分析

① 按惯例 C 盘作为系统盘，专门用于安装系统程序和各种应用软件。

② 在 D、E 盘上建立多个文件夹，用来存放不同内容的文档，文件名用和内容相关的中文命名。

③ 对于经常用到的文件夹和文件在桌面应该建立快捷方式。

④ 定期清理垃圾文件，保持计算机在比较轻松的环境中工作。

4.3 任务实施

4.3.1 文件与文件夹

操作系统在管理计算机中的软、硬件资源时，一般都将数据以文件的形式存储在硬盘上，并以文件夹的方式对计算机中的文件进行管理，以便于用户使用。

（1）文件

在计算机中，模糊地说文件是一段程序或数据的集合，具体地说，在计算机系统中文件是一组赋名的相关联字符流的集合或者是相关联记录的集合，是计算机管理的最基本单位。为了识别与管理文件，必须对文件命名，文件的命名规则为

① 文件名由主文件名与扩展名两部分组成，主文件名表示文件名称，扩展名表示文件类型。一般情况下，主文件名与扩展名之间用"."分隔。即文件名的格式：主文件名. 扩展名。

② 文件名可以使用汉字、西文字符、数字、部分符号表示。

③ 文件名中不能使用的字符有："\""/"":""*""?"、"<"">""|"等，以及多余空格。

常用的文件扩展名和文件类型见表 4-1。

表 4-1　常用文件扩展名和类型

文件扩展名	文件类型
.exe	可执行文件
.txt	文本文件
.doc、.docx	Word 文件
.xls、.xlsx	Excel 文件
.ppt、.pptx	PowerPoint 文件
.html	超文本文件
.avi	视频文件
.wav	音频文件
.mp3	利用 MPEG−1 Layout3 标准压缩的文件
.rar	WinRar 文件
.bmp	位图文件
.jpeg	图像压缩文件
.sys	系统文件
.pdf	图文多媒体文件

文件的种类非常多，了解文件扩展名对文件的管理和操作具有很重要的意义。

（2）文件夹

文件夹是操作系统中用来存放文件的工具。文件夹中可以包含文件夹和文件，但在同一个文件夹中不能存放名称相同的文件或文件夹。为方便对文件的有效管理，经常将同一类的文件放在同一个文件夹中。

4.3.2　文件或文件夹隐藏和显示

Windows 系统为了保证文件重要信息的安全性，提供了对文件属性进行设置的方法，从而能为用户更好地保护数据信息。

（1）隐藏文件或文件夹

在隐藏文件和文件夹时，首先要对文件和文件夹的属性进行设置，然后再修改文件夹选项，操作步骤如下。

① 选中需要隐藏的文件或文件夹单击鼠标右键，在弹出的快捷菜单中选择"属性"命令。

② 打开"属性"对话框，选中"隐藏"复选项。

③ 单击"确定"按钮。

说明

　　在对文件夹进行设置时，系统提供了两种方式供用户选择，一种为只隐藏文件夹，另一种为隐藏文件夹以及其中的全部子文件夹和文件。单击工具栏上的"组织"按钮，在下拉列表中选择"文件夹和搜索选项"选项，在"查看"选项卡的"高级设置"列表中，选中"不显示隐藏的文件、文件夹或驱动器"复选项，单击"确定"按钮即可。

（2）显示文件或文件夹

利用上述的方法进入到高级设置，将选中的"不显示隐藏的文件、文件夹和驱动器"取消选中，即可显示隐藏的信息。

4.3.3 文件或文件夹加密和解密

Windows 系统除了提供隐藏的方法来保证信息安全外，还提供了一种更强的保护方法：加密文件或文件夹。操作步骤如下：选中需要加密的对象单击鼠标右键，在弹出的快捷菜单中选择"属性"命令，打开"属性"对话框，选择"常规"选项卡，单击"高级"按钮，选中"加密内容以便保护数据"复选框，单击"确定"按钮返回上一级界面，单击"应用"按钮，再单击"确认属性更改"对话框，选中"将更改应用于此文件夹、子文件夹和文件"选项，最后单击"确定"按钮即可完成加密操作。解密时只需按照加密操作的步骤进入"高级属性"对话框，将"加密内容以便保护数据"复选框取消选中即可对加密数据进行解密。

4.3.4 文件或文件夹的基本操作

文件和文件夹的
基本操作

文件或文件夹的基本操作包括新建、删除、复制、移动、重命名和快捷方式的创建等。由于文件夹和文件的操作方式是一致的，因此本章将不再分别介绍。

1. 新建文件或文件夹

打开要建立新文件或文件夹的目录后，在窗口空白处单击鼠标右键，选择"新建"子菜单，然后在其子菜单中选择所需建立文件或文件夹的类型，即可新建文件或文件夹，如图4-1所示。

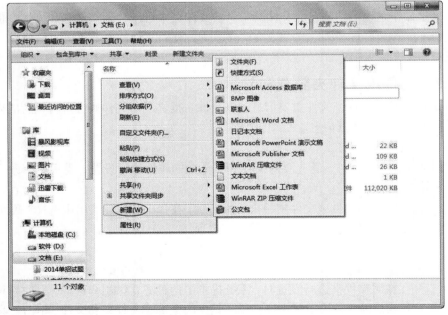

图4-1　新建文件夹

2. 删除文件或文件夹

当用户不再需要某个文件或文件夹时，可以将该文件或文件夹从计算机中删除，以释放其占用的空间。操作步骤如下。

① 将鼠标移动到需要删除的文件或文件夹上单击鼠标右键，在弹出的快捷菜单中选择"删除"命令。

② 打开"删除文件"对话框，单击"是"按钮，即可删除该文件。

为了避免用户误操作删除了正确的文件，系统并未将如上操作所删除的文件从计算机中彻底删除，而是将其移动到回收站里，用户可以通过回收站还原文件。

说明

如果用户想直接删除文件，而不移动到回收站，可选中所需删除的文件，按 Shift 键后同时按下 Delete 键。

3. 删除或还原"回收站"中的文件或文件夹

"回收站"为用户提供了一个安全的删除文件或文件夹的解决方案，用户从硬盘中删除文件或文件夹时，Windows 7 会将其自动放入"回收站"中，直到用户将其清空或还原到原位置。删除或还原"回收站"中文件或文件夹的操作步骤如下。

STEP 1 双击桌面上的"回收站"图标，打开"回收站"对话框。

STEP 2 单击"回收站任务"窗格中的"清空回收站"命令，可删除"回收站"中所有的文件和文件夹；单击"回收站任务"窗格中的"恢复所有项目"命令，可还原所有的文件和文件夹；选中要还原的文件或文件夹，单击"回收站任务"窗格中的"还原此项目"命令，可还原该文件或文件夹。

4. 复制文件或文件夹

用户需要将某个文件或文件夹复制一份到其他目录，即复制文件或文件夹，操作步骤如下。

STEP 1 选中要复制的文件或文件夹。

STEP 2 单击鼠标右键，在弹出的快捷菜单中，选择"复制"命令，如图 4-2 所示。

图 4-2 复制文件

STEP 3 打开要复制到的目标文件夹。

STEP 4 在窗口的空白位置单击鼠标右键，在弹出快捷菜单中，选择"粘贴"命令，如图 4-3 所示。

图 4-3　粘贴文件

5.移动文件或文件夹

需要将一个文件或文件夹移动到其他位置时，可以进行移动文件或文件夹的操作。移动文件或文件夹的操作和复制文件或文件夹的操作类似，不同的是，复制文件或文件夹是对源文件采取复制命令，这时源文件将保留；而进行移动文件或文件夹的操作时，对源文件或文件夹进行的是剪切操作。移动文件或文件夹的操作步骤如下。

STEP 1 选中要移动的文件或文件夹。

STEP 2 单击鼠标右键，在弹出的快捷菜单中，选择"剪切"命令。

STEP 3 打开要移动到的目标文件夹。

STEP 4 在窗口的空白位置单击鼠标右键，在弹出快捷菜单中，选择"粘贴"命令。

进行剪切也可以使用快捷键来代替完成。

说明　　在进行复制、剪切和粘贴时，可以使用快捷键来代替完成。复制的快捷键为 Ctrl+C，剪切的快捷键为 Ctrl+X，粘贴的快捷键为 Ctrl+V。

6.重命名文件或文件夹

有时用户需要改变文件或文件夹的名称，这时可采用重命名操作来实现。首先选中需要更名的文件或文件夹单击鼠标右键，在快捷菜单中选择"重命名"命令后，文件或文件夹名将变为编辑框，这时可以输入新的文件或文件夹名称，完成后按 Enter 键或者单击窗口的空白位置即可。

重命名文件也可以使用快捷键完成，相应的快捷键为 F2。

7. 查找文件或文件夹

Windows 7 为用户提供了多种查找文件或文件夹的途径，下面分别予以介绍。

① 使用"开始"菜单的搜索框。

打开"开始"菜单，在搜索框中输入要查找的文件或文件夹的名称（或名称中包含的关键字），与输入内容匹配的搜索结果将会出现在"开始"菜单搜索框的上方。例如，输入"word"时，搜索结果如图 4-4 所示。

② 在打开的文件夹或库窗口中使用搜索框。

打开要进行查找的目标文件夹或库窗口，在窗口右上角的搜索框中输入要查找的文件或文件夹的名称或关键字，以筛选文件夹或库窗口中的内容。例如，在某文件夹窗口的搜索框中输入文字"编辑与排版"后，结果如图 4-5 所示。

单击搜索框可以显示"修改日期"和"大小"搜索筛选器。选择"修改日期"筛选器，可以设置要查找文件或文件夹的日期或日期范围；单击"大小"筛选器，可以指定要查找文件或文件夹的大小范围。

图 4-4 "开始"菜单中的搜索框

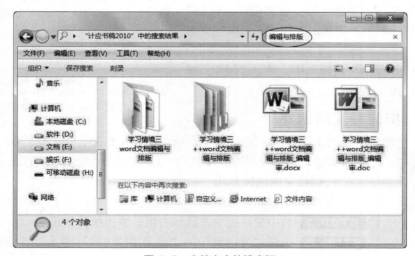

图 4-5 文件夹中的搜索框

当需要对某一类或某一组文件或文件夹进行搜索时，可以使用通配符来表示文件名中不同的字符。Windows 7 使用"?"和"*"两种通配符，"?"表示任意一个字符，而"*"表示任意多个字符。例如：*.docx 表示所有扩展名为.docx 的文件；lx*.c 表示文件名的前两个字符是 lx，扩展名是.c 的所有文件；a?b.*表示文件名由 3 个字符组成，其中第 1 个字符为 a，第 3 个字符为 b，而第二个字符为任意一个字符，扩展名为任意字符的一批文件。

如果在指定的文件夹或库窗口中没有找到要查找的文件或文件夹，Windows 就会提示"没有与搜索条件匹配的项"。此时，可以在"在以下内容中再次搜索"下面，选择"库""计算机""自定义""Internet""文件内容"之一继续进行操作。

4.4 知识拓展

4.4.1 文件夹的属性设置

文件或文件夹包含三种属性：只读、隐藏和存档。若将文件或文件夹设置为"只读"属性，则该文件或文件夹不允许更改和删除；若将文件或文件夹设置为"隐藏"属性，则该文件或文件夹在常规显示中将不被看到；若将文件或文件夹设置为"存档"属性，则表示该文件或文件夹已存档，有些程序用此选项来确定文件的备份。更改文件或文件夹属性的操作步骤如下。

STEP 1 选中要更改属性的文件夹。

STEP 2 单击鼠标右键，在弹出的快捷菜单中选择"属性"命令，打开"属性"对话框。

STEP 3 选择"常规"选项卡，如图 4-6 所示。

STEP 4 在该选项卡的"属性"选项组中选定需要的属性复选框。

STEP 5 单击"应用"按钮，将弹出"确认属性更改"对话框。

STEP 6 在该对话框中可选择 "仅将更改应用于该文件夹"或 "将更改应用于该文件夹、子文件夹和文件"选项，单击"确定"按钮即可关闭该对话框。

STEP 7 在"常规"选项卡中，单击"确定"按钮即可应用该属性。

图 4-6 "属性"对话框

4.4.2 快捷方式的创建

创建快捷方式

为了能方便快捷地找到所需的文件/文件夹，可以为文件/文件夹建立快捷方式，通过快捷方式能快速地找到并打开该文件/文件夹。

1. 创建桌面快捷方式

创建桌面快捷方式的操作步骤如下。

STEP 1 选中文件夹单击鼠标右键，弹出快捷菜单。

STEP 2 选择"发送到"→"桌面快捷方式"命令，直接在系统桌面上建立该文件夹的快捷方式，如图 4-7 所示。

2. 创建指定位置快捷方式

创建指定位置快捷方式的操作步骤如下。

STEP 1 选中文件夹单击鼠标右键，弹出快捷菜单。

STEP 2 选择"创建快捷方式"命令，如图 4-8 所示，这时将在文件所在目录中建立一个该文件夹的快捷方式，如图 4-9 所示。

STEP 3 用户可以根据需要将该快捷方式移动到所需的地方。

应该注意的是，文件的快捷方式仅仅是该文件的一个指向，并不是该文件本身。所以当文件不存在时，其快捷方式是无法打开的。

图 4-7 "桌面快捷方式"命令

图 4-8 "创建快捷方式"命令

图 4-9　文件夹的快捷方式

4.5　任务总结

本任务结合文件/文件夹的管理介绍了新建、复制、移动、删除、重命名文件/文件夹的操作方法，以及创建文件/文件夹快捷方式的方法。通过本任务的学习，应当掌握管理文件/文件夹的相应管理方法，并能够将这些方法运用到日常的工作生活当中去。

4.6　实践技能训练

实训　管理文件和文件夹

1. 实训目的

① 掌握文件及文件夹的创建、复制、移动、删除、重命名等基本操作。

② 掌握指定位置建立文件或文件夹快捷方式的方法。

③ 掌握查找文件或文件夹的方法。

④ 掌握设置文件或文件夹属性的方法。

2. 实训要求

① 在"实训"下 JIBEN 文件夹中新建名为 A2TNBQ 的文件夹，并设置属性为隐藏。

② 将"实训"下 QINZE 文件夹中的 HELP.BAS 文件复制到同一文件夹中，文件名为 RHL.BAS。

③ 为"实训"下 PWELL 文件夹中的 BAW.EXE 文件建立名为 KBAW 的快捷方式，并存放在"实训"下。

④ 将"实训"下 TAR 文件夹中的文件 FEN.BMP 重名为 CATE.BMP。

⑤ 搜索"实训"下的 ACH.PRG 文件，然后将其删除。

⑥ 搜索"实训"文件夹下第三个字母是 H 的所有文本文件。将其移动到"实训"文件夹下的 TXT 文件夹中。

项目三

Word 文档编辑与排版

    Word 文字处理软件，在各单位办公文秘、信函、简历、打字复印等方面广泛应用，是目前应用最广泛的文字处理软件之一。本项目分为制作通知、制作版报、制作求职简历、制作学生入学通知书和编排毕业论文五个结合实际的任务，通过本项目学习，使学生掌握 Word 2010 的文档编辑与排版、表格制作、图形处理以及文档打印等功能，并能够将这些方法灵活地运用到日常的工作生活当中去。

    本项目包括以下任务：

任务 5　制作通知	任务 6　制作电子板报
任务 7　制作求职简历	任务 8　批量制作学生入学通知书
任务 9　编排毕业论文	

任务5
制作通知

5.1 任务描述

制作大赛通知

通知是用来布置工作、召开会议、传达事情的文件，在日常办公中经常用到，往往由办公室文秘人员来制作。计算机学会要组织"网络组建与安全维护"大赛，李科是计算机学会的秘书，需要制作大赛通知，并将其打印张贴出来。大赛通知显示效果如图 5-1 所示。

网络组建与安全维护大赛通知

一、竞赛目的

提升学生网络组建与安全维护实践技能，适应网络产业快速发展及"三网融合"的趋势，促进网络工程项目及产业前沿技术的应用。

二、竞赛项目内容

1.实现网络设备、安全设备、服务器的连接，对设备进行互联互通的调试。

2.在路由器、交换机、防火墙、IDS、VPN、服务器上配置各种协议。

3.根据网络实际运行中面临的安全威胁，解决网络恶意入侵和攻击行为。

三、参赛对象

●信息工程学院的所有学生；

●竞赛采取团队方式进行。每支参赛队由 3 名参赛选手组成，并指定队长 1 名，竞赛时间为 2 小时。

四、奖项设置

竞赛奖项只设置团体奖，根据参赛代表队总得分，进行排序。设一等奖 10%，二等奖 20%，三等奖 30%。

五、大赛报名及联系方式

1．报名截止时间：2016 年 4 月 15 日

2．统一由各班长报至计算机协会办公室(6 号教学楼 3 楼)

3．联系人朱可明，13838912100

六、比赛时间和地点

比赛时间：2016 年 4 月 23 日下午 2:00

比赛地点：实训 A 楼 5 楼网络安全实训室

计算机协会
2016 年 4 月 5 日

图 5-1　大赛通知效果图

5.2 解决思路

本任务的解决思路如下。

① 构思"网络组建与安全维护"大赛通知的内容。

② 熟悉 Word 2010 界面。

③ 在 Word 中新建一个文档，并保存为"网络组建与安全维护大赛通知.docx"。

④ 利用 Word 进行文本内容的输入、编辑。

⑤ 文字编辑完后，利用"开始"选项卡的"字体"功能区设置字体格式。

⑥ 利用"开始"选项卡的"段落"功能区设置段落格式。

⑦ 利用"页面布局"选项卡的"页面设置"功能区设置页边距和纸张大小。

⑧ 单击"文件"选项卡的"打印"菜单命令，预览制作效果，最后对文档保存并打印。

5.3 任务实施

5.3.1 构思大赛通知的内容

大赛通知一般由标题、正文和结尾三部分组成。在标题中，要说明是"网络组建与安全维护"大赛；在正文中，要包含举办大赛的目的、竞赛内容、参赛对象、奖项设置、大赛报名及联系方式、比赛时间和地点等，尽可能做到层次清晰，条目分明；结尾部分则为落款和时间。

5.3.2 认识 Word 2010 界面

Word 窗口主要由标题栏、选项卡、功能区、标尺、滚动条、编辑区、状态栏和视图按钮组成，如图 5-2 所示。

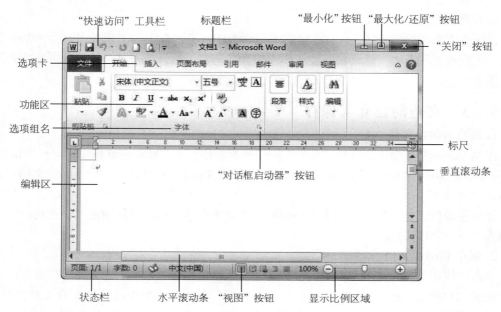

图 5-2 部分 Word 2010 窗口的组成

1. 标题栏

标题栏是 Word 窗口最上端的一栏，显示当前正在编辑的文档名称和 Microsoft Word 应用程序名，标题栏中包含有"控制菜单"图标和"最小化""最大化/还原"和"关闭"按钮。通过单击这些图标或按钮可以实现对窗口的最大化、最小化、还原、移动、改变大小和关闭等操作。

2. 选项卡

选项卡位于标题栏下方，一般包括"开始""插入""页面布局""引用""邮件""审阅""视图"等，在选项卡中集成了 Word 功能区。

3. 功能区

功能区位于选项卡下方，在功能区中包括了多个选项组，并集成了 Word 的很多功能按钮。

4. 标尺

标尺有水平和垂直两种。在普通视图下只能显示水平标尺，只有在页面视图下才能显示水平和垂直两种标尺，标尺除了显示文字所在的实际位置、页边距尺寸外，还可以用来设置制表位、页边距尺寸、段落的左右缩进、首行缩进等。

5. 滚动条

滚动条分水平和垂直滚动条。使用滚动条可以使文档横向、纵向移动，快速显示屏幕内容。

6. 编辑区

编辑区是指格式工具栏以下和状态栏以上的一个区域。在 Word 窗口的编辑区中可以打开一个文档，并对它进行文本输入、编辑或排版等操作。

7. 状态栏

状态栏位于 Word 窗口的最下端，它用来显示当前的一些状态，如当前光标所在的页号、行号、列号和位置。

8. 视图按钮

视图是查看文档的方式，Word 2010 有五种视图：页面视图、阅读版式视图、Web 版式视图、大纲视图和草稿。视图按钮位于水平滚动条的右下端，单击某一按钮即可切换到所需的视图页面下。

5.3.3 文档的建立与保存

1. 新建 word 文档

在 Windows 7 桌面中，选择"开始"→"所有程序"→"Microsoft Office"→"Microsoft Office Word 2010"命令，启动 Word 2010。启动后 Word 会自动打开一个新的空文档并暂时命名为"文档1"。

如果在编辑文档的过程中还需另外创建一个或多个新文档，可以单击"快速访问"工具栏中的"新建"按钮 ◻。

2. 保存 Word 文档

单击"快速访问"工具栏中的"保存"按钮 ◻ 或选择"文件"→"保存"命令，打开"另存为"对话框，如图 5-3 所示。在"保存位置"下拉列表框中选择要保存文件的位置，如当前文件保存在"E:\通知"文件夹下，在"文件名"组合框中输入"网络组建与安全维护大赛通知"，单击"保存"按钮。这样，文档的标题栏由"文档 1– Microsoft Word"变成了"网络组建与安全维护大赛通知– Microsoft Word"，即完成对文档的重命名，同时将文档保存起来。

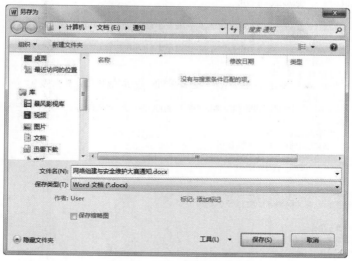

图 5-3　"另存为"对话框

说明

　　① 打开"E:\通知"文件夹，在窗口的空白处单击鼠标右键，在弹出的快捷菜单中选择"新建"→"Microsoft Word 文档"命令，输入文件名，按 Enter键，也可创建一个 Word 文档。
　　② 当对新建的文档第一次进行保存操作时，此时的"保存"命令相当于"另存为"命令，会打开"另存为"对话框。文档保存后，该文档窗口并没有关闭，可以继续输入或编辑该文档。
　　如果要把一个正在编辑的文档以另一个不同的名字保存，可选择"文件"→"另存为"命令，在"另存为"对话框中选择相应的保存位置，输入文件名，然后单击"保存"按钮。

5.3.4　文本的输入与编辑

1. 文本的输入

① 在文档中输入文本时，必须先选择一种输入法，如单击屏幕右下角的输入法指示器，选择"微软拼音"。

② 切换到页面视图，将光标定位在第一段开始处，输入标题"网络组建与安全维护大赛通知"，然后按 Enter 键，将光标移到下一行。

③ 输入网络组建与安全维护大赛通知的文本内容，另起一个新的段落时按 Enter 键，在编辑区中输入的内容如图 5-4 所示。

注意

　　进行文档编辑的时候，要养成随时保存文档的好习惯，单击"快速访问"工具栏的"保存"按钮■或按"Ctrl+S"组合键即可完成，以避免突然停电或死机等造成文件内容丢失。

网络组建与安全维护大赛通知
一、竞赛目的
提升学生网络组建与安全维护实践技能，适应网络产业快速发展及"三网融合"的趋势，促进网络工程项目及产业前沿技术的应用。
二、竞赛项目内容
1.实现网络设备、安全设备、服务器的连接，对设备进行互联互通并的调试。
2.在路由器、交换机、防火墙、IDS、VPN、服务器上配置各种协议。
3.根据网络实际运行中面临的安全威胁，解决网络恶意入侵和攻击行为。
三、参赛对象
信息工程学院的所有学生；
竞赛采取团队方式进行。每支参赛队由 3 名参赛选手组成，并指定队长 1 名，竞赛时间为 2 小时。
四、奖项设置
竞赛奖项只设置团体奖，根据参赛代表队总得分，进行排序。设一等奖 10%，二等奖 20%，三等奖 30%。
五、大赛报名及联系方式
1．报名截止时间：2016 年 4 月 15 日
2．统一由各班长报至计算机协会办公室(6 号教学楼 3 楼)
3．联系人朱可明，13838912100
六、比赛时间和地点
比赛时间：2016 年 4 月 23 日下午 2:00
比赛地点：实训 A 楼 5 楼网络安全实训室

计算机协会
2016 年 4 月 5 日

图 5-4　输入的文档内容

说明

① Word 有自动换行的功能，当输入到达每行的末尾时不必按 Enter 键，Word 会自动换行，只有想要另起一个新的段落时才需按 Enter 键。按 Enter 键表示一个段落的结束，新段落的开始。
②切换输入法时用快捷键比较方便，中英文切换用"Ctrl+Space"组合键，汉字输入法间切换用"Ctrl+Shift"组合键。

2.文本的编辑

在大赛通知编辑的过程中，经常需要将某些文本从一个位置移动到另一个位置，或复制到另一个位置、或删除，无论移动、复制、删除文本，首先应选中这部分文本，可以用鼠标或键盘来实现选择文本的操作。

（1）选择文本

① 选择一行：鼠标移到该行左侧的选择区，鼠标指针变成 形状后单击鼠标左键即可。

② 选择任意长度的连续文本：鼠标移到要选择文本的开始位置，按住鼠标左键，拖动至要选择文本的末尾即可。也可单击要选择文本的开始位置，然后按住 Shift 键不放，单击要选择文本的末尾。

③ 选择任意长度的不连续文本：先选择第一块文本内容，然后按住 Ctrl 键不放，再选中其他的文本内容。

④ 选中一块矩形区域的文本：鼠标移到要选中文本的左上角，然后按住 Alt 键不放，拖动鼠标至文本块的右下角。

⑤ 选择整个文档：按"Ctrl+A"组合键可选中整篇文档。

（2）移动文本

① 使用鼠标移动文本，适用于短距离移动文本

操作方法：选择要移动的文本，按住鼠标左键，将该文本块拖到目标位置。

② 使用剪贴板移动文本，适用于长距离移动文本

操作方法：首先选中要移动的文本，其次选择"开始"选项卡，在"剪贴板"选项组中单击"剪切"按钮，然后将光标移到目标位置，最后在"剪贴板"选项组中，单击"粘贴"按钮。

（3）复制文本

① 使用鼠标复制文本，适用于短距离移动文本

操作方法：选中要复制的文本，按下鼠标左键，同时按住 Ctrl 键，将该文本块拖到目标位置，然后释放鼠标和 Ctrl 键。

② 使用剪贴板复制文本，适用于长距离移动文本

复制文本与移动文本的操作类似，不同的是单击"剪贴板"选项组中的"复制"按钮，然后将光标移到目标位置，最后在"剪贴板"选项组中，单击"粘贴"按钮。

说明　使用移动和复制的快捷键操作比较灵活，其中，"剪切"命令为"Ctrl+X"，"复制"命令为"Ctrl+C"，"粘贴"命令为"Ctrl+V"。

（4）删除文本

① 按一个 BackSpace 键可以删除光标左边的一个字符，连续按可删除多个字符。

② 按一下 Delete 键可以删除光标右边的一个字符，连续按可删除多个字符。

③ 删除连续文本：选中要删除的文本，按 BackSpace 键或 Delete 键。

（5）查找和替换文本

查找和替换是修改文档最常用的一种方法，利用它可以快速地查找并替换文档中的某一指定的文本，而且还可以查找特殊符号（如段落标记、制表符等）。本任务中误将"竞赛"输入为"竟赛"，可以通过查找和替换进行批量修改，操作步骤如下。

STEP 1 选择"开始"选项卡，在"编辑"选项组中，单击"替换"按钮，打开"查找和替换"对话框。

STEP 2 在"查找内容"组合框中输入"竟赛"。

STEP 3 在"替换为"组合框中，输入"竞赛"，如图 5-5 所示。

图 5-5　在"查找和替换"对话框中输入内容

STEP 4 单击"更多"按钮，展开能设置各种查找条件的详细对话框，在"搜索选项"选项组的"搜索"下拉列表框中选择"全部"选项，结果如图 5-6 所示。

STEP 5 单击"查找下一处"按钮，开始查找，找到目标后反白显示。

STEP 6 如要替换，则单击"替换"按钮，反复进行第⑤、⑥两步可以边查找边替换。本

任务要进行批量修改，单击"全部替换"按钮，可一次将文中"竞赛"全部替换成"竞赛"，然后弹出"Microsoft Word"消息框，如图5-7所示，单击"确定"按钮，结束此次查找和替换。

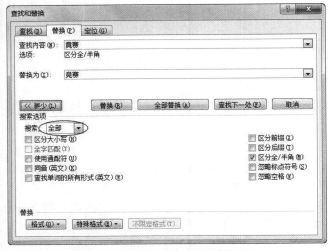

图5-6　查找和替换高级搜索选项

图5-7　消息框

说明

　　如果要查找带格式的文本、特殊符号或对查找的范围及内容进行限定，就需要使用"更多"查找。在"查找和替换"对话框中单击"更多"按钮，可以打开一个能设置各种查找条件的详细对话框，上例中如果将"竞赛"替换成"竞赛"，且字体格式设置为红色、黑体、四号字，带单下划线，设置结果如图5-8所示。

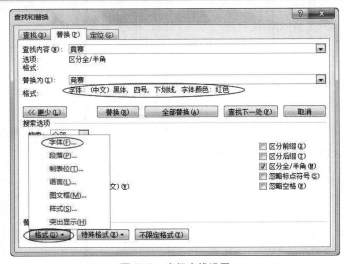

图5-8　高级查找设置

5.3.5　字体格式设置

　　文字的格式包括字体、字形、字号、文字颜色、下划线、着重号、效果（删除线、双删除线、上标、下标等）、字符间距等。设置文字格式的方法有两种：一种是使用"字体"功能区进行设置；另一种是使用"对话框启动器"打开"字体"对话框进行设置。Word默认的字体格式：汉字为宋体、五号，西文为 Times New Roman、五号。

1. 利用"字体"功能区设置文字格式

使用"字体"功能区中的按钮设置文字格式的一般步骤是：选中要设置格式的文本；单击"字体"选项组中的"字体""字号""字体颜色""文本效果"等下拉按钮，选择所需的选项；单击功能区中的"加粗""倾斜""下划线""字符边框""字符底纹""带圈字符"或"字符缩放"等按钮，给所选的文字设置"加粗""倾斜""下划线"等相应格式。

2. 利用"字体"对话框设置文字格式

使用"对话框启动器"打开"字体"对话框，可以对文字的各种格式进行详细设置。

（1）设置字体、字形、字号、字间距

将标题段文字"网络组建与安全维护大赛通知"设置为"黑体、小二号、字间距加宽 1.5 磅"，操作步骤如下。

STEP 1 选中标题段文字"网络组建与安全维护大赛通知"。

STEP 2 选择"开始"选项卡，在"字体"选项组中，单击"对话框启动器"，打开"字体"对话框，选择"字体"选项卡，在"中文字体"下拉列表框中选择"黑体"，"字形"选择"常规"，"字号"选择"小二"，如图 5-9 所示。

STEP 3 单击"字体"对话框的"高级"选项卡，在"间距"下拉列表框中选择"加宽"，"磅值"数值框设置为"1.5 磅"，如图 5-10 所示。

图 5-9　设置字体

图 5-10　设置字符间距

正文一级标题设置为"宋体、四号、加粗"，正文其他内容设置为"宋体、小四"，方法同上。

说明　　文字的位置、大小也可以改变，在"字体"对话框的"高级"选项卡中，"位置"下拉列表框有标准、提升和降低三种类型；文字大小可以"缩放"，在"缩放"组合框中可以设置缩放的百分比。

（2）文字特殊格式的设置

将"竞赛时间为 2 小时"文字加上"双下划线"，将"报名截止时间"文字加上"着重号"，如图 5-11 和图 5-12 所示。

图 5-11　设置下划线　　　　　　　　图 5-12　设置着重号

说明

在编辑文档的过程中难免出现误操作，例如，将不该删除的文本不小心删除了，文本复制错了位置等，此时，可以对操作予以撤销，将文档恢复到执行该操作前的状态。

用户可以单击"快速访问"工具栏中的"撤销"按钮↩和"恢复"按钮↪，对操作步骤进行撤销或恢复，也可以用"Ctrl+Z"和"Ctrl+Y"组合键来完成撤销或恢复操作。

5.3.6　段落格式设置

在 Word 中，段落就是指以段落标记"↵"作为结束的一段文字，它是一个独立的格式编排单位。段落的格式主要包括段落的对齐方式、段落的缩进、行距与段间距的设置等。如果删除段落标记，那么下一段文本就连接到上一段的文本之后，其段落格式变成与上一段相同。

1. 段落对齐方式设置

段落的对齐方式有"左对齐""居中""右对齐""两端对齐"和"分散对齐"五种。可以使用"段落"功能区或"段落"对话框来设置段落的对齐方式。

设置标题段文字"居中"，落款和日期段文字"右对齐"，其他段落"两端对齐"，操作步骤如下。

STEP 1 选中标题段文字"网络组建与安全维护大赛通知"。

STEP 2 选择"开始"选项卡，在"段落"选项组中，单击"居中"按钮▤。

STEP 3 选中落款和日期两段文字。

STEP 4 选择"开始"选项卡，在"段落"选项组中，单击"对话框启动器"，打开"段落"对话框，选择"缩进和间距"选项卡，"对齐方式"设置为"右对齐"，如图 5-13 所示。

STEP 5 其他段落保持不变，默认情况是"两端对齐"。

2. 设置正文各段落缩进

段落的缩进方式分为"左缩进""右缩进""首行缩进"和"悬挂缩进"。段落的"左、右缩进"是指使段落左边界（或右边界）增大或减小；"首行缩进"表示段落中只有第一行缩进，在中文文章中一般都采用这种排版方式；"悬挂缩进"则表示段落中除第一行外，其余各行都缩进。

设置正文各段"首行缩进"2个字符，操作步骤如下。

STEP 1 选中正文内容。

STEP 2 单击"段落"选项组中的"对话框启动器"，打开"段落"对话框，选择"缩进和间距"选项卡，在"特殊格式"下拉列表框中选择"首行缩进"选项，设置磅值为"2字符"，如图5-14所示。

STEP 3 查看预览并确认后，单击"确定"按钮即可。

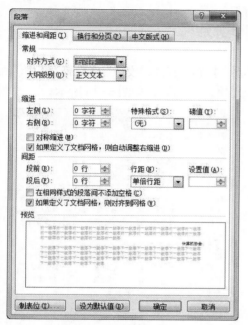

图 5-13 设置对齐方式

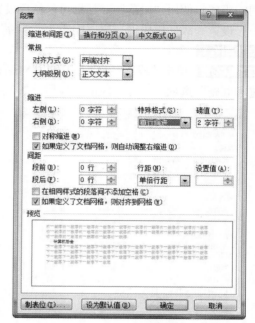

图 5-14 设置缩进

说明　　纸张的边缘与文本之间的距离为页边距，段落的左右缩进是指文本与页边距之间的距离。Word默认以页面左、右边距为段落的左、右边界，即页面左边距与段落左边界重合，页面右边距与段落右边界重合。

3. 行间距设置

在Word中行距选项有以下几种。

- "单倍行距"选项设置每行的高度为可容纳这行中最大的字体，并上下留有适当的空隙。这是默认值。
- "1.5倍行距"选项设置每行的高度为这行中最大字体高度的1.5倍。
- "2倍行距"选项设置每行的高度为这行中最大字体高度的2倍。
- "最小值"选项设置Word将自动调整高度以容纳最大字体。
- "固定值"选项设置成固定的行距，Word不能调节。
- "多倍行距"选项允许行距设置成带小数的倍数，如2.25倍等。

只有在后三种选项中，可以在"设置值"框中输入具体的设置值，如20磅。设置正文段的行距为"固定值，20磅"，操作步骤如下。

STEP 1 选中正文的各段落。

STEP 2 单击"段落"选项组中的"对话框启动器"按钮，打开"段落"对话框，选择"缩进和间距"选项卡，在"行距"下拉列表框中选择"固定值"，"设置值"数值框中输入"20磅"，参数设置如图 5-15 所示。

STEP 3 预览确认后，单击"确定"按钮。

4. 段间距设置

"段前"间距表示所选段落与上一段之间的距离，"段后"间距表示所选段落与下一段之间的距离。使用"段落"对话框可以精确设置段间距。

设置一级标题段前、段后间距为"5 磅"，操作步骤如下。

STEP 1 选中"一、竞赛目的"。

STEP 2 单击"段落"选项组中的"对话框启动器"按钮，打开"段落"对话框，选择"缩进和间距"选项卡，在"段前、段后"数值框中分别输入"5 磅"，如图 5-16 所示。

图 5-15　设置行距

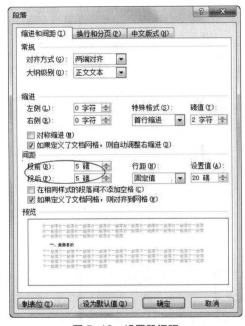
图 5-16　设置段间距

STEP 3 预览确认后，单击"确定"按钮。

STEP 4 其他一级标题用格式刷完成设置。

说明

　　"段前"和"段后"间距的单位可以为行也可以为厘米或磅，设置时在"段前"或"段后"数值框中直接输入数字和单位。

　　使用"剪贴板"选项组中的"格式刷"按钮 ，可以实现格式的快速复制，具体步骤如下。

　　① 选中已设置好格式的文本。

　　② 单击"剪贴板"选项组中的"格式刷"按钮，此时鼠标指针变为刷子形状。

　　③ 将鼠标指针移到要复制格式的文本开始处。

　　④ 拖动鼠标直到要复制格式的文本结束处，释放鼠标左键就完成了格式的复制。

如果想多次使用格式，应双击“格式刷”，此时“格式刷”就可使用多次，要想取消刷子形状，再单击该按钮即可。

5.3.7 项目符号和编号

编排文档时，可在某些段落前加上编号或项目符号，使文章层次分明，条理清楚，便于阅读和理解。添加编号或项目符号可使用“段落”选项组中的“项目符号”和“编号”功能来完成。

设置“网络组建与安全维护大赛通知”段落中的项目符号和编号，操作步骤如下。

STEP 1 选中“三、参赛对象”下面的3行文字，单击“段落”选项组中“项目符号”右侧的箭头按钮，从下拉菜单中选择项目符号类型，如图5-17所示。设置效果如图5-18所示。

最近使用过的项目符号
项目符号库
无
文档项目符号
更改列表级别(C)
定义新项目符号(D)...

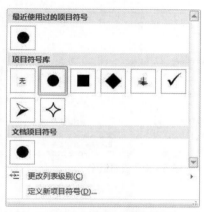

图5-17 选择项目符号类型

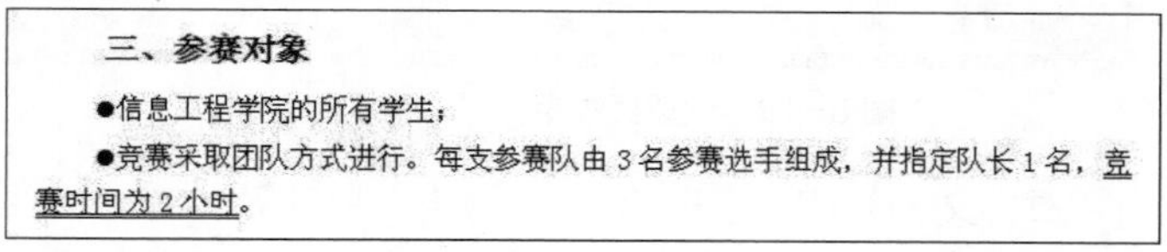

三、参赛对象
●信息工程学院的所有学生；
●竞赛采取团队方式进行。每支参赛队由3名参赛选手组成，并指定队长1名，竞赛时间为2小时。

图5-18 样文效果图

STEP 2 要结束自动创建编号，可以按Backspace键删除光标前的编号，或再按一次Enter键即可。在这些建立了编号的段落中，删除或插入某一段落时，其余的段落编号会自动修改，不必人工干预。

5.3.8 页面设置和文件打印

1. 页面设置

大赛通知打印在A4纸上，上、下、左、右边距分别为3厘米、2.8厘米、2.5厘米、2.5厘米，操作步骤如下。

STEP 1 选择“页面布局”选项卡，在“页面设置”选项组中，单击“对话框启动器”按钮，打开“页面设置”对话框，对话框中包含有“页边距”“纸张”“版式”和“文档网格”等四个选项卡。

STEP 2 选择“页边距”选项卡，设置上、下、左、右边距分别为3厘米、2.8厘米、2.5厘米、2.5厘米，“纸张方向”选项组选“纵向”，如图5-19所示。如果需要一个装订线，那么可以在“装订线”数值框中设置边距的数值，并选择“装订线位置”(如为“左”)。

STEP 3 选择“纸张”选项卡，在“纸张大小”下拉列表框中选择“A4”，如图5-20所示。

STEP 4 设置后可查看预览框中的效果，单击“确定”按钮。

2. 文件打印

(1) 文档预览

大赛通知打印前，先利用打印预览功能查看一下排版是否理想。如果满意，则打印，否则继续修改排版。"文件"→"打印"命令或"快速访问"工具栏中的"打印预览"  按钮可以实现打印预览。如果要退出"打印预览"状态，单击标题栏下方的任何一个选项卡即可还原到文档编辑状态。

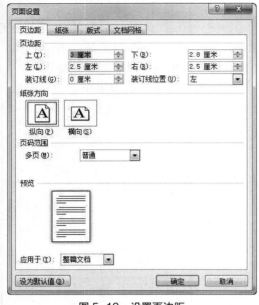

图 5-19　设置页边距

图 5-20　设置纸张

（2）文档打印

对打印预览效果满意后，即可对"网络组建与安全维护大赛通知"文件进行打印。打印前，一定要先保存文档，以免意外丢失，操作步骤如下。

STEP 1 选择"文件"→"打印"命令，打开打印参数设置窗格，如图 5-21 所示。

图 5-21　打印参数设置窗格

STEP 2 在"份数"数值框中输入打印份数，单击打印参数设置窗格左上角"打印"按钮，完成打印操作。

① Word 默认打印文档中的所有页面。单击"打印所有页"命令，可以从子菜单中选择要打印的范围，用户也可以在"页数"文本框中输入指定页码进行打印。

② 在打印列表窗格中提供了"调整""纵向""正常边距"等功能，分别用于设置页面的打印顺序、页面的打印方向和设置页边距。

③ 当需要双面打印文档，但打印机仅支持单面打印时，可单击"单面打印"命令，从子菜单中选择"手动双面打印"选项。这样，系统将先打印出所有文档的某一面，打印完后根据系统提示，翻转纸张接着打印另一面。

④ 当需要将几页缩小打印到一张纸上，可以单击"每版打印 1 页"命令，从子菜单中选择每版要打印的页数。如果缩放文档纸张大小可选择"缩放纸张大小"按钮进行设置。

5.4　知识拓展

5.4.1　改变文本显示比例

Word 默认显示比例为 100%，调整 Word 显示比例操作如下。

STEP 1 选择"视图"选项卡，在"显示比例"选项组中，单击"显示比例"按钮，打开"显示比例"对话框。

STEP 2 在"显示比例"对话框中输入"150"，如图 5-22 所示，单击"确定"按钮，即可将 Word 显示比例调整为 150%。

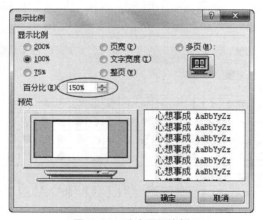

图 5-22　改变显示比例

5.4.2　插入文件

在编辑文档时，有时需要插入的文本可能要来自另外的文件，操作步骤如下。

STEP 1 选择"插入"选项卡，在"文本"选项组中，单击"对象"右侧的箭头按钮，从下拉菜单中选择"文件中的文字"选项，打开"插入文件"窗口。

STEP 2 选中需要插入的文件，单击"插入"按钮，即可将文件中的内容插入到当前文档光标处，如图 5-23 所示。

图 5-23　插入文件

5.4.3　插入符号

在输入文档时，有时需要输入一些键盘上没有的特殊符号，如"⌘"符号，其操作步骤如下。

STEP 1 选择"插入"选项卡，在"符号"选项组中，单击"符号"按钮，从下拉菜单中选择"其他符号"选项，打开"符号"对话框。

STEP 2 在"符号"对话框中，单击"符号"选项卡，在"字体"下拉列表框中选择"Wingdings"字体项，再选择"⌘"符号，如图 5-24 所示，单击"插入"按钮，即可将符号插入到文档中。

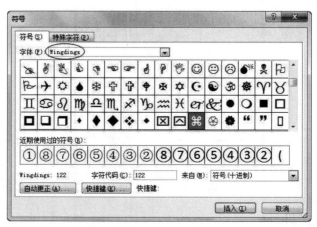

图 5-24　选择特殊符号

5.4.4　制表位

制表位常用于对齐不同行或不同段落之间相同项目的内容，从而给文档输入带来方便。

设置制表位实际上是在标尺的不同地方设置垂直方向对齐的参考点。设置制表位后，可以用"Tab"键将字符或图片在垂直方向快速对齐。

Word 中默认制表位是从标尺左端开始自动设置，各制表位间的距离是 2.02 个字符，共 5 种不同的制表符：左对齐、居中对齐、右对齐、小数点对齐和竖线对齐。单击标尺最左端的"制表符类型"按钮 **L**，可以选择所需要的制表符类型。操作步骤如下。

STEP 1 将光标置于要设置制表位的段落。

STEP 2 单击水平标尺左端的制表位对齐方式按钮，选中一种制表符。

STEP 3 单击水平标尺上要设置制表位的地方。此时在该位置上出现选中的制表符图标。可以拖动水平标尺上的制表符图标调整其位置，如果拖动的同时按住"Alt"键，则可以看到精确的位置数据。

STEP 4 设置好制表符位置后，当输入文本并按"Tab"键后，光标将依次移到所设置的下一制表位上。如果想取消制表位的设置，那么只要往下拖动水平标尺上的制表符图标离开水平标尺即可。

5.5　任务总结

本任务结合通知的制作，介绍了包括 Word 文档的建立与保存、文本的输入与编辑、文字格式设置、段落格式设置、项目符号和编号、页面设置和文本打印等操作，通过本任务的学习，应当掌握 Word 2010 制作简单文档及打印的方法，并能够将这些方法运用到日常的工作生活当中去。

5.6　实践技能训练

实训 1　Word 文档格式基本设置

1. 实训目的

① 掌握文本的移动、查找和替换等编辑技巧。

② 掌握文档的字符格式设置方法。

③ 掌握文档的段落格式设置方法。

④ 掌握页面设置方法。

Word 文档格式
基本设置

2. 实训要求

① 添加标题"互联网络"，设置成"小二、红色、黑体"，居中显示。

② 正文中中文设置成"四号、楷体"，西文设置成"四号、Times New Roman"，首行缩进 2 字符，1.5 倍行距。

③ 将全文中的"因特网"替换为标准色蓝色的"Internet"。

④ 在第二段开始处，插入特殊字符"⊠"。

⑤ 将第四段移到第三段前。

⑥ 为最后一段文字加上"渐变填充–橙色，强调文字颜色 6，内部阴影"文字效果。

⑦ 将上、下、左、右边距设置为 2.5 厘米，纸张大小设置为 A4，纵向放置。

⑧ 调整"装订线"数值为 1 厘米，装订线位置在左侧。

样文效果如图 5-25 所示。

互联网络

　　互联网行业最近发布的一项调查显示，美国使用 Internet 的人数仍然超过其他国家；同时，世界各地的上网冲浪者也在日益增加。

　　⊠1997 年，54%的 Internet 使用者是美国居民，他们利用 Internet 进行商务活动、教育活动和居家办公。这一百分比比 1991 年有大幅下降，那时美国 Internet 使用人数占全世界的 80%。预计到 2000 年时，美国 Internet 使用人数所占百分比会降到 40%。

　　根据这项调查，美国 Internet 使用人数所占百分比与计算机行业的发展趋势相一致，美国通常在新兴的市场上领先，而代表这一新兴市场的技术一经成熟，美国所占份额就会下降到少于 30%。

　　排在前 10 名的国家还有日本、英国、加拿大、德国、澳大利亚、荷兰、瑞典、芬兰和法国。这项调查预计，人口较多的国家，如中国、俄罗斯等，将会很快取代较小的工业化国家，从而改变现有排名。

　　去年，包括美国、英国和日本在内的 11 个国家的 Internet 使用人数超过了 100 万。这项调查预测，还有 9 个国家将突破 100 万大关，其中包括西班牙、巴西、意大利和韩国，也许还包括南非。

图 5-25　样文效果

实训 2　制作招聘启事

制作招聘启事

1.实训目的

① 掌握"项目符号和编号"设置。

② 打印预览文档。

③ 掌握"招聘启事"文档的综合设置。

2.实训要求

① 制作招聘启事，排版效果如图 5-26 所示。

② 将标题段文字设置为二号黑体、红色、加粗、居中并添加波浪下划线，字间距加宽 2 磅。

③ 将正文各段文字设置为小四、仿宋，西文文字设置为小四、Arial 字体；行距 20 磅，各段落左右各缩进 1.5 字符，首行缩进 2 字符，段前、段后间距 0.5 行。

④ 落款靠右对齐，其他格式同正文。

⑤ 为正文后二、三、四、五、六段添加项目符号❖。

⑥ 给第七段文字"个人简历、学历证明、获奖证书以及受聘后的工作设想"加着重符号。

⑦ 打印预览"招聘启事"排版效果。

招聘启事

　　北京数字空间科技有限公司成立于 2000 年 8 月，是中国科学院地理所与中国科技产业投资管理有限公司联合控股的高新技术企业，是一家致力于为用户提供空间信息技术服务的 3S(GIS 地理信息系统、RS 遥感、GPS 全球定位系统)行业企业，公司因业务发展需要，诚聘 GIS 软件开发工程师。岗位要求：

　　❖　GIS、计算机软件、信息管理、遥感等相关专业本科及以上学历，具有 1 年以上软件开发或项目实施经验；

　　❖　精通 C、C#、Java 等开发语言中的任意一种，熟悉本开发语言和其他相关语言的调用关系；

　　❖　熟练使用如 ArcGISEngine、ArcGISServer、MapXtreme、SueprMapIS 等任意一种 GIS 组件；

　　❖　熟悉 SQLServer、Oracle 等大型数据库，有 OLEDB、ODBC 编程经验；

　　❖　熟悉并热爱软件设计和编码工作，具备良好的沟通表达能力和较强的团队协作能力，工作态度认真、责任心强、肯吃苦。

　　有意者请将个人简历、学历证明、获奖证书以及受聘后的工作设想通过传真或电子邮件发送至北京数字空间科技有限公司人力资源部。

北京数字空间科技有限公司人力资源部

2016 年 3 月 8 日

图 5-26　招聘启事排版效果

PART 6　任务6　制作电子板报

6.1　任务描述

　　电子板报是指运用文字、图片、图形、绘图等制作的电子报刊或电子刊物。中秋节快要到来了，学院文学社准备制作一期中秋专刊电子板报，于米来是文学社的主编，她组织文学社的琼丽、向超等成员收集板报相关的图片、文字资料，精心排版设计，经过几天的准备，制作了一期图文并茂的中秋专刊，显示效果如图6-1所示。

图6-1　"中秋专刊"效果图

6.2　解决思路

　　本任务的解决思路如下。

① 确定"中秋专刊"主题，收集选择材料。

② 对收集的素材进行归类划分，设置版面。

③ 设计版面布局，对"中秋专刊"的版面进行宏观设计。

④ 具体设置每个版面。

6.3 任务实施

6.3.1 确定主题

电子板报一般包括报名、主办单位、主编、出版日期、邮箱等内容。本期板报以中秋为主要内容，主题确定为"中秋专刊"，围绕该主题收集相关文字、图片资料。

6.3.2 版面设置

1.页面设置

电子板报的编排前提是进行版面设计，不同的纸张、不同的页边距，打印出来的效果是不同的。电子板报的页面设置操作步骤如下。

电子板报版面设置

STEP 1 创建"电子板报.docx"Word 文档。

STEP 2 选择"页面布局"选项卡，在"页面设置"选项组中，单击"对话框启动器"按钮，打开"页面设置"对话框。

STEP 3 选择"页边距"选项卡，设置上、下页边距均为"2.5 厘米"，左、右边距均为"2.8 厘米"；"纸张方向"选项区域中选择"纵向"选项。

STEP 4 选择"纸张"选项卡，设置纸张大小和来源。在"纸张大小"下拉列表框中选择"A4"，在"纸张来源"列表框中选择"默认"。

STEP 5 在"版式"选项卡中，可设置页眉和页脚在文档中的位置，并根据需要选择"奇偶页不同"或"首页不同"复选框，还可设置文本的垂直对齐方式等。在"文档网格"选项卡中，可设置每一页中的行数和每行的字符数，还可设置分栏数。本例中不涉及。

STEP 6 设置后可查看预览效果，单击"确定"按钮，完成页面设置。

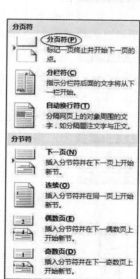

2.添加版面

电子板报共有 2 个版面，现为电子板报文档再添加 1 个空白页面，操作步骤如下。

STEP 1 将光标移到第一页的开始位置，选择"页面布局"选项卡。

STEP 2 在"页面设置"选项组中，单击"分隔符"按钮，从下拉菜单中选择"分页符"选项，如图 6-2 所示，即可新增一个空白页面。

图 6-2 "分页符"选项

说明

如果想删除分节符或分页符，可将光标移到该符号处，按 Delete 键即可。

3. 设置页眉页脚

页眉、页脚是在每一页顶部和底部加入的注释性文字或图形。页码是最简单的页眉或页脚。本例中页眉内容为"中秋专刊　文学社",分别位于页眉的左、右两边,页码为数字、居中。页眉和页脚只能在"页面视图"和"打印预览"方式下看见。设置页眉页脚的操作步骤如下。

STEP 1 选择"插入"选项卡,在"页眉和页脚"选项组中,单击"页眉"(或"页脚")下拉按钮,在弹出的下拉菜单中选择"编辑页眉"(或"编辑页脚"),文档中原来的内容呈灰色显示,同时,显示页眉和页脚工具"设计"选项卡,如图6-3所示。

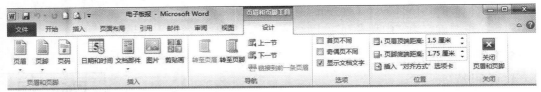

图6-3　页眉和页脚工具"设计"选项卡

STEP 2 在"页眉"编辑窗口中输入"中秋专刊　文学社"内容,如图6-4所示。

中秋专刊　　　　　　　　　　　　　　　　　　　　　　　　　　　　文学社

图6-4　页眉效果

STEP 3 在"导航"选项组中,单击"转至页脚"按钮[图],切换到"页脚"编辑区。

STEP 4 在"页眉和页脚"选项组中,单击"页码"下拉按钮,在弹出的下拉菜单中选择"设置页码格式"命令,打开"页码格式"对话框。

STEP 5 在"编号格式"下拉列表框中选择"-1-,-2-…"类型,在"页码编号"选项区域,选择"起始页码"单选按钮,在数值框中选择"-1-"如图6-5所示,单击"确定"按钮,完成页码格式设置。

STEP 6 在"页眉和页脚"选项组中,单击"页码"→"页面底端"→"普通数字2",完成页码插入。

STEP 7 单击"关闭页眉和页脚"按钮或双击文档编辑区,完成设置并返回文档编辑区。

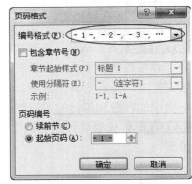

图6-5　设置页码格式

说明

① 页眉和页脚内容可以为页码、日期和时间、文档部件、图片、剪贴画等,可在"页眉和页脚"功能区中单击相应的按钮进行插入。

② 页眉页脚的删除需进入页眉页脚编辑状态,选中页眉或页脚并按Delete键即可。

4. 设置页面边框

选择"开始"选项卡,在"段落"选项组中,单击"边框"右侧的下拉按钮,在弹出的下拉菜单中选择"边框和底纹"选项,打开"边框和底纹"对话框,选择"页面边框"选项卡,在"艺术型"下拉列表框中选择相应的类型,如图6-6所示,单击"确定"按钮,完成设置。

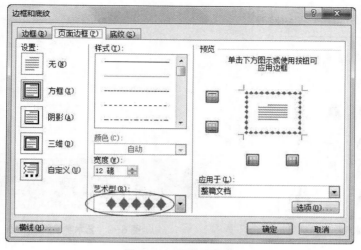

图 6-6　设置页面边框

6.3.3　版面布局

电子板报的版面设计是以美观大方、内容完整、阅读便利为原则。不同文章（图片）根据版面均衡协调的原则划分为若干"条块"进行合理"摆放"。

1. 第一版的版面布局

第一版的版面分 4 部分：报头、中秋由来、中秋习俗、中秋古诗。"报头"标题部分主要采用"艺术字、文本框"进行设置；"中秋由来"部分主要采用"首字下沉、分栏、边框底纹"进行设置；"中秋习俗"主要采用"插入图片"进行设置；"中秋古诗"主要采用"绘图"工具进行设置。版面布局如图 6-7 左侧所示。

2. 第二版的版面布局

第二版的版面共分 3 部分：中秋随想、月下独酌、月饼来历。"中秋随想、月饼来历"采用"自选图形"进行布局，"月下独酌"采用文本框进行布局。版面布局如图 6-7 右侧所示。

图 6-7　版面布局

6.3.4　第一版的版面设置

1. "报头"部分设置

（1）"艺术字"的插入与编辑

Word 中的艺术字是一种特殊的图形，它以图形的方式来展示文字，增强了文字的表现效果。报头是板报的题目，起到画龙点睛的效果。插入"中秋专刊"艺术字，操作步骤如下。

电子板报报头设置

STEP 1 将光标移到第一版左上角报头标题的位置，选择"插入"选项卡，在"文本"选项组中，单击"艺术字"按钮，在下拉菜单中选择"填充-橙色，强调文字颜色 6，渐变轮廓-强调文字颜色 6"选项，如图 6-8 所示。同时，显示绘图工具"格式"选项卡，可以在该功能区设置艺术字形状、样式。

STEP 2 此时，在当前光标处显示艺术字输入提示框，如图 6-9 所示，输入"中秋专刊"，格式设置为"宋体、36 号"。

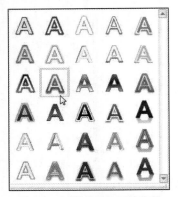

图 6-8 "艺术字"下拉菜单

图 6-9 艺术字输入提示框

STEP 3 艺术字"中秋专刊"就被插入到文档的开头。现在建立的艺术字与所要求的效果还有一定的差别，下面要对艺术字的样式进行设置。

STEP 4 设置文本效果格式。设置艺术字文本填充色为"红色"，透明度为 30%，轮廓线为"1.5 磅实线"，文本效果为"两端近"。

在"艺术字样式"选项组中，单击"对话框启动器"按钮，打开"设置文本效果格式"对话框，在"文本填充"选项区域，选中"纯色填充"，在"颜色"下拉列表中选择"红色"，在"透明度"数值框中输入 30%，完成"文本填充"设置，如图 6-10 所示。

在"艺术字样式"选项组中，单击"文本轮廓"右侧下拉按钮，在弹出的下拉菜单中选择"粗细"→"1.5 磅"选项，完成"文本轮廓"设置。

在"艺术字样式"选项组中，单击"文本效果"右侧下拉按钮，在弹出的下拉菜单中选择"转换"→"两端近"选项，完成"文本效果"设置，如图 6-11 所示。

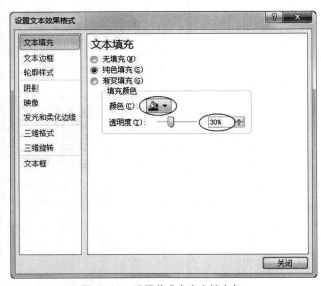

图 6-10 设置艺术字文本填充色

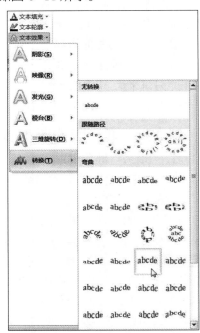

图 6-11 设置艺术字文本效果

STEP 5 在"排列"选项组中，单击"自动换行"下拉按钮，在弹出的下拉菜单中选择"紧密型环绕"选项，将艺术字环绕方式设置成紧密型。

至此，完成报头艺术字的设置。

（2）报头"文本框"的插入与编辑

报头右侧"文本框"的插入与编辑操作步骤如下。

STEP 1 选择"插入"选项卡，在"文本"选项组中，单击"文本框"下拉按钮，在弹出的下拉菜单中选择"绘制文本框"选项。同时，显示绘图工具"格式"选项卡，可以在该功能区设置文本框形状、样式。

STEP 2 当鼠标指针变成"+"形状时，在报头右侧位置按下鼠标左键拖动，拖出一个文本框，将光标定位到文本框中，输入相应内容，本例中文字体设置为"宋体、五号"，数字和英文字体设置为"Times New Roman、五号"，段落间距采用"默认值"，然后根据内容调整文本框的大小。

STEP 3 设置文本框格式。在"形状样式"选项组中，单击"对话框启动器"按钮，打开"设置形状格式"对话框，在"填充"选项区域，选中"纯色填充"单选按钮，在"颜色"下拉列表中选择"橙色"，在"透明度"数值框中输入 60%，完成文本框填充色设置，如图 6-12 所示。

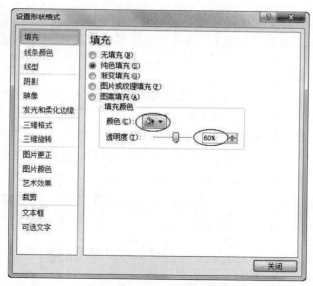

图 6-12 设置文本框填充色

在"设置形状格式"对话框左窗格中选择"线条颜色"选项，在右窗格的颜色列表框中选择"红色"，将文本框边框设置成红色。

在"设置形状格式"对话框左窗格中选择"线型"选项，在右窗格的"宽度"数值框中输入"2.25 磅"，"短划线类型"列表框中选择"圆点"，完成"文本框线型"设置，如图 6-13 所示。

STEP 4 设置文本框大小。在"大小"选项组中，"形状高度"数值框中输入"2.75 厘米"，"形状宽度"数值框中输入"4.45 厘米"。

STEP 5 设置文本框环绕方式。在"排列"选项组中，单击"自动换行"按钮，在下拉菜单中选择"浮于文字上方"选项。

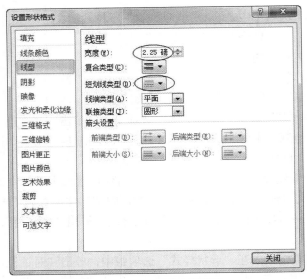

图6-13　设置文本框线型

至此，完成报头文本框的设置。

说明

　　　　选中文本框单击鼠标右键，在弹出的快捷菜单中选择"设置形状格式"命令，也可以打开"设置形状格式"对话框，对文本框格式进行设置。

（3）报头艺术横线的插入

在报头下部有一根艺术化横线，起到美化和分隔作用，操作步骤如下。

STEP 1 光标置于报头中要插入横线的位置。

STEP 2 选择"开始"选项卡，在"段落"选项组中，单击"边框"右侧的下拉按钮，在弹出的下拉菜单中选择"边框和底纹"选项，打开"边框和底纹"对话框。

STEP 3 单击对话框底部"横线"按钮，如图6-14所示，弹出"横线"对话框。

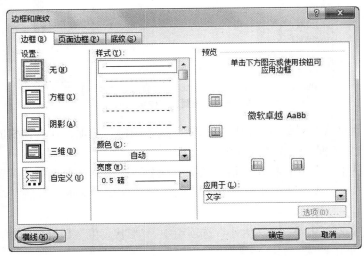

图6-14　单击"横线"按钮

STEP 4 在"横线"对话框中选择"第3行第2列"横线样式，如图6-15所示。单击"确定"按钮完成插入。

至此,"报头"设置全部完成,效果如图 6-16 所示。

图 6-15 选择横线样式

图 6-16 "报头"设置效果

2．"中秋由来"部分设置

"中秋由来"部分主要采用"分栏、首字下沉、边框底纹、艺术字"等格式设置完成。

（1）"分栏"设置

分栏使得版面显得生动、活泼,增强可读性。"中秋由来"部分分两栏设置,操作步骤如下。

STEP 1 输入文本,格式设置为"宋体、五号、首行缩进 2 字符、1.5 倍行距"。

STEP 2 选中文本,选择"页面布局"选项卡,在"页面设置"选项组中,单击"分栏"下拉按钮,在弹出的下拉菜单中选择"更多分栏"选项,打开"分栏"对话框。

STEP 3 在"预设"选项区域选择"两栏"格式,也可在"栏数"数值框中输入分栏数;在"宽度与间距"选项区域设置栏宽和间距,本例采用"默认值",如图 6-17 所示。

STEP 4 选中"栏宽相等"复选框,则各栏宽度相等。

STEP 5 选中"分隔线"复选框,在各栏之间加一分隔线。

STEP 6 在"应用于"下拉列表框中选择"所选文字",单击"确定"按钮,完成"分栏"设置。

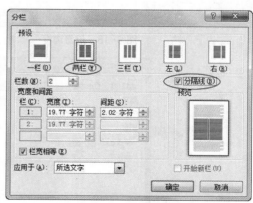

图 6-17 "分栏"对话框

说明

在"页面视图"和"打印预览"下才可以看到与打印格式完全一致的分栏版面。如果要取消分栏,在"分栏"对话框的"预设"选项组中选"一栏"即可。

电子板报中秋由来设置

（2）"边框底纹"设置

给文章的段落或文字加上边框或底纹，可使其突出和醒目。本例为段落设置"红色，强调文字颜色2，深色25%"边框、浅黄色RGB（255，255，204）"，操作步骤如下。

STEP 1 选中两栏文本。

STEP 2 选择"开始"选项卡，在"段落"选项组中，单击"边框"右侧下拉按钮，在弹出的下拉菜单中选择"边框和底纹"选项，打开"边框和底纹"对话框。

STEP 3 选择"边框"选项卡，在"设置"选项区域选择"方框"，在"样式"列表中选择第20行线型，在颜色下拉列表中选择"红色，强调文字颜色2，深色25%"，如图6-18所示。需要注意的是："应用于"下拉列表框中有"文字"和"段落"项，可分别给选中的文字或段落添加边框和底纹，在预览选项区域可看到效果。

STEP 4 选择"底纹"选项卡，在"填充"选项区域单击"其他颜色"按钮，弹出"颜色"对话框，选择"自定义"选项卡，颜色模式选择"RGB"，红色、绿色、蓝色数值框中分别输入"255，255，204"如图6-19所示，单击"确定"按钮，返回"底纹"设置页面，效果如图6-20所示。

图6-18 设置边框

图6-19 "颜色"对话框

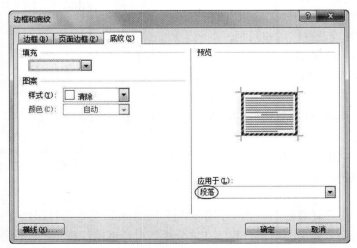

图6-20 设置底纹

STEP 5 单击"确定"按钮，完成"边框底纹"设置。

（3）"首字下沉"设置

首字下沉可使文章醒目。本例设置第一段落、第一个汉字首字下沉2行，操作步骤如下。

STEP 1 将光标移到"中秋由来"第一段落的任意处。

STEP 2 选择"插入"选项卡，在"文本"选项组中，单击"首字下沉"下拉按钮，在弹出的下拉菜单中选择"首字下沉选项"，打开"首字下沉"对话框。

STEP 3 在"位置"选项区域选择"下沉"。

STEP 4 在"下沉行数"数值框中填入"2"，如图6-21所示。

STEP 5 单击"确定"按钮，完成"首字下沉"设置。

（4）插入"中秋由来"艺术字

设置"中秋由来"艺术字字体为"宋体、18号"，外观样式为"填充-红色，强调文字颜色2，暖色粗糙棱台"（第5行第3列），文本填充为"红色"，文本轮廓为"3磅实线"，文本效果为"发光"→"橙色，8pt发光，强调文字颜色6"（第2行第6列），文字环绕方式为"浮于文字上方"。

至此，"中秋由来"部分设置全部完成，效果如图6-22所示。

图6-21 设置首字下沉

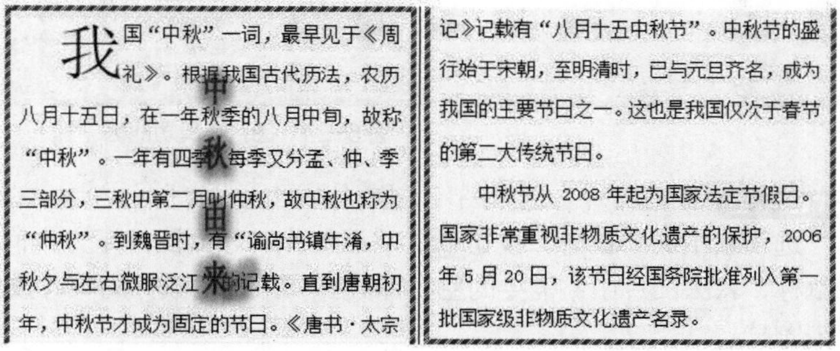

图6-22 "中秋由来"部分设置效果

3."中秋习俗"部分设置

"中秋习俗"部分主要采用"艺术字、插入图片、文本框"等格式设置完成。

（1）插入"中秋习俗"艺术字

设置"中秋习俗"艺术字字体为"宋体、36号"，外观样式为"填充-红色，强调文字颜色2，双轮廓-强调文字颜色2"（第3行第5列），文本填充为"黑色，文字1"，文本轮廓为"2.25磅实线"，文本效果为"转换"→"波形2"（第5行第2列），文字环绕方式为"浮于文字上方"。

电子板报中秋习俗设置

（2）图片的插入与编排

本例中插入的图片放在文本框的下面作为背景效果。图片的插入与编排操作步骤如下。

STEP 1 插入图片。将光标移到要插入图片的位置，选择"插入"选项卡，在"插图"选项组中，单击"图片"按钮，打开"插入图片"对话框，选择图片所在文件夹，在"文件名"组合框中输入"中秋习俗.jpg"或者直接选中该文件，如图6-23所示，单击"插入"按钮，完成图片的插入。

图片插入同时会显示图片工具"格式"选项卡，该功能区可以进行图片效果设置，主要包括图片裁剪、大小调整、色彩调整和环绕方式设置，如图6-24所示。

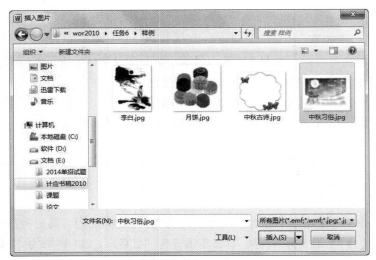

图 6-23　选择插入的图片

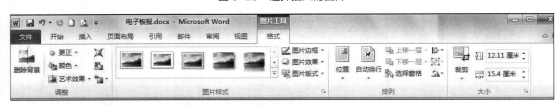

图 6-24　图片工具功能区

STEP 2　裁剪图片。选中图片，图片周围出现 8 个小方块，在图片工具功能区，单击"大小"选项组中的"裁剪"按钮 ⊞，将鼠标指针移到图片下方中间的标记处，根据指针方向拖动鼠标，裁去图片中不需要的空白部分。如果拖动鼠标的同时按住 Ctrl 键，那么可以对称地裁去图片。

STEP 3　调整图片大小。选中图片，图片周围出现 8 个小方块，将鼠标指针移到小方块处，此时鼠标指针会变成水平、垂直或斜对角的双向箭头，按箭头方向拖动指针可以改变图片水平、垂直或斜对角方向的大小尺寸。

说明　　上述缩放不精确，要精确控制图片大小，可以选择"图片工具"选项卡，在"大小"选项组中，单击"对话框启动器"按钮，打开"布局"对话框，选择"大小"选项卡，在"缩放"选项区域设置高度和宽度的比例来精确缩放图片。为了保证图片缩放后不变形，可选中"锁定纵横比"复选框，如图 6-25 所示。如果单击"重置"按钮，图片恢复为原图片的尺寸。

STEP 4　调整图片颜色。图片的颜色鲜亮，作为文本框的背景会影响文字的阅读效果，需要调整图片的图像特性。在图片工具功能区，单击"调整"选项组中的"颜色"下拉按钮，在弹出的下拉菜单中选择"重新着色"中的"冲蚀"效果，如图 6-26 所示。"冲蚀"会把图片的亮度和对比度降低，淡化图片效果。

STEP 5　设置图片环绕方式。图片插入后默认为"嵌入型"，本例图片环绕方式为"衬于文字下方"。选中图片，在"排列"选项组中，单击"自动换行"下拉按钮，在弹出的下拉菜单中选择"衬于文字下方"选项，可以设置图片的环绕方式。

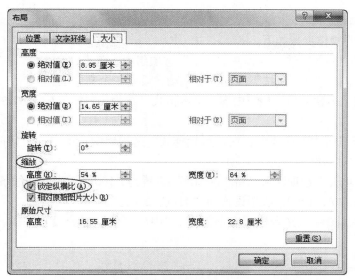

图 6-25　设置图片尺寸

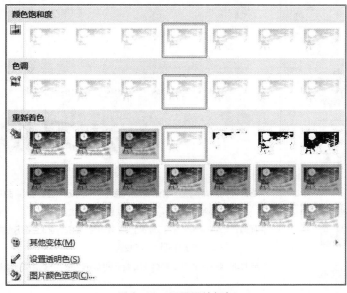

图 6-26　设置图片颜色

说明

　　插入的图片可以是磁盘上的图片，也可以是剪贴画，插入剪贴画操作步骤如下。

　　① 将光标移到要插入剪贴画的位置。

　　② 选择"插入"选项卡，在"插图"选项组中，单击"剪贴画"按钮，出现"剪贴画"任务窗格。

　　③ 在"搜索文字"项中输入所需剪贴画的单词或短语，如"科技"。

　　④ 将结果类型设定为"所有媒体文件类型"。

　　⑤ 单击"搜索"按钮，出现符合要求的剪贴画，如图 6-27 所示。

　　⑥ 单击所需的剪贴画即可插入。

（3）插入文本框

插入文本框的操作步骤如下。

STEP 1 选择"插入"选项卡，在"文本"选项组中，单击"文本框"按钮，在下拉菜单中选择"绘制文本框"选项，按下鼠标左键拖动，设置一个文本框。

STEP 2 输入"中秋习俗"相应内容，文本格式设置为"宋体、五号、1.5 行距、悬挂缩进3 字符"。

STEP 3 选择"格式"选项卡，在"形状样式"选项组中，单击"对话框启动器"，打开"设置形状格式"对话框。

STEP 4 在"填充"选项区域，将"透明度"设置为"100%"，文本框线条颜色设置为"紫色"（RGB，222，78，179），线型设置为"圆点、2.5 磅"。

调整艺术字、图片、文本框到合适位置，"中秋习俗"部分设置完成，效果如图 6-28所示。

图 6-27　插入剪贴画

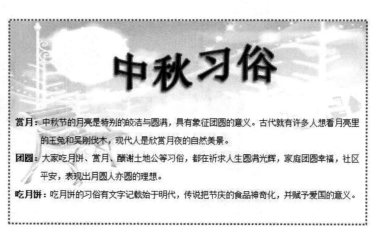

图 6-28　"中秋习俗"部分设置效果

4."中秋古诗"部分设置

"中秋古诗"部分主要采用"艺术字、绘图、插入图片"等格式设置完成。

电子板报中秋古诗设置

（1）插入"中秋古诗"艺术字

设置"中秋古诗"艺术字字体为"宋体、12 号"，艺术字文本的外观样式设置为"渐变填充-灰色，轮廓-灰色"（第 3 行第 3 列）样式，文本填充为"红色"，文本轮廓为"红色，强调文字颜色 2"，文本效果为"三维旋转"→"平行"→"离轴 2 左"，文字环绕选择"浮于文字上方"。

（2）绘制直线

通过插图功能区，可以绘制线条、基本形状、箭头、流程图、星与旗帜等，绘制直线操作步骤如下。

STEP 1 选择"插入"选项卡，在"插图"选项组中，单击"形状"下拉按钮，在弹出的下拉菜单中选择"线条"→"直线"选项，如图 6-29 所示。同时，显示绘图工具"格式"选项卡。

STEP 2 按住鼠标左键进行水平拖动，直到终点位置松开左键，水平"直线"即可出现，同样方法再设置一条水平线，然后按住鼠标左键进行垂直拖动，设置另一条垂直线。

STEP 3 为使直线美观还需进一步设置其颜色与线型。单击直线，选择"格式"选项卡，在"形状样式"选项组中，单击"形状轮廓"下拉按钮，在弹出的下拉菜单中选择标准色"深红"，在"粗细"选项中选择"1.5 磅"，如图 6-30 所示，完成直线颜色与线型设置。用同样方法设置其他两条直线。

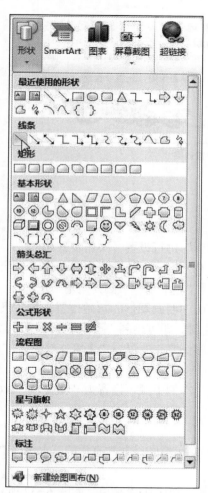

图 6-29　绘制直线

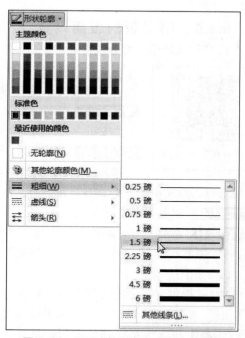

图 6-30　设置自选图形格式颜色、线型

STEP 4 调整 2 条水平直线与 1 条垂直直线到最佳位置。

（3）多个图形的组合

Word 提供了多个图形组合的功能。利用组合功能可以将许多简单图形组合成一个整体的图形对象，以便图形的移动和旋转。本例将直线与艺术字组合在一起，操作步骤如下。

STEP 1 选中所有组合对象。按住 Ctrl 键的同时单击选中所有要组合的独立图形。

STEP 2 鼠标指向选中的图形单击鼠标右键，在弹出的快捷菜单中选择"组合"选项中的"组合"命令，完成多个图形的组合。

组合后的所有图形成为一个整体的图形对象，可整体移动和旋转。这一组合图形也可以用"组合"选项中的"取消组合"命令来取消组合。

（4）插入图片

① 插入"中秋古诗.jpg"图片到合适位置，设置其环绕方式为"衬于文字下方"。

② 输入文本内容，使其位于图片中，文本格式设置为"宋体、五号、1.5 倍行距"。

调整艺术字、图片、文字到合适位置，"中秋古诗"部分设置完成，效果如图 6-31 所示。

图 6-31 "中秋古诗"部分设置效果

6.3.5 第二版的版面设置

1. "中秋随想"部分设置

电子板报第二版设置

（1）绘制自选图形

"中秋随想"部分使用"自选图形"进行设置，操作步骤如下。

STEP 1 选择"插入"选项卡，在"插图"选项组中，单击"形状"下拉按钮，在弹出的下拉菜单中选择"矩形"→"圆角矩形"选项。

STEP 2 将鼠标指针移动到第二版中要画图形的起始位置，按住鼠标左键进行拖动，直到终点位置松开左键，即可绘制"圆角矩形"图形，圆角矩形框内默认有填充色，在"形状样式"选项组中将形状填充设置为"无填充颜色"。

STEP 3 调整图形宽度大小到合适尺寸。

STEP 4 设置图形"颜色与线条"，方法与前面相同。本例中颜色设置为"橄榄色"RGB（0，51，0），线条设置为"圆点、2.25 磅"。

（2）给图形添加文字

Word 提供在封闭的图形中添加文字的功能，这对绘制示意图是非常有用的。本例在"圆角矩形"图形中添加两段文字，操作步骤如下。

STEP 1 将鼠标指针移到图形边框处，单击鼠标右键，弹出快捷菜单，如图 6-32 所示。

STEP 2 单击快捷菜单中的"添加文字"命令，此时将光标移到图形内部。

STEP 3 在光标之后输入文字，文字格式设置为"楷体、五号、1.5 倍行距"。

（3）艺术字设置

① 将光标移到图形中文本的第一字符处，选择"插入"选项卡，在"文本"选项组，单击"艺术字"按钮，打开艺术字功能区，进行设置。

② 设置"中秋随想"艺术字字体为"楷体、18 号";艺术字外观为"渐变填充–蓝色，强调文字颜色 1"（第 3 行第 4 列）样式；艺术字文本填充颜色为"橄榄色，强调文字颜色 3，深色 25%"，50%透明度；艺术字文本效果为"转换"→"弯曲"→"腰鼓"（第 6 行第 1 列）；文字环绕为"浮于文字上方"。

至此，"中秋随想"部分设置完成，效果如图 6-33 所示。

图 6-32　快捷菜单

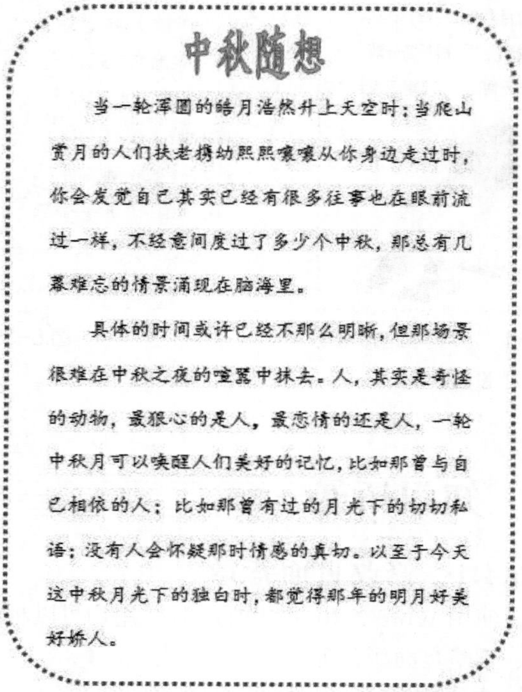

图 6-33　"中秋随想"部分设置效果

2. "月下独酌"部分设置

（1）文本框设置

文本框线条设置为"红色、虚线圆点、2.25 磅"。

（2）艺术字设置

设置"月下独酌"艺术字字体为"宋体、18 号"；艺术字外观为"填充–橄榄色，强调文字颜色 3，轮廓–文本 2"（第 1 行第 5 列）样式；艺术字文本填充颜色为"黑色"；艺术字文本轮廓颜色为"绿色"；艺术字文本效果为"转换"→"弯曲"→"波形 2"（第 5 行第 2 列）；文字环绕为"浮于文字上方"。

（3）文本内容设置

文字格式设置为"宋体、五号、1.5 倍行距"，图片直接在文本框中插入，环绕方式为"嵌入型"，不能修改。

至此，"月下独酌"部分设置完成，效果如图 6-34 所示。

3. "月饼来历"部分设置

"月饼来历"部分主要采用"艺术字、绘图、插入图片"等格式设置完成，其设置方法与前边所学知识相同，在此不再详述。"月饼来历"部分设置效果如图 6-35 所示。

图 6-34 "月下独酌"部分
设置效果

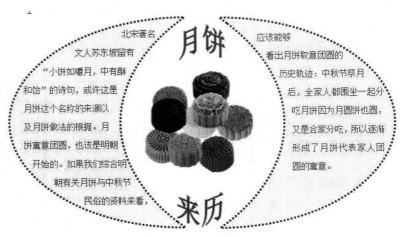

图 6-35 "月饼来历"部分设置效果

6.4 知识拓展

6.4.1 修改页面背景

在使用 Word 2010 编辑文档时，用户可以根据需要对页面进行必要修饰，例如添加水印效果、调整页面颜色等。

1. 水印效果

为了声明版权、强化宣传或美化文档，用户可以在文档中添加水印，操作步骤如下。

STEP 1 选择"页面布局"选项卡，在"页面背景"选项组中，单击"水印"下拉按钮，在弹出的下拉菜单中选择一种水印样式。

STEP 2 如果需要呈现其他文字或图片水印，选择"自定义水印"，打开"水印"对话框，如图 6-36 所示，可根据需要选择"图片水印"或"文字水印"进行设置。

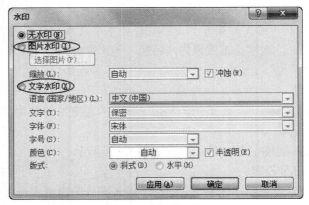

图 6-36 "水印"对话框

2. 调整页面颜色

当用户对白纸黑字的经典配色产生视觉疲劳时，可以根据需要调整页面颜色，操作步骤为：选择"页面布局"选项卡，在"页面背景"选项组中，单击"页面颜色"下拉按钮，在弹出的下拉菜单中选择一种适合的颜色。

6.4.2 特殊文本应用

有些场合，需要我们输入一些比较特殊的文本，比如说输入带拼音的文章、带圈的字符等，按照常规的方法显得有些费事，用 Word 2010 能方便地解决这些问题。

1. 拼音指南

给文本加拼音操作步骤如下。

STEP 1 先输入要加入拼音的文本，然后选中文本。

STEP 2 选择"开始"选项卡，在"字体"选项组中，单击"拼音指南"按钮，打开"拼音指南"对话框，如图 6-37 所示。

STEP 3 单击"确定"按钮，完成"拼音指南"设置。

2. 带圈字符

把文字用圈括起来，为了起到醒目的作用，或者达到个性化编辑的需要，操作步骤如下。

STEP 1 选中要添加圈的文字。

STEP 2 选择"开始"选项卡，在"字体"选项组中，单击"带圈字符"按钮，打开"带圈字符"对话框，如图 6-38 所示。

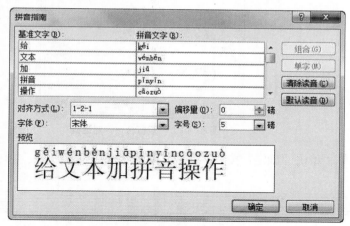

图 6-37 "拼音指南"对话框

图 6-38 "带圈字符"对话框

STEP 3 在"样式"选项区域，选择"缩小文字"选项；在"圈号"列表框中选择"三角"选项。

STEP 4 单击"确定"按钮，完成"带圈字符"设置。

3. 纵横混排

把一个字或者一个词变成纵排方式，但也占据一行的宽度来显示，以体现其明显性，操作步骤如下。

STEP 1 选中要纵横混排的文字。

STEP 2 选择"开始"选项卡，在"段落"选项组中，单击"中文版式"下拉按钮，在弹出的下拉菜单中选择"纵横混排"选项，打开"纵横混排"对话框，如图 6-39 所示。

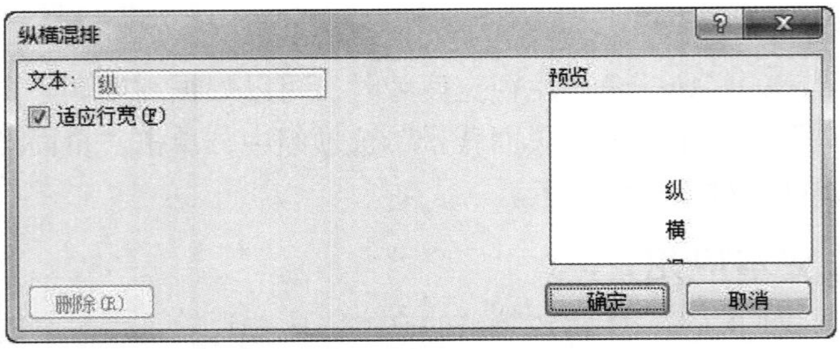

图 6-39 “纵横混排”对话框

STEP 3 选中“适应行宽”复选框，单击“确定”按钮，完成“纵横混排”设置，效果如图 6-40 所示。

4. 双行合一

双行合一和合并字符有些类似，都是为了把两行文字并列显示。双行合一，是把两行文字进行缩小，在一行中进行显示，而合并字符则不存在把字符变小的问题。

STEP 1 选中双行合一的文字。

STEP 2 选择“开始”选项卡，在“段落”选项组中，单击“中文版式”按钮，在下拉菜单中选择“双行合一”选项，打开“双行合一”对话框，如图 6-41 所示。

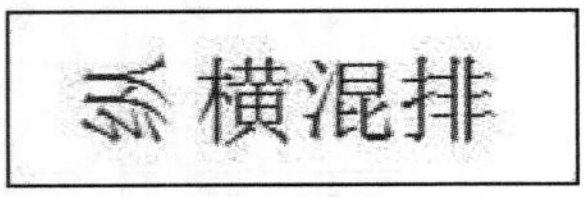

图 6-40 “纵横混排”设置效果

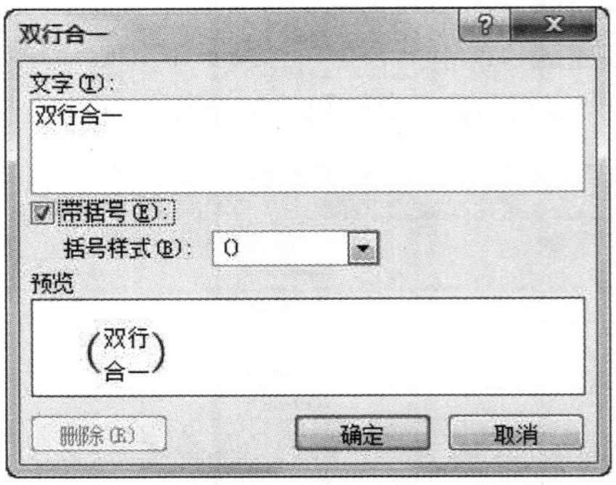

图 6-41 “双行合一”对话框

STEP 3 选中“带括号”复选框，单击“确定”按钮，完成“双行合一”设置。

6.5 任务总结

本任务结合电子板报的制作，介绍了艺术字的插入与编辑，页眉和页脚的编辑，图片的插入与编辑，文本框的使用与格式设置，绘图工具的使用等 word 排版技术。通过本任务的学习，应当掌握图文混排的综合技能。

6.6 实践技能训练

实训 1 图文混排实训

1. 实训目的

① 掌握艺术字插入、编辑和排版的方法。

② 掌握文本框插入、编辑和排版的方法。

③ 掌握页眉页脚的设置方法。

④ 掌握绘制和编辑形状图形的方法。

2.实训要求

① 图文混排，效果如图 6-42 所示。

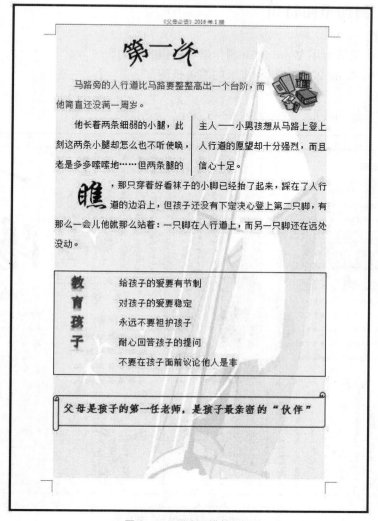

图 6-42　图文混排效果图

② 文章题目为"第一次"，设置成艺术字，字体为"宋体、36 号"，效果如上图所示。

③ 第一段字体格式设置为"宋体，红色、四号、单倍行距"。

④ 第二段要分为两栏，加分隔线。

⑤ 第三段要求首字下沉 2 行，字体为华文行楷。

⑥ 添加页眉，内容为"《父母必读》2016 年 1 期"，字体为宋体小五号，要求页眉居中。

⑦ 要求从剪贴画中，搜索"图书"，找到第二行左起第 1 个图片，把它放在文章的右上角，调整大小，要求第一段文章在图片的左侧，第二段位于图片的下端。

⑧ 要求为全文加一个红色，1.5 磅宽的阴影的页面边框。

⑨ 插入文本框输入"教育孩子"文本内容，字体为"宋体、20 号"，艺术字外观为"第

3 行第 5 列”样式，文本填充颜色为“深蓝，文字 2”，文本轮廓为“0.75 磅实线”，文本效果为“映像”→“紧密映像，接触”。

⑩ 文档末尾插入自选图形，添加文本为“父母是孩子的第一任老师，是孩子最亲密的‘伙伴’”。

实训 2　制作重阳特刊

1. 实训目的

① 提高学生灵活运用 Word 2010 制作电子板报的能力。

② 提升学生 Word 2010 编辑和排版的综合技能。

2. 实训要求

① 制作重阳特刊板报，效果如图 6-43 所示。

图 6-43　“重阳特刊”效果图

② 页面设置为“横向”，上、下页边距分别为“2 厘米”，左、右页边距分别“2.54 厘米”；纸张选择“A4”。

③ “登山”和“赏菊”文本框，设置为“竖排”。

④ “登山”“重阳节的地位”“吃重阳糕”和“赏菊”文本框中正文文字格式设置为“楷体、四号、行距 18 磅”；标题文字格式设置为“华文隶书、一号、行距 18 磅”。

⑤ “九日”文本框中正文文字格式设置为“隶书、二号”；标题文字格式设置为“方正舒体、小一”。

⑥ 文本框的位置、图片的插入位置，参考图 6-43。

PART 7

任务 7
制作求职简历

7.1 任务描述

　　求职简历是求职者将自己与所申请职位紧密相关的个人信息经过分析、整理，清晰、简要地表述出来的书面求职资料，明示自己的经历、经验、技能、成果等内容。求职简历主要目的是引起人力资源部门的兴趣，得到一次面试的机会，书写要突出优势，表述简洁。刘立华即将大学毕业，急于想找一份合适的工作，但他不知道如何推销自己，于是找到成功就业的好朋友赵华帮忙，制作了一份满意的求职简历，显示效果如图 7-1 和图 7-2 所示。

图 7-1　求职简历封面

个人求职简历

姓　名	刘立华	性别	男	出生日期	1996.02.25	照片
政治面貌	党员	民族	汉	学　历	大专	
毕业学校	济源职业技术学院		籍　贯	郑州		
工作年限	应届毕业生					
通信地址	济源大道 2 号信息工程系					
求职意向	网络管理、网络工程、网页设计、网站维护、IT 产品营销					
教育背景	主修课程： 　　网络技术基础、网页制作、Web 编程技术（PHP）、数据库应用（SQL Server 2005）、网络管理技术（交换、路由）、网络安全、综合布线与施工等 选修课程： 　　IT 营销、工程制图、动画制作、平面图形设计等					
实践经历	2013 年在红树林网吧，担任网吧主管 负责：人员工作安排、人员关系协调、资金管理 2014 年做 TCL 彩电促销人员 负责：卖场商品宣传、卖场商品介绍、咨询、促销					
活动经历	2013 年学校学生会实践部成员 参与"生存大挑战"活动策划组织执行全过程 参与"爱心家教"等一系列社会公益实践活动 2014 年高中校友录"品味大学"特约版主 发表原创小说、随笔等，参与制作了前两电子版校友录 组织各位师兄师姐为高中校友选择大学、专业等提供帮助 天涯社区博客论坛 VIP 成员 博客主页及各种网页特效制作 HTML、CSS、Photoshop、FireWorks 学习、讨论及 LOGO 标志制作等					
获奖情况	2014 年获河南省励志奖学金 2015 年被评为学校优秀班干部 2015 年获国家奖学金 2016 年被评为河南省优秀毕业生					
个人简介	☆ 英语通过四级考试，具备基本的听、读、写能力 ☆ 能够运用 C++编程语言 ☆ 熟练使用 Word，Excel，PowerPoint 等办公软件，能较好地使用 Photoshop、FireWorks 等工具，一定的 HTML、CSS 使用经验 ☆ 爱好文学，并且很喜欢足球、篮球，因此做事很有斗志 ☆ 很强的学习能力，富有责任心，团队合作意识强，永远保持积极的心态					

图 7-2　求职简历表格

7.2　解决思路

本任务的解决思路如下。

① 构思求职简历的内容，设置页面。

② 制作求职简历封面。

③ 制作求职简历表格。

④ 添加表格内容。

7.3 任务实施

7.3.1 设置页面

求职简历要主题突出，内容不宜过多，一般由封面和求职简历表格两部分组成。封面包括姓名、专业、电话、E-mail、QQ 等主要信息，求职简历表格重点展现求职者个人信息、求职意向、工作经历、个人荣誉等。求职简历页面设置操作步骤如下。

STEP 1 创建"求职简历.docx"word 文档。

STEP 2 页面设置，设置纸张大小为"A4、纵向"；上、下、左、右页边距均为"2.5 厘米"；装订线"左侧 0.5 厘米"。

STEP 3 选择"页面布局"选项卡，在"页面设置"选项组中，单击"分隔符"下拉按钮，在弹出的下拉菜单中选择"分页符"选项，将页面分为 2 页。

7.3.2 封面制作

① 将光标定位在第 1 页第 1 行位置处。

② 按 Enter 键，将光标下移 6 行，输入"毕业生求职自荐表"，格式设置为"楷体、初号、加粗、居中"。

③ 按 Enter 键，将光标下移 3 行，输入"姓名、专业、电话、QQ、E-mail"，每输完一项按一次 Enter 键，格式设置文字为"仿宋、二号、加粗"，左缩进 7.7 字符，段前、段后 0.5 行。

④ 按 Enter 键，将光标下移 1 行，插入图片，设置为居中，并按比例调整图片到合适大小。至此，完成求职简历封面制作，效果如图 7-1 所示。

7.3.3 设计制作求职简历表格

1.创建表格

本例先创建一个 14 行 2 列的"求职简历表格"，创建表格的操作步骤如下。

STEP 1 将光标定位在第 2 页第 1 行位置处，输入"个人求职简历"，格式设置为"仿宋、二号、加粗、居中"。

STEP 2 按 Enter 键，将光标下移 1 行。

STEP 3 选择"插入"选项卡，在"表格"选项组中，单击"表格"下拉按钮，在弹出的下拉菜单中选择"插入表格"选项，打开"插入表格"对话框，在"列数"和"行数"数值框中分别输入"2"和"14"，如图 7-3 所示。"自动调整"操作中默认为"固定列宽"。

STEP 4 单击"确定"按钮，即可在光标处插入表格。同时显示表格工具"设计"和"布局"选项卡。

图 7-3 设置表格的列数和行数

表格工具"设计"功能区可以进行表格样式和绘图边框的设置，如图 7-4 所示。

表格工具"布局"功能区可以进行插入行和列、合并拆分单元格、调整单元格大小、对齐文式、公式计算等设置，如图 7-5 所示。

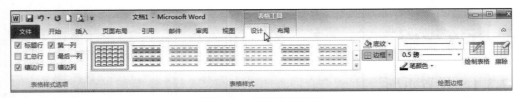

图 7-4 "设计"功能区

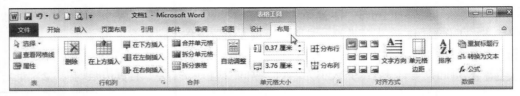

图 7-5 "布局"功能区

说明　创建表格也可以在表格模式中拖动鼠标选择所需的行数和列数来创建，如图 7-6 所示，此模式创建的表格最多有 10 列、8 行。

2. 编辑表格

表格创建后，通常要对它进行编辑，主要包括单元格的合并和拆分，插入或删除行、列和单元格，调整行高和列宽，表格的选中等。

（1）选中表格

表格的选中与文本的选中非常相似，最常用的选择方法是用鼠标在表格中拖动，可以选择表格的单元格、行或列，被选中的对象呈反白显示。下列选择方法将更为快捷。

① 选择单元格：把鼠标指针移到要选择的单元格左边，当指针变为 ↗ 形状时单击，即可选择指定的单元格。

② 选择表格的行：把鼠标指针移到文档窗口的选择区，当指针变为 ⇗ 形状时单击左键，即可选中指定的行。若要选择连续的多行表格，只要从开始行拖动鼠标到最后一行，松开鼠标左键即可。

图 7-6 使用表格模式创建表格

③ 选择表格的列：把鼠标指针移到表格的顶端，当鼠标指针变成 ↓ 形状时单击左键，即可选择箭头指定的列。若要选择连续的多列表格，只要从开始列拖动鼠标到最后一列，松开鼠标左键即可。

④ 选择不相邻对象：先选择一组，按住 Ctrl 键再选择其他对象。

⑤ 选择整个表格：当鼠标移到表格区域内时，表格左上角有一移动标志 ⊞，单击整个表格被选中。

说明　拖动调整列宽指针时，整个表格大小不变，但表格线相邻的两列列宽度均改变。如果在拖动调整列宽指针的同时按住 Shift 键，则表格线左侧的列宽改变，其他各列的列宽不变，表格大小改变。拖动表格大小控制点可以改变表格大小。

（2）手动绘制表格

手动绘制"求职简历"表格 1～4 行右侧照片处列线，操作步骤如下。

STEP 1 选择"设计"选项卡,在"绘图边框"选项组中,单击"绘制表格"按钮。

STEP 2 此时,鼠标变成"铅笔"形状,在表格第1行右侧按下鼠标左键由上至下拖动至第4行即可。

（3）合并单元格

合并单元格是将表格中若干个单元格合并成一个单元格,操作步骤如下。

STEP 1 选中"求职简历"表格1~4行右侧的4个单元格。

STEP 2 单击鼠标右键,在快捷菜单中选择"合并单元格"命令,则所选的4个单元格合并为一个单元格。

STEP 3 用同样方法合并8~9行左边2个单元格,10~12行左边3个单元格。

以上操作也可通过选择表格工具"布局"选项卡,在"合并"选项组中,单击"合并单元格"按钮来完成。

（4）拆分单元格

拆分单元格是把一个单元格拆分成几个单元格,操作步骤如下。

STEP 1 选中第1行第2个单元格。

STEP 2 单击鼠标右键,在弹出的快捷菜单中选择"拆分单元格"命令,打开"拆分单元格"对话框。

STEP 3 在"列数""行数"组合框中分别输入要拆分的列数和行数（如5列、1行）,如图7-7所示,然后单击"确定"按钮,完成单元格拆分。

STEP 4 用同样方法拆分第2行第2个单元格为5个单元格,第3行第2个单元格为3个单元格。

至此,完成"求职简历"表格框架设置,效果如图7-8所示。

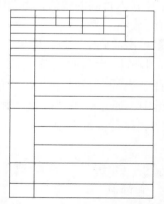

图 7-7 在"拆分单元格"对话框中设置参数　　　　图 7-8 "求职简历"表格框架

以上操作也可通过选择表格工具"布局"选项卡,在"合并"选项组中,单击"拆分单元格"按钮来完成。

（5）插入行或列

如果最初建立的表格行数和列数不够,可以随时增加行或列,将空行插入到选中行的上方或下方,将空列插入到选中列的左侧或右侧。插入行操作步骤如下。

STEP 1 选中表格中某处的一行或几行。

STEP 2 选择"布局"选项卡,在"行和列"选项组中,单击"在上方插入"或"在下方插入"按钮,可插入空行,插入的空行数与选中的行数相同。

列的插入与上述方法类似。

说明　　　把光标移到表格最右下角的单元格中，按 Tab 键，或者把光标移到表格某行的行结束符处，按 Enter 键都可以插入一空白行。

（6）删除行和列

如果想删除表格中多余的行或列，可以随时进行。

删除行：选中待删除的一行或多行，选择"布局"选项卡，在"行和列"选项组中，单击"删除"下拉按钮，在弹出的下拉菜单中选择"删除行"，所选行被删除。

删除列：方法同上。

（7）调整行的高度和列的宽度

将鼠标移动至表格横线上，当光标变成上下箭头形状时，按住鼠标左键上下拖动，即可改变某行的高度。同样，拖动表格竖线也能改变某列的高度。

使用鼠标拖动法修改列宽行高只是粗略调整，使用"表格属性"对话框，可以精确调整行高和列宽，操作步骤如下。

STEP 1 选中"求职简历"表格的第 1～5 行。

STEP 2 单击鼠标右键，在快捷菜单中选择"表格属性"命令，打开"表格属性"对话框，选择"行"选项卡。

STEP 3 选中"指定高度"复选框，并在其后的微调框中输入行高的数值，如"0.8 厘米"，如图 7-9 所示。

STEP 4 单击"确定"按钮即可。

列宽的调整同行高的调整相似。另外，还可以选择"布局"选项卡，在"单元格大小"选项组中，通过设置"高度"和"宽度"数值框，来调整行高和列宽。

图 7-9　指定行的高度

说明　　　单击"上一行"或"下一行"按钮可在不关闭对话框的情况下设置相邻的行高值。

7.3.4　添加内容

1. 表格中添加文本及照片

建立空表格后，可以将光标移到表格的单元格中输入文本，因为单元格是一编辑单元，当输入到单元格右边线时，单元格高度会自动增大，把输入的内容转到下一行。像编辑文本一样，如果要另起一段，应按 Enter 键。

可以用鼠标在表格中移动光标，也可以按 Tab 键将光标移到下一单元格。表格单元格中的文本像文档中的其他文本一样，可以使用选择、插入、删除、剪切和复制等基本编辑技术来编辑它们。

① 将图 7-2 所示表格中所需内容输入到相应的单元格中。

② 将光标定位在照片单元格，选择"插入"选项卡，在"插图"选项组中，单击"图片"按钮，打开"插入图片"对话框，选择求职者照片，单击"插入"按钮选项卡，然后调整照片尺寸使其适应单元格大小，完成照片插入。

2. 表格中文本格式设置

表格中的文字同样可以用对文档文本排版的方法进行设置，将图 7-2 所示表格中第 1～5 行文本字体设置为"宋体、五号"。

此外，还需设置单元格对齐方式，将图 7-2 所示表格中第 1～3 行设置为"水平居中，垂直居中"对齐方式，操作步骤如下。

STEP 1 选中表格 1～3 行文本。

STEP 2 选择"布局"选项卡，在"对齐方式"选项组中，单击"水平居中"按钮，完成设置。

7.3.5 修饰表格

表格修饰主要包括设置表格边框和底纹。

1. 设置表格边框

设置图 7-2 所示表格外框线为"2.25 磅、黑色、单实线"；内框线为"0.5 磅、黑色、单实线"，操作步骤如下。

STEP 1 选中要设置边框的表格。

STEP 2 设置外框线。选择"设计"选项卡，在"绘图边框"选项组中，先单击"笔样式"按钮，选择"单实线"；再单击"笔划粗细"按钮，选择"2.25 磅型"；然后单击"笔颜色"按钮，选择"黑色"，最后在"表格样式"选项组中，单击"边框"箭头右侧按钮，在下拉菜单中选择"外侧框线"选项，完成表格外框线设置。

STEP 3 设置内框线。选择"设计"选项卡，在"绘图边框"选项组中，先单击"笔样式"按钮，选择"单实线"；再单击"笔划粗细"按钮，选择"0.5 磅型"；然后单击"笔颜色"按钮，选择"黑色"，最后在"表格样式"选项组中，单击"边框"箭头下拉按钮，在弹出的下拉菜单中选择"内部框线"选项，完成表格内框线设置。

2. 设置表格底纹

设置图 7-2 所示表格底纹为"白色，背景 1，深色 15%"，操作步骤如下。

STEP 1 选中表格要设置底纹的区域。

STEP 2 选择"设计"选项卡，在"表格样式"选项组中，单击"底纹"按钮，在下拉菜单中选择"白色，背景 1，深色 15%"选项，完成表格底纹的设置。

7.4 知识拓展

7.4.1 表格自动套用格式

表格创建之后，可以选择表格的外观样式对表格进行排版，表格的外观样式预定义了许多表格的边框、底纹、颜色供选择，使表格的排版变得轻松、容易。操作步骤如下。

STEP 1 将光标移到要排版的表格内。

STEP 2 选择"设计"选项卡，在"表格样式"选项组中，单击"外观样式"按钮，列表框中选择一种样式（如中等深浅风格 1-强调文字颜色 4），完成表格自动套用格式。

7.4.2 转换表格和文本

在 Word 中文本可以转为表格，表格也可以转为文本，但转为表格的文本必须含有一种文字分隔符号（如逗号、空格、制表符等）。

1. 表格转换成文本

表格转换成文本，操作步骤如下。

STEP 1 选中待转换的表格。

STEP 2 选择"布局"选项卡，在"数据"选项组中，单击"转换为文本"按钮，打开"表格转换成文本"对话框，如图 7-10 所示。

STEP 3 在"文字分隔符"选项区域选择一种分隔符号（默认为制表符）。

STEP 4 单击"确定"按钮，完成表格向文本的转换。转换后的文本如图 7-11 所示。

姓名	身体素质	运动技能	总评
王一平	80	75	合格
朱佩	45	64	不合格
娄梁才	90	95	优秀
李阳阳	85	90	优秀
汪腾	77	82	合格
袁旭超	60	65	合格

图 7-10 "表格转换成文本"对话框　　　　图 7-11 表格转换成的文本

2. 文本转换成表格

将图 7-11 所示的样文转换成一个 7 行 4 列的表格，操作步骤如下。

STEP 1 选择"插入"选项卡，在"表格"选项组中，单击"表格"按钮，打开"将文字转换成表格"对话框，如图 7-12 所示。

STEP 2 在"表格尺寸"选项组的"列数"数值框中输入"4"；在"文字分隔位置"选项组中，选择一种符号（如选择"制表符"）。

STEP 3 单击"确定"按钮，完成文本向表格的转换。

图 7-12 "将文字转换成表格"对话框

7.4.3 表格内数据的计算与排序

Word 中的表格也可以进行数据的计算与排序。

1. 表格中数据的计算

Word 在对表格中的数据计算时，将表格单元统一编号，表格中的"行"是以数字（1、2、3…）表示的，表格中的"列"是用英文字母（a、b、c...）表示的，单元格编号是由列号和行号组合而成，如 a1、a2、a3、b1、b2、b3 等表示。在表格中可以进行加、减、乘、除、平均值、最大值和最小值等运算。下面以表 7-1 为例，运用公式求出每个学生的总成绩和平均成绩，操作步骤如下。

表 7-1 体育成绩表

姓　名	身体素质	运动技能	总　评	平均分
王一平	80	75	155	77.50
朱　佩	45	64	109	54.50
娄梁才	90	95	185	92.50
李阳阳	85	90	175	87.50
汪　腾	77	82	159	79.50
袁旭超	60	65	125	62.50

STEP 1 将光标定位于运算结果的单元格内，本例中定位在第 2 行的第 4 个单元格（d2）。

STEP 2 选择"布局"选项卡，在"数据"选项组中，单击"公式"按钮，打开"公式"对话框，如图 7-13 所示。

STEP 3 在该对话框的"公式"文本框中输入"=SUM（LEFT）"，表明要计算左边各列数据的总和，也可以输入要计算的运算式，如"=b2+c2"。

STEP 4 单击"确定"按钮，会在 d2 中出现计算结果 155。

按以上步骤依次求出其他同学的总成绩。

求平均成绩时可在"公式"对话框中的"粘贴函数"列表框中选择"AVERAGE"，再输入相关参数。如求"王一平"的平均成绩，在"公式"文本框中输入"=AVERAGE（b2，c2）"，如图 7-14 所示，也可以输入运算式为"=(b2+c2)/2"。在"数字格式"下拉列表框中选择一种格式，如 0.00，表示保留 2 位小数，单击"确定"按钮，会在 e2 单元格中显示 77.50。

图 7-13 "公式"对话框

图 7-14 输入公式

2. 表格中数据的排序

Word 可对表格中的数据进行排序，仍以表 7-1 为例，将成绩表按"总评"从大到小排列，当两个学生"总评"成绩相同时，再按"运动技能"递减排序，操作步骤如下。

STEP 1 将光标置于要排序的体育成绩表中。

STEP 2 选择"布局"选项卡，在"数据"选项组中，单击"排序"按钮，打开"排序"对话框，如图 7-15 所示。

STEP 3 在"主要关键字"下拉列表框中选择"总评"选项，在其右边的"类型"下拉列表框中选择"数字"，再单击"降序"单选按钮。

STEP 4 在"次要关键字"下拉列表框中选择"运动技能"项，在其右边的"类型"下拉列表框中选择"数字"，再单击"降序"单选按钮。

STEP 5 单击"确定"按钮，完成排序。

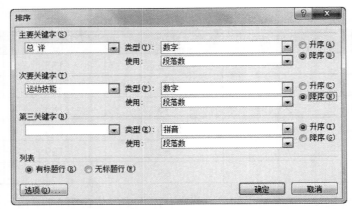

图 7-15　"排序"对话框

7.4.4　跨页表格自动重复标题行

有时候表格过长，可能会分在两页或多页显示，然而从第 2 页开始表格就没有标题行了，这会导致查看表格中的数据时产生混淆，可用"重复标题行"来解决，操作步骤如下。

STEP 1 将光标置于标题行的任意单元格。

STEP 2 选择"布局"选项卡，在"数据"选项组中，单击"重复标题行"按钮，则其他页续表的首行就会重复标题行的内容。再次单击该按钮，可取消重复标题行。

7.4.5　防止表格跨页断行

当表格大于一页时，默认状态下，Word 允许表格中的文字跨页拆分，这可能导致表格中同一行的内容被拆分到上下两个页面中，防止表格跨页断行的操作步骤如下。

STEP 1 用鼠标右键单击表格的任意单元格，从快捷菜单中选择"表格属性"命令，打开"表格属性"对话框。

STEP 2 单击"行"选项卡，在"选项"栏中，取消选中"允许跨页断行"复选框。

STEP 3 单击"确定"按钮，完成设置。

7.5　任务总结

任务结合求职简历的制作，介绍了表格的插入，表格行、列、单元格的编辑，表格内文本的输入和格式设置，表格的边框和底纹设置，表格内数据的计算和排序等技术。通过本任务的学习，应当熟练掌握表格的制作和编辑方法，为以后制作精美复杂的表格打下良好的基础。

7.6　实践技能训练

实训 1　制作费用报销单

1. 实训目的

① 掌握表格的创建、编辑和修改。

② 掌握表格内容的输入和格式设置。

2. 实训要求

① 制作费用报销单，效果如图 7-16 所示。

② 页面设置为"横向"，默认页边距。

③ "费用报销单"标题文字，设置为"宋体、小二、加粗、居中"。

④ 表格中其他文字设置为"宋体、11 磅、加粗"。

费 用 报 销 单

部门:						报销日期 ＿＿＿年＿＿月＿＿日	
序号	月	日	内容	张数	金额	备注	
合　计		￥				附件　张	
报销费用金额（大写）：			万　　仟　　佰　　拾　　元　　角　　分				
总经理		财务审核		部门经理		报销人	

图 7-16　费用报销单

实训 2　制作课程表

制作课程表

1. 实训目的

① 掌握表格对齐方式的设置方法。

② 掌握表格边框、底纹的设置方法。

2. 实训要求

① 制作课程表，效果如图 7-17 所示。

课 程 表

星期 / 节次		星期一	星期二	星期三	星期四	星期五
上午	1-2	数据库	英语	计算机网络	计算机	数学
	3-4	数学		办公自动化	数据库	思政
下午	5-6	办公自动化	体育	英语		程序设计
	7-8			程序设计		
晚上	9-10	班会		计算机网络		

图 7-17　课程表

② 页面设置为"横向"，默认页边距。

③ "课程表"标题文字，设置为"黑体、小初、居中、段后 0.5 行"。

④ "星期一……星期五"文字，设置为"黑体、二号、水平垂直居中"。

⑤ 表格中其他文字设置为"宋体、小三、水平垂直居中"。

⑥ 表格中数字设置为"Times New Roman"。

⑦ 表格第 1 行设置为"茶色，背景 2，深色 25%"底纹。

⑧ 表格外框设置为"2.25 磅、蓝色、外粗内细双实线"。

⑨ 表格内框设置为"1.5 磅、绿色、单实线"。

PART 8
任务 8
批量制作新生入学通知书

8.1 任务描述

任亚菲是学院招生办公室的干事，录取工作完毕之后要发放通知书，今年共招收 4000 名学生，现在有了新生数据库，有了通知书模板，他想快速地完成大批量通知书的制作，但不知如何操作，于是他找到计算机系的张红老师帮忙，在张老师的帮助下他用 Word 2010 的邮件合并功能很容易就实现了大批量通知书的制作。

8.2 解决思路

本任务的解决思路如下。
① 创建"新生入学通知书.docx"主文档。
② 创建或打开"新生录取名单.xlsx"数据源。
③ 设置邮件合并和预览合并结果。
④ 批量制作新生入学通知书和信封。

8.3 任务实施

要实现通知书的批量制作，首先要通过 Word 的基本功能制作一份通知书的主文档，然后建立合并用的数据文档，最后再做进一步的邮件合并处理。

8.3.1 创建主文档和数据源

1. 建立"通知书"主文档

创建"新生入学通知书"主文档，操作步骤如下。

STEP 1 启动 Word 2010，创建"新生入学通知书.docx"文档。

STEP 2 设置上、下、左、右页边距均为"3 厘米"，方向为"横向"。

STEP 3 设置页面边框样式为"双实线"。

STEP 4 输入通知书内容，标题格式设置为"宋体、小初"；正文格式设置为"宋体、一号"。

STEP 5 "新生入学通知书"主文档设置完成，如图 8-1 所示。

新生入学通知书

_____同学：

祝贺你被我校_____专业录取，欢迎您进入我校学习，请于 2015 年 9 月 5 日至 6 日持本通知书到校报到。

济源职业技术学院

2015 年 9 月 5 日

图 8-1　"新生入学通知书"主文档设置效果

2.建立"新生录取名单"数据源

制作好"新生入学通知书"主文档后，就要准备数据源了。数据源的文件类型可以是 Excel 工作簿、Word 文档，也可以是 Access 数据库，但要包括姓名、专业、通讯地址、邮编字段。

本例中将数据库中的新生信息导出为一个名称为"新生录取名单"的 Excel 工作簿，将其中"Sheet1"工作表重命名为"新生录取名单"，效果如图 8-2 所示。

姓　名	专业	性别	通讯地址	邮编
魏文霞	计算机网络技术	女	北京市海淀区	100015
蒋岩岩	机电一体化技术	男	北京市宣武区	100053
苗向升	机械设计与制造	男	北京市北京朝阳区	100600
付有芳	计算机信息管理	女	北京市丰台区	100039
李晓玲	计算机应用技术	女	北京市昌平区	102200
张珊珊	物联网应用技术	女	北京市大兴区	102600
师晶	模具设计与制造	女	北京市房山区	102400
房启山	数控技术	男	北京市顺义区	101300
黄琦	电气自动化技术	男	北京市东城区	100000
任亚菲	应用电子技术	女	北京市西城区	100035
王超	楼宇智能化工程技术	男	北京市通州区	101121
王华	会计电算化	男	北京市海淀区	100015
苗鹏飞	电子商务	男	北京市宣武区	100053
刘浩鹏	市场营销	男	北京市北京朝阳区	100600
姚远	国际经济与贸易	男	北京市丰台区	100039
郭标	冶金技术	男	北京市昌平区	102200
王方方	应用化工技术	女	北京市大兴区	102600

图 8-2　"新生录取名单"工作表

8.3.2　设置邮件合并和预览合并结果

准备好主文档和数据源之后，利用"邮件合并分步向导"进行邮件合并，操作步骤如下。

STEP 1 在主文档窗口，选择"邮件"选项卡，在"开始邮件合并"选项组，单击"开始邮件合并"按钮，在下拉菜单中选择"邮件合并分步向导"，打开"邮件合并分步向导"第 1 步窗格，如图 8-3 所示。

批量制作入学通知书

STEP 2 向导第 1 步，在"选择文档类型"选项区域，选择"信函"单选按钮，单击"下一步：正在启动文档"，进入"邮件合并向导"第 2 步窗格，如图 8-4 所示。

STEP 3 向导第 2 步，因为本文档是已准备好的文档，所以选择默认项"使用当前文档"，单击"下一步：选取收件人"，进入"邮件合并向导"第 3 步窗格，如图 8-5 所示。

图 8-3　邮件合并向导第 1 步窗格　　图 8-4　邮件合并向导第 2 步窗格　　图 8-5　邮件合并向导第 3 步窗格

STEP 4 向导第 3 步，在"选择收件人"选项区域，选择"使用现有列表"单选按钮。单击"浏览"按钮，打开"选取数据源"对话框，选择已保存好的 Excel 表格，出现"选择表格"对话框，如图 8-6 所示，选取"Sheet1$"，单击"确定"按钮，然后打开"邮件合并收件人"对话框，如图 8-7 所示。一般选择"全选"按钮，单击"确定"按钮，重新回到 Word 窗口。

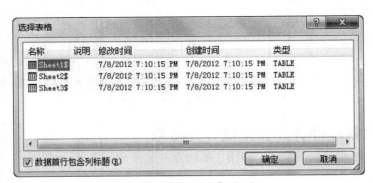

图 8-6　"选择表格"对话框

STEP 5 单击"下一步：撰写信函"，进入"邮件合并向导"第 4 步窗格，如图 8-8 所示。

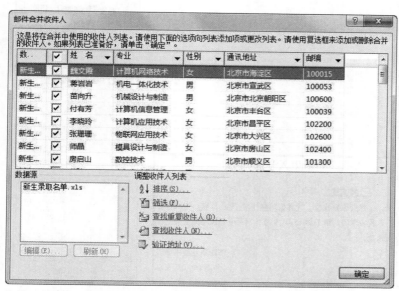

图 8-7　"邮件合并收件人"对话框

图 8-8　邮件合并向导第 4 步窗格

STEP 6　向导第 4 步，将光标定位到文档开头的收件人姓名位置，单击"其他项目"，出现"插入合并域"对话框，如图 8-9 所示。选择"姓名"，单击"插入"按钮，单击"关闭"按钮，完成"姓名"域插入。再将光标定位到专业前的位置，用同样方法插入"专业"，完成"专业"域插入，效果如图 8-10 所示。

图 8-9　"插入合并域"对话框

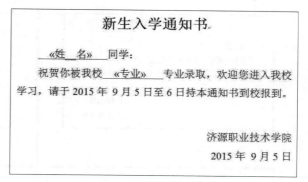

图 8-10　插入域后的主文档

STEP 7　单击"下一步：预览信函"，进入"邮件合并向导"第 5 步窗格，如图 8-11 所示。主文档预览效果如图 8-12 所示。

STEP 8　向导第 5 步，单击"下一步：完成合并"链接，进入"邮件合并向导"第 6 步窗格，如图 8-13 所示。

STEP 9　在"完成合并"选项区域，单击"编辑个人信函"，打开"合并到新文档"对话框，如图 8-14 所示。默认合并记录为"全部"，生成新文档。

图 8-11 邮件合并向导第 5 步窗格

新生入学通知书

___魏文霞___ 同学：

祝贺你被我校 计算机网络技术 专业录取，欢迎您进入我校学习，请于 2015 年 9 月 5 日至 6 日持本通知书到校报到。

济源职业技术学院
2015 年 9 月 5 日

图 8-12 主文档预览效果

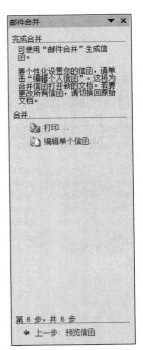

图 8-13 邮件合并向导第 6 步窗格

STEP 10 至此，邮件合并操作完成，效果如图 8-15 所示。

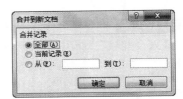

图 8-14 "合并到新文档"对话框

新生入学通知书

___魏文霞___ 同学：

祝贺你被我校 计算机网络技术 专业录取，欢迎您进入我校学习，请于 2015 年 9 月 5 日至 6 日持本通知书到校报到。

济源职业技术学院
2015 年 9 月 5 日

新生入学通知书

___蒋岩岩___ 同学：

祝贺你被我校 机电一体化技术 专业录取，欢迎您进入我校学习，请于 2015 年 9 月 5 日至 6 日持本通知书到校报到。

济源职业技术学院
2015 年 9 月 5 日

新生入学通知书

___苗向升___ 同学：

祝贺你被我校 机械设计与制造 专业录取，欢迎您进入我校学习，请于 2015 年 9 月 5 日至 6 日持本通知书到校报到。

济源职业技术学院
2015 年 9 月 5 日

新生入学通知书

___付有芳___ 同学：

祝贺你被我校 计算机信息管理 专业录取，欢迎您进入我校学习，请于 2015 年 9 月 5 日至 6 日持本通知书到校报到。

济源职业技术学院
2015 年 9 月 5 日

图 8-15 "邮件合并"设置效果

8.3.3 制作信封寄发通知书

制作好通知书以后，还需要打印信封，将通知书以纸制的形式邮寄出去。这项工作可以使用邮件合并中"信封和标签"功能来完成。

1. 设置信封尺寸

① 新建一个空文档。

② 选择"邮件"选项卡，在"开始邮件合并"选项组，单击"开始邮件合并"按钮，在下拉菜单中选择"信封"选项，打开"信封选项"对话框，在"信封尺寸"下拉列表框中选择"普通6"选项，如图8-16所示单击"确定"按钮，完成信封尺寸设置。

2. 设置信封

信封大小确定了，信封"邮编""通讯地址""姓名"域的设置方法与前面相同。信封域的设置效果如图8-17所示，信封预览效果如图8-18所示。

图 8-16　设置信封尺寸

图 8-17　信封域的设置效果

图 8-18　信封预览效果

8.4　知识拓展

Word 2010邮件合并功能简单分以下四步。

① 创建主文档。

② 打开或创建数据源。

③ 在主文档中插入合并域。

④ 将数据源中的数据合并到主文档中。

8.5 任务总结

本任务主要针对批量打印通知书、信封或发送电子邮件的情况，介绍了 Word 2010 中邮件合并功能。邮件合并功能实际上就是在普通的 Word 文档中增加了一些域，如案例中的姓名、专业等，域中的内容相当于程序设计中的变量，这些变量在后续的工作过程中，通过与数据源连接，可以用具体的值来代替。于是由一个模板可以自动生成许多不同的信函，直接将其发送出去或打印出来即可。利用这一特点，还可以生成许多类似的函件。

8.6 实践技能训练

实训 制作荣誉证书

1. 实训目的

制作荣誉证书

① 熟悉 Word 2010 邮件合并的步骤。

② 掌握 Word 2010 邮件合并的设置方法。

2. 实训要求

① 制作荣誉证书，效果如图 8-19 所示。

② 创建新文档，页面设置中上、下、左、右页边距均为"3 厘米"；方向为"横向"。

③ 页面边框设置为"葵花"艺术型，宽度为"18 磅"。

④ 插入"形状"→"星与旗帜"→"前凸带形"图形，在文档中绘制一个凸带形，并将它放大和页面相当。

⑤ 用鼠标右键单击此图形，在弹出的快捷菜单中，选择"设置形状格式"命令，将其填充为标准色"黄色"。

⑥ 插入艺术字"奖状"，字体设置为"华文行楷"，调整其大小与"自选图形"相当。

⑦ 在图 8-19 所示位置插入"形状"→"星与旗帜"→"五角星"图形，将其填充为标准色"红色"。

⑧ 输入证书内容，设置字体为"宋体"，字号为"二号"，调整各部分的大小和位置。

⑨ 插入"形状"→"基本形状"→"椭圆"图形，在文档中

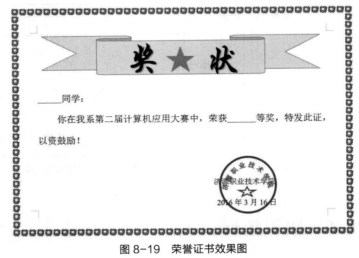

图 8-19 荣誉证书效果图

绘制一个圆，并将其设置为无填充色，线条颜色为"红色"，线型为"4.5 磅"。

⑩ 插入艺术字"济源职业技术学院"，格式设为"宋体、14 号"，同时将其调整为半圆形排列并置入圆内。

PART 9

任务 9
编排毕业论文

9.1　任务描述

在实际的工作和学习中，经常遇到论文、图书、出版物、印刷品等文档的编排，这些文档内容篇幅较长，章节层次较多，注重样式的统一，大都具有目录。大学毕业前要完成的最后一项任务是撰写毕业论文。翟萌已将论文写好，但他不会编排，文字格式杂乱无章，不符合学校毕业论文要求，于是他找到排版经验丰富的师晶来帮忙。

9.2　解决思路

本任务的解决思路如下。

① 进行页面设置。设置论文纸张大小、页边距和版式信息、设置奇偶页页眉页脚不同，首页不同等。

② 使用样式，将定义好的各级样式分别应用到论文的各级标题和正文中。

③ 通过在文章的不同位置插入分节符，将文档分为多个节。一般以章为单位划分不同节。

④ 为不同的节添加不同的页眉，即首页无页眉，偶数页以"论文题目"作为页眉，奇数页以页面内容所处"章节标题名"作为页眉。

⑤ 自动生成毕业论文目录。

⑥ 根据需要插入合适的批注和尾注。

⑦ 文档的预览和打印。

9.3　任务实施

本任务以毕业论文的排版为例，介绍长文档的排版方法和技巧，其中包括应用样式、自动生成目录、插入分节符、设置复杂的页眉页脚等内容。

9.3.1　设置页面

毕业论文排版的首要工作是进行页面设置，操作步骤如下。

STEP 1 打开"毕业论文.docx"word 文档。

STEP 2 进行页面设置，设置纸张大小为"A4、纵向"；上、左页边距均为"2.5 厘米"；下、右页边距均为"2 厘米"。

9.3.2 设计封面

毕业论文封面设计制作，操作步骤如下。

设计封面

STEP 1 将光标定位在第 1 页第 1 行位置处。

STEP 2 按 Enter 键，将光标下移 5 行，输入 "×××职业技术学院"，格式设置为 "黑体、小一、加粗、居中"。

STEP 3 按 Enter 键，将光标下移 1 行，输入 "毕业设计（论文）"，格式设置文字为 "宋体、小初、加粗、1.5 倍行距，段前 2 行"。

STEP 4 按 Enter 键，将光标下移 2 行，插入 "8 行 2 列" 表格，格式设置为居中，并适当调整表格列宽，框线设置为无。

STEP 5 给表格输入内容，将第 1 列文字的格式设置为 "黑体、小三"；将第 2 列文字的格式设置为 "仿宋、小三、加下划线"。

至此，完成毕业论文封面制作，效果如图 9-1 所示。

×××职业技术学院

毕 业 设 计（论文）

题 目	班级网站的设计与实现
系 别	信息工程系
专 业	计算机网络技术
班 级	计网 1301
姓 名	刘月
学 号	13130121
指 导 教 师	李启超
日 期	二零一五年十二月

图 9-1　封面效果图

9.3.3　插入分节符

毕业论文格式要求"封面、目录、摘要"不显示页眉，"封面"不显示页脚，"目录、摘要"显示页脚，页码编号为"Ⅰ、Ⅱ、Ⅲ…"；"第一章至第四章"奇数页页眉显示章节标题名、偶数页页眉显示论文题目名，页脚显示页码，编号为"－1－、－2－、－3－…"；"结论、致谢、参考文献"奇偶页页眉均显示论文题目名，页脚显示页码。那么，如何为不同的部分设置不同的页眉和页脚？解决这一问题的关键就是使用"分节符"。

1.分节

节是文档的基本单位，分节符是为表示"节"结束而插入的标记。在 Word 2010 中，一个文档可以分为多个节，每节都可以根据需要设置各自的格式，而不影响其他节的文档格式设置。在 Word 2010 中可以以节为单位设置页眉页脚、段落编号或页码等内容。

按上述论文格式要求，论文的封面为一个节，目录、摘要为一个节，正文每章为一个节（共分 4 节），结论、致谢、参考文献为一个节，全文需要分为 7 个小节。插入分节符的操作步骤如下。

STEP 1 将光标定位在需要分节的开始位置。

STEP 2 选择"页面设置"选项卡，在"页面设置"选项组中，单击"分隔符"按钮，在下拉菜单中选择"分节符/下一页"，完成第一个分节符的插入。

STEP 3 用类似方法插入其他 6 个分节符。

> ① "下一页"表示在插入分节符处进行分页，下一节从下一页开始。
> ② "连续"表示在光标的位置插入分节符。
> ③ "偶数页"表示从偶数页开始建新节。
> ④ "奇数页"表示从奇数页开始建新节。

2.分页

Word 具有自动分页的功能，当输入的文本或插入的图形满一页时，Word 2010 会自动分页。有时为了将文档的某一部分内容单独形成一页，可以插入分页符进行人工分页。如本例中文摘要和英文摘要需要单独设置一页，可在中文摘要内容后插入一个"分页符"，以保证中文摘要和英文摘要在同一节不同页中。插入分页符的操作步骤如下。

STEP 1 将光标定位在新一页的开始位置。

STEP 2 选择"页面设置"选项卡，在"页面设置"选项组中，单击"分隔符"按钮，在下拉菜单中选择"分页符"，也可以按组合键"Ctrl+Enter"，完成分页设置。

> ① 默认的情况下分页符与分节符是不显示的，选择"文件"选项卡，在下拉菜单中单击"选项"命令，打开"Word 选项"对话框，在左窗格选择"显示"选项，在右窗格选中"显示所有格式标记"复选框，如图 9-2 所示，单击"确定"按钮，即可显示分页符与分节符。
> ② 分页符与分节符在外观上不同，分页符为单虚线，分节符为双虚线。
> ③ 如果要删除分页符与分节符，只需要把光标放在该符号的水平虚线上，按"Delete"键即可。

图 9-2　设置格式标记

9.3.4　设置页眉页脚

上述操作已经将毕业论文分为 7 个小节，现在对每个小节设置不同的页眉页脚，封面不需要设置，下面从第 2 小节开始设置。

设置页眉页脚

1. 设置第 2 节页眉页脚

本节有 3 页，分别是目录、中文摘要和英文摘要，不需要设置页眉，需要设置页脚。操作步骤如下。

STEP 1　将光标定位于本节中。

STEP 2　选择"插入"选项卡，在"页眉和页脚"选项组中，单击"页脚"下拉按钮，在弹出的下拉菜单中选择"编辑页脚"选项。

STEP 3　在"导航"选项组中，单击"链接到前一条页眉"按钮，取消页脚右侧的"与上一节相同"显示，断开第 2 节与第 1 节页脚的链接。

STEP 4　在"页眉和页脚"选项组中，单击"页码"下拉按钮，在弹出的下拉菜单中选择"设置页码格式"，打开"页码格式"对话框。

STEP 5　在"编号格式"下拉列表框中选择需要的数字类型，在"页码编号"选项区域，选择"起始页码"单选钮，在数值框中选择"I"，如图 9-3 所示，单击"确定"按钮，完成页码格式设置。

STEP 6　在"页眉和页脚"选项组中，单击"页码"→"页面底端"→"普通数字 2"，完成页码插入。

STEP 7　单击"关闭页眉和页脚"按钮或双击文档编辑区，完成设置并返回文档编辑区。

至此，第 2 节的页脚设置好了。

图 9-3　设置页码

2. 设置第 3~7 节页眉页脚

第 3~6 节页眉页脚要求奇数页显示本节章节标题名，偶数页显示论文题目名，设置方法类似，在此以第 3 节为例，操作步骤如下。

STEP 1　将光标定位于第 3 节首个奇数页。

STEP 2 选择"插入"选项卡，在"页眉和页脚"选项组中，单击"页眉"下拉按钮，在弹出的下拉菜单中选择"编辑页眉"选项，切换到页眉编辑状态。

STEP 3 在"选项"选项组中，选中"奇偶页不同"复选框，完成"奇偶页不同"设置。

STEP 4 在"导航"选项组中，单击"链接到前一条页眉"按钮，取消页脚右侧的"与上一节相同"显示，断开第3节与第2节页眉链接。

STEP 5 输入"绪论"页眉内容，字体格式设置为"宋体、小五、居中"，完成奇数页页眉设置。

STEP 6 将光标移到偶数页页眉位置，断开第3节与第2节页眉链接。

STEP 7 输入"班级网站的设计与实现"页眉内容，字体格式设置为"宋体、小五、居中"，完成偶数页页眉设置。

STEP 8 切换到页脚状态，断开第3节与第2节页脚链接，设置页码格式，如"-1-、-2-、-3-…"类型，并插入居中页码。

重复上述方法可依次设置第4、5、6节页眉页脚，第7节页眉设置时不再分奇偶页不同，页脚设置同上。

至此，文章中不同节的页眉页脚已经设置完毕。

9.3.5 设置样式和格式

在 Word 文档编排过程中，使用样式格式化文档，可以简化文档的格式设置操作，节省文档编排时间，加快编辑速度，同时确保文档中格式的一致性。

1.了解样式

样式是字体、字号和缩进等格式设置特性的组合，常用在文档重复使用的固定格式中。Word 2010 提供了多种标准的样式，并将样式和格式列表移动到任务窗格中，编辑文档时每次设置的新样式，都会在 Word 2010 的任务窗格显示出来，这样就可以方便地使用自定义的样式。当修改一个样式的同时，文档中应用此样式的部分也会随之改变。

2.创建新样式

毕业论文设置三级标题，每级标题的样式和格式要求见表9-1。

表9-1 三级样式格式表

样式名称	字体	字体格式	段落格式
一级标题	黑体	三号、居中	1.25 倍行距，段前、段后 20 磅
二级标题	宋体	四号、加粗、左对齐	多倍行距 1.25，段前、段后 13 磅
三级标题	宋体	小四、加粗、左对齐	1.25 倍行距，段前、段后 13 磅

以"一级标题"为例创建新样式，操作步骤如下。

STEP 1 打开文档"毕业论文.docx"，将插入点置于论文结尾。

STEP 2 选择"开始"选项卡，在"样式"选项组中，单击"对话框启动器"按钮，打开"样式"任务窗格，如图9-4所示。

STEP 3 单击该任务窗格左下角的"新建样式"按钮，打开"新建样式"对话框。

STEP 4 在"名称"文本框中输入相应的样式名称，如"一级标题"，在"样式类型"下拉列表框中选择"段落"，在样式基准下拉列表框中选择"标题1"。

STEP 5 依次单击对话框左下角"格式"中的"字体"和"段落"命令，按要求设置字体格式为"黑体、三号、居中"，段落格式为"1.25 倍行距，段前、段后 20 磅"，如图9-5所示。

设置样式

注意 要在"段落"对话框的"缩进和间距"选项卡中取消选中"如果定义了文档网格，则对齐到网格"复选框。

STEP 6 单击"确定"按钮，完成"一级标题"样式设置。

重复上述步骤设置二级、三级标题的样式。

图 9-4 "样式"任务窗格

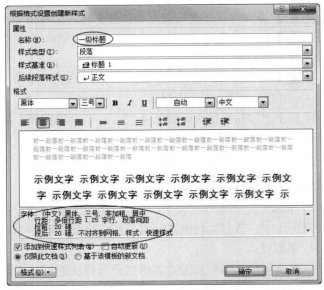

图 9-5 设置一级标题

3. 应用样式

新建样式设置完成后，就可以应用这些样式了，以"一级标题"样式应用为例，操作步骤如下。

STEP 1 将插入点置于"第 1 章绪论"所在的行中。

STEP 2 打开"样式"任务窗格。

STEP 3 选择"样式"列表框中"一级标题"选项，完成一级标题样式设置。

STEP 4 毕业论文中二级、三级标题的样式应用同一级标题，在此不再详述。

9.3.6 自动生成目录

自动生成目录

1. 自动生成目录

样式设置好以后，就可以此基础上快速生成论文目录，操作步骤如下。

STEP 1 将光标定位于生成目录的位置，选择"引用"选项卡，在"目录"选项组中，单击"目录"下拉按钮，在弹出的下拉菜单中选择"插入目录"选项，打开"目录"对话框。

STEP 2 选择"目录"选项卡，如图 9-6 所示，显示当前文档中设置的样式、级别等。

STEP 3 由于使用自定义的三级标题样式，故单击"选项"按钮，弹出"目录选项"对话框，对于"目录级别"下方文本框中的数字，除"一级标题""二级标题""三级标题"保留外，其余全部删除，所图 9-7 所示。

STEP 4 单击"确定"按钮，返回到"目录"对话框。

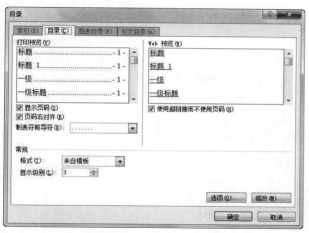

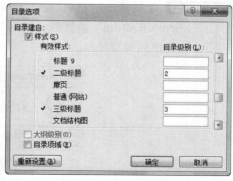

图 9-6 "目录"选项卡　　　　　　　　　　　　图 9-7 设置目录选项

STEP 5 预览正常后单击"确定"按钮,利用样式自动生成论文目录完成,效果如图 9-8 所示。

2. 修改目录样式

如果要对生成的目录格式做统一修改,则和普通文本的格式设置方法一样;如果要分别对目录中的标题 1、标题 2 和标题 3 的格式进行不同的设置,则需要修改目录样式,操作步骤如下。

STEP 1 将光标定于目录的任意位置。

STEP 2 选择"引用"选项卡,在"目录"选项组中,单击"目录"下拉按钮,在弹出的下拉菜单中选择"插入目录"选项,打开"目录"对话框。在"格式"框中选择"来自模板"。

STEP 3 单击"修改"按钮,打开"样式"对话框,如图 9-9 所示。

图 9-8 毕业论文"自动生成目录"效果

图 9-9 "样式"对话框

STEP 4 在"样式"框中选择"目录 1",单击"修改"按钮,按要求进行相应的修改,再用相同的方法修改目录 2 和目录 3。

STEP 5 连续单击"确定"按钮,依次退出"修改样式""样式"及"目录"对话框后,弹出"Microsoft Word"消息框,如图 9-10 所示,提示"是否替换所选目录",单击"确定"按钮,替换掉原有目录。

图 9-10 Microsoft Word 消息框

毕业论文的正文字体格式为"宋体、小四",段落格式为"首行缩进 2 字符、1.25 倍行距"。

9.4 知识拓展

9.4.1 编辑批注

批注是为文档某些内容添加的标注信息,包括文字批注或者声音批注方法。

1. 插入批注

在文档中插入批注,操作步骤如下。

STEP 1 将光标定位在要添加批注的位置,或者选中要插入批注信息的文本或图形对象。

STEP 2 选择"审阅"选项卡,在"批注"选项组中,单击"新建批注"按钮,这时选中的内容将出现一个括号,页面右侧显示一个批注输入框,两者以红色粗实线连接。

STEP 3 在批注框中输入批注信息,输入完后点击文档的其他位置,批注信息输入结束。

2. 隐藏和显示批注

插入批注后,可以调整或修改批注,若要隐藏文章中的批注,在"修订"选项组中单击"显示标记"下拉按钮,在弹出的下拉菜单中将"批注"前面的钩取消,此时,文中所有批注就会隐藏起来;若需要再次显示,只需将"批注"前面的钩加上即可。

3. 修改批注者姓名

批注会显示批注者姓名,默认用户姓名为"微软用户"。多个人给同一篇文章加批注,要区别显示不同的批注者姓名,操作步骤如下。

STEP 1 在"修订"选项组,单击"修订"下拉按钮,在弹出的下拉菜单中选择"更改用户名"选项,打开"Word 选项"对话框,如图 9-11 所示。

STEP 2 选择"常规"选项卡,在"缩写"文本框中输入批注者姓名,如"李朋"。

STEP 3 单击"确定"按钮,完成批注者姓名修改。

4. 删除批注

如果要删除某处批注,用鼠标右键单击此批注框,选择"删除批注"即可将其删除。如果要删除文档中的所有批注，可在"批注"选项组中，单击"删除"按钮，在下拉菜单中选择"删除文档中的所有批注"选项即可。

图 9-11　"Word 选项"对话框

9.4.2　编辑脚注和尾注

脚注和尾注是对文本的补充说明。脚注一般位于页面的底部，可以作为文档某处内容的注释；尾注一般位于文档的末尾，列出引文的出处等。

1.插入脚注和尾注

以"脚注"的插入应用为例，操作步骤如下。

STEP 1　将光标定位于要添加脚注的位置。

STEP 2　选择"引用"选项卡，在"脚注"选项组中，单击"插入脚注"按钮，插入点置于文本下端。

STEP 3　输入脚注内容，完成脚注的插入。

尾注的插入与"脚注"的插入方法相同，在此不再详述。

2.删除脚注和尾注

将光标定位于正文中要删除的脚注和尾注前，按下 Delete 键即可实现删除。

9.5　任务总结

本任务以毕业论文的排版为实例，详细介绍了样式、分节、页眉和页脚设置和自动生成目录等长文档的排版方法和操作技巧，在整个排版过程中可见样式和分节的重要性。采用样式，可以实现边输入边快速排版，修改格式时能够使整篇文档中多处用到的某个样式自动更改格式，并且易于进行文档的层次结构的调整和生成目录。对文档的不同部分进行分节，有利于对不同的节设置不同的页眉和页脚。

通过本任务的学习，读者可以对类似的企业年度总结、商品使用手册、长篇幅论文等进行编排。

9.6 实践技能训练

实训 1　插入批注、脚注和尾注

1. 实训目的

① 掌握批注的插入方法。

② 掌握脚注和尾注的插入方法。

2. 实训要求

① 给"信息时代的世界地图.docx"文档的第一章第 3 行末的"国界"插入"赋予国界政治含义"批注。

② 在"第一章　21 世纪的断层线"后面插入脚注"阿尔文·托夫勒，海迪·托夫勒：《未来的战争》，中译本 1996 年，新华出版社"。

③ 在"第二章　种族：最为牢固的断层线"后面插入尾注"理查德·利基：《人类的起源》，中译本，1995 年，上海科学技术出版社"。

实训 2　编排产品使用说明书

1. 实训目的

① 熟悉分隔符的类别和应用，尤其是分节符的使用。

② 掌握 Word 中样式的创建和应用。

③ 掌握 Word 自动生成目录的方法。

④ 掌握页眉和页脚的格式设置和使用。

2. 实训要求

① 打开"使用说明书.docx"文档进行页面设置，设置纸张大小为"A4、纵向"，上、左页边距均为"2.5 厘米"， 下、右页边距均为"2 厘米"。

② 插入"分节符"将文档分为 3 个小节，封面、目录、正文分别设为 1 小节。

③ 定义样式，见表 9-2。

④ 分别设置文章中 1、2、3 级标题和正文的格式（宋体、五号、1.25 倍行距、首行缩进 2 字符）。

⑤ 设置页眉页脚，封面无页眉页脚；目录页眉为"目录"，页脚格式为"Ⅰ、Ⅱ、Ⅲ…"，居中；正文页眉为"产品使用说明"，字体为"宋体、小五"，页脚从"1"开始。

表 9-2　三级样式格式表

样式名称	字体	字体格式	段落格式
一级标题	黑体	三号、居中	单倍行距，段前、段后 0.5 行
二级标题	宋体	四号、加粗、左对齐	多倍行距 1.25，段前、段后 13 磅
三级标题	宋体	小四、加粗、左对齐	1.25 倍行距，段前、段后 13 磅

⑥ 自动生成目录，定义目录的字体格式为"宋体、小四、1.5 倍行距"。

项目四

Excel 电子表格应用操作

　　Excel 电子表格软件是微软办公套装软件的一个重要组成部分，它可以进行各种数据的处理、统计分析和辅助决策操作，可以帮助人们方便快捷地输入和修改数据，进行数据的存储、查找和统计，还具有智能化的计算和数据管理能力，广泛地应用于管理、统计财经、金融等领域。通过本项目学习，使学生掌握 Excel 2010 工作簿文件的建立与管理、工作表的建立与编辑、工作表格式设置、公式和函数的使用、数据管理与图表创建等。

　　本项目包括以下任务：

　　任务 10　制作学生信息登记表　　　任务 11　制作学生成绩统计表
　　任务 12　图书销售数据管理　　　　任务 13　职称结构统计图
　　任务 14　销售数据分析

PART 10

任务 10
制作学生信息登记表

10.1 任务描述

学生管理工作是一项非常重要而又繁琐的工作，尤其是高校学生管理工作，辅导员要管理多个班级，对于学院的各种通知需要及时传达给学生。为了方便管理，及时了解学生信息，特制作学生基本信息登记表，效果如图 10-1 所示。

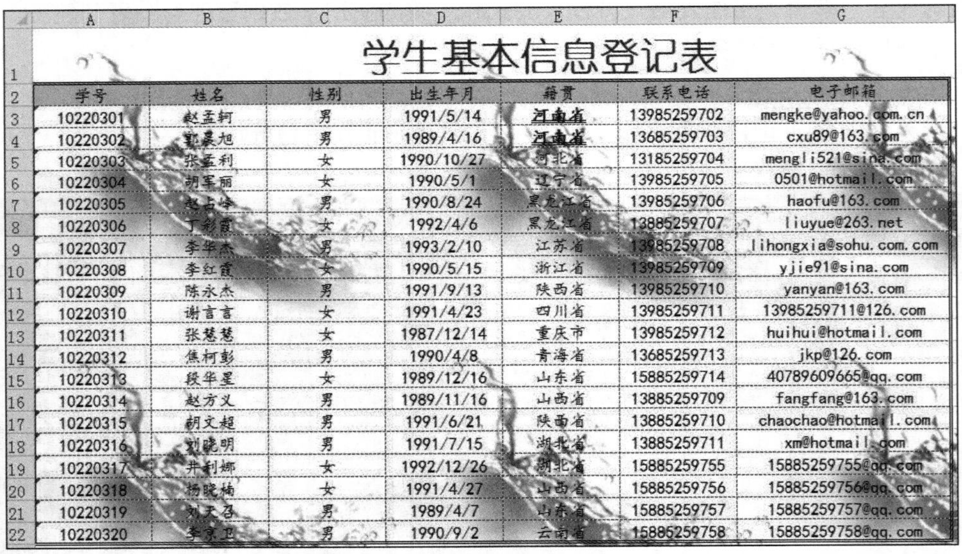

图 10-1 学生基本信息登记表

10.2 解决思路

本任务的解决思路如下。

① 新建一个 Excel 工作簿，并保存为"学生基本信息登记表.xlsx"。

② 设计"学生基本信息登记表"中所需的字段，对学生基本信息进行录入、编辑。

③ 学生信息输入完成后，利用"开始"选项卡中的"字体""对齐方式"和"数字"选项组对字体、对齐方式、边框等格式进行设置。

④ 选择"页面布局"选项卡，在"页面设置"选项组中设置页边距和纸张大小。

⑤ 选择"文件"选项卡中的"打印"菜单命令，预览制作效果，最后保存工作簿。

10.3 任务实施

10.3.1 认识 Excel 2010

启动 Excel 2010 后，系统自动打开一个工作簿，默认的文件名为"工作簿 1.xlsx"，用户可通过保存操作，给文件命名并保存在一个盘符下。Excel 应用程序在默认情况下，每个文件中含有三个工作表：Sheet1、Sheet2、Sheet3。其窗口主要由标题栏、选项卡标签、功能区、编辑栏、状态栏等组成，如图 10-2 所示。

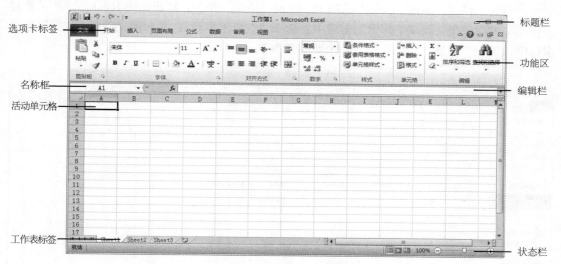

图 10-2　Excel 2010 工作窗口

1. 功能区

Excel 2010 的功能区由各选项卡和包含在选项卡中的各种命令按钮组成，利用功能区可以轻松地查找以前隐藏在复杂菜单和工具栏中的命令和功能。

2. 名称框

名称框用来定义单元格或区域的名字，或者根据名字查找单元格或区域。如果用户没有定义名称，则会显示单元格的地址名称，如 A1。

3. 编辑栏

编辑栏用来显示正在输入或编辑的数据。编辑栏可用于输入和编辑单元格数据，同时显示当前单元格的数据。在编辑栏中输入数据前输入"="号或单击"插入函数"按钮（即"编辑栏"左边的 f_x 按钮），可进入公式编辑或函数插入状态。

4. 状态栏

状态栏用来显示与当前操作有关的提示信息。例如，需要修改单元格中原有数据时，在状态栏中会显示"编辑"字样。准备给单元格输入新内容时，在状态栏中会显示"就绪"字样。

10.3.2 工作簿的建立与保存

1. Excel 2010 的启动

同 Windows 中启动其他应用程序的方法一样，启动 Excel 2010 的方法有多种，常用的启动方法有以下几种。

① 选择"开始"→"所有程序"→ Microsoft Office →Microsoft Office Excel 2010 菜单命令，打开 Excel 2010 应用程序。

② 找到 Excel 2010 的安装目录，然后将 EXCEL.EXE 打开，或者将此文件发送到桌面快捷方式，利用快捷方式也可以打开。

③ 单击"开始"→"运行"命令，在运行程序的文本框中输入 EXCEL.EXE 打开 Excel 2010 应用程序。

2. Excel 2010 文件的建立

启动 Excel 2010 后，系统会自动新建一个文件，命名为"工作簿 1.xlsx"。如果用户需建立一个新的工作簿，单击"文件"选项卡，选择"新建"命令，打开如图 10-3 所示的"新建工作簿"窗口。在"新建工作簿"窗口中，选择"空白工作簿"，在右侧"空白工作簿"预览窗口中，单击"创建"按钮，建立一个新的工作簿。

图 10-3 "新建工作簿"窗口

3. 保存工作簿

为了防止在工作过程中，计算机突然出现断电、死机等其他可能导致工作损失的意外情况，及时地保存文件非常重要，本案例的文件名保存为"学生基本信息登记表.xlsx"。保存的方法是：选择"文件"选项卡，单击"另存为"菜单命令，打开"另存为"对话框，如图 10-4 所示，用户选择保存的位置，输入文件名，即可保存工作簿。

4. 关闭 Excel 2010 工作簿

用户在对 Excel 2010 工作簿编辑和保存之后，可以在"文件"选项卡中，选择"退出"命令，关闭工作簿。

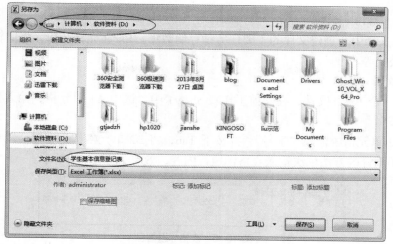

图 10-4　"另存为"对话框

10.3.3　工作簿、工作表、单元格和区域

在 Excel 2010 中，Excel 用户文件就是工作簿。工作簿由多个工作表组成，工作表由一个个单元格组成，单元格是组成工作簿的最小单位。工作簿、工作表和单元格是 Excel 中的最重要的基本概念。

（1）工作簿

工作簿用来存储和处理工作数据的文件。一个工作簿可以由多个工作表组成。在系统默认的情况下，它由 Sheet1、Sheet2、Sheet3 三个工作表组成。工作表 Sheet1 为当前工作表。根据工作任务的需要，用户可以添加或删除工作表。

（2）工作表

工作表是工作簿文件的一个组成部分，它是一个包含了行和列组成的二维表格，其中行号使用阿拉伯数字进行编号，列号则采用英文字母来表示。在水平滚动条左侧是工作表标签，用来显示工作表的名字（如 Sheet1），用户单击工作表栏中的工作表标签，可实现在同一个工作簿文件中不同工作表之间的切换。

（3）单元格

单元格是 Excel 工作簿的最小组成单位，也是用于存储数据的基本单位。单元格地址由它所处的行和列决定，其中，列号在前，行号在后，如 B2 表示 B 列第 2 行的单元格。

工作表中当前正在编辑的单元格称为活动单元格。活动单元格在屏幕上显示为带粗线黑框的单元格，其活动单元格地址会显示在编辑栏中的名称框内。用户可以向活动单元格内输入数据，这些数据可以是字符串、数字、公式、图形等。

（4）区域

区域的引用常用左上角、右下角单元格的引用来标志，中间用 "："间隔。比如 "A1:B2"，表示的区域包括 "A1，B1，A2，B2" 4 个单元格组成的矩形区域。当需要对很多区域进行同一操作时，可将一系列区域称为数据系列，它的引用是由逗号隔开的所有矩形区域的引用来表示的。比如 "A2，B3，C1:D2" 表示的区域包括 "A2，B3，C1，D1，C2，D2" 6 个单元格组成的系列。

说明　　区域可以重新命名，而区域名常常用来表示一个固定不变的区域，但在同一工作表中不能有相同的区域名。区域名最长不超多 255 个字符，区域名第一个字符必须是字母、汉字或下划线。

10.3.4 编辑数据

在 Excel 文档中，创建文件的主要任务是存储数据。Excel 允许在单元格中输入文本、数值、日期和公式等。

1. 输入数据

① 新建一个 Excel 文件，在当前工作表 Sheet1 中，选中 A1 单元格，输入标题"学生基本信息登记表"。

② 在 A2 单元格中输入"学号"，并按下 Tab，将 B2 单元格作为当前活动单元格，输入"姓名"，使用同样的方法依次输入表格标题行内容，效果如图 10-5 所示。

	A	B	C	D	E	F	G
1	学生基本信息登记表						
2	学号	姓名	性别	出生年月	籍贯	联系电话	电子邮箱
3							
4							

图 10-5　表格标题信息

③ 在 A3:A22 单元格区域中输入学生学号 10220301 ~ 10220320。在 A3 单元格中输入学号"10220301"，按下 Enter 键后单元格中的内容采用右对齐方式显示，说明默认设置方式为数字格式，学生学号不需要参与数学运算，需将其设置为文本类型。输入方法：首先输入西文单引号"'"，然后输入学号"10220301"。

④ 由于学号是按步长值为 1 的序列进行填充，所以可使用"填充柄"进行填充。将鼠标指针指向 A3 单元格的"填充柄"（位于单元格右下角的小黑块），此时鼠标指针变为黑十字，如图 10-6（a）所示，按住鼠标左键向下拖动填充柄，拖动过程中填充柄的右下角出现填充的数据，拖至目标单元格时释放鼠标即可。

（a）　　　　　　　　（b）

图 10-6　"填充柄"数据窗口

 说明　　　填充完成后，在右下角会新增"自动填充选项"标记，单击该标记，可在弹出的下拉菜单中选择填充选定单元格的方式。如图 10-6（b）所示为选中"以序列方式填充"单选按钮得到的填充结果，该序列的步长值为 1。如果填充方式选择"复制单元格"选项，那么产生的数据序列都是相同的数字"10220301"。

⑤ 选择 B3 单元格，在 B3 单元格中输入姓名"赵孟轲"，按 Enter 键。在 B4 单元格中输入姓名"郭晨旭"，按 Enter 键。用同样的方法依次输入其他学生姓名。

⑥ 选择 C3 单元格，在 C3 单元格中输入"男"，将鼠标指针指向 C3 单元格的右下角，使用"填充柄"，当鼠标指针变为黑十字时，双击"填充柄"，将"性别"列的内容全部填充为"男"。

⑦ 由于有些"性别"列中单元格的内容应该为"女"，此时，按住 Ctrl 键，将需要修改性别的单元格选中，在被选中的最后一个单元格中输入"女"，同时按 Ctrl+Enter 键，将选中的单元格内容改变为"女"。

⑧ 选择 D3 单元格，在 D3 单元格中输入出生日期"1991/5/14"按 Enter 键。在 D4 单元格中输入出生日期"1989/4/16"，按 Enter 键。用同样的方法依次输入其他学生的出生日期。

⑨ 依次输入学生籍贯、联系电话和电子邮箱信息，完成表格数据的输入，将文档保存为"学生基本信息登记表.xlsx"。

2. 设置单元格数据

（1）数值型数据输入

在 Excel 中，单元格中输入的数值自动向右对齐。表示数值的字符有：0～9 中的数字、小数点、正、负号、货币符号（￥）、百分号（%）和千分位符号等。常规格式下，整数部分长度允许有 11 位，整数部分超过 11 位的单元格将以科学计数法表示。如果单元格中以"#"显示，表示该单元格所在列的宽度不能够足够显示数值，需通过调整所在列宽度或改变数字显示格式。

为避免把分数当作日期，在输入分数时应采用在分数前输入 0（零）加空格，如输入 1/4 时应键入 0 1/4，如图 10-7 所示。

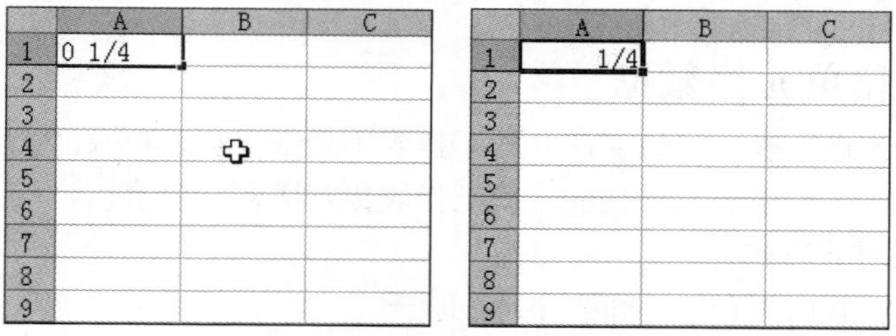

图 10-7 输入分数工作窗口

步长值固定的数值序列的输入，选择"开始"选项卡，在"编辑"选项组中单击"填充"按钮。在弹出的下拉菜单中，选择"系列"菜单，打开"序列"对话框。在对话框中设置相应参数，如输入步长值为 2，终止值为 20，如图 10-8 所示，单击"确定"按钮，产生 20 以内等比为 2 的数字。如果步长为 1 的序列则可采用以上的"学号输入"拖拽填充柄的方法操作。

（2）文本型数据输入

文本型数据可以是字符串、空格、数字以及它们的组合，文本型数据默认为左对齐。字符串文本可在选定的单元格中直接输入；对于像学号、邮政编码、身份证号等不需要参与数学运算的数字信息，可将其设置为文本类型。在输入时需要先输入一个西文单引号"'"，然后再输入相关数字，如图 10-9 所示。为了避免被认为是数值型数据，Excel 会自动在该单元格左上角加上绿色三角标记，说明该单元格中的数据为文本型，当选取该单元格时，前面会显示一个黄色的叹号图标，将鼠标指针指向该图标，会显示出有关该单元格提示信息。

如果一个单元格中输入的文本过长，中文版 Excel 会覆盖右边相邻的没有输入数据的单元格；若相邻的单元格中有数据，则过长的文本将被截断，要将文本分行显示在单元格中，操作方法是将光标定位在需要分行的文本前，按下 Alt+Enter 键输入硬回车或在"开始"选项卡中，单击"对齐方式"选项组中的"自动换行"按钮完成分行。

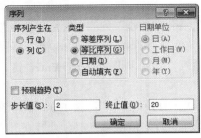

图 10-8　"序列"对话框　　　　　　　　　图 10-9　文本型数据输入

（3）时间和日期型数据输入

日期型数据用形式"yy/mm/dd"表示，时间型数据用形式"hh:mm"表示，Excel 会自动将输入的日期和时间型数据采用向右对齐显示。输入当前系统日期，可以按"Ctrl+;"组合键；输入当前系统时间，可以按"Ctrl+Shift+:"组合键。

　　　　　如果在单元格中输入的内容与该列已有的数据前半部分相同，Excel 可以自动填写其余的字符。如果接受，按下"Enter"键，否则继续输入。在输入数据的过程中，如果没有自动提示时，用户可以按"Alt+↓"键，从下拉列表中选择。

10.3.5　美化单元格数据

由于没有对格式进行设置，最初建立的工作表不是很美观，Excel 为工作表提供了数字、对齐方式、边框等丰富的格式设置功能，使工作表更加美观、漂亮。

1. 设置单元格对齐方式

① 选取区域 A1:G1 单元格，如图 10-10 所示。

图 10-10　选取标题行

② 选择"开始"选项卡，在"对齐方式"选项组中单击"对话框启动器"，打开"设置单元格格式"对话框，选择"对齐"选项卡，将"水平对齐"方式设置为"居中"，"垂直对齐"方式设置为"居中"，在"文本控制"选项区域中选中"合并单元格"复选框，如图 10-11 所示，单击"确定"按钮，完成标题行设置，效果如图 10-12 所示。

　　　　　用户也可通过"对齐方式"功能组中的"合并及居中"铵钮对单元格进行合并操作。

2. 设置单元格字体格式

将学生基本信息登记表中的标题行字体设置为"红色，强调文字颜色 2，深色 50%、幼圆、加粗、27 磅"；其他字体设置为"楷体、12 磅、居中"，操作步骤如下。

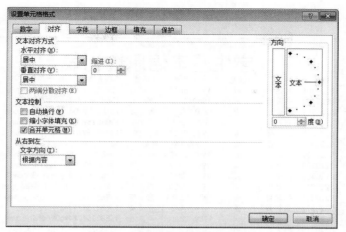

图 10-11 "设置单元格格式"对话框

图 10-12 标题行设置后的效果

STEP 1 选中 A1:G1 区域,选择"开始"选项卡,在"字体"选项组中单击"对话框启动器",打开"设置单元格格式"对话框,选择"字体"选项卡,将"字体"设置为"幼圆";"字形"设置为"加粗";"字号"设置为"27";颜色设置为"红色,强调文字颜色 2,深色 50%",如图 10-13 所示,单击"确定"按钮即可。

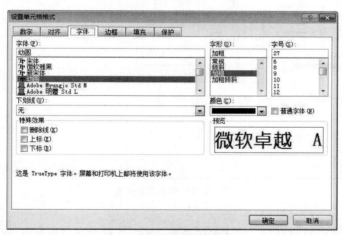

图 10-13 设置标题行字体

STEP 2 选中区域 A2:G22,设置"字体"选项组中的"字体"和"字号"及"对齐"选项,设置文字字体格式为"楷体""12 磅""居中",效果如图 10-14 所示。

3. 设置单元格边框

为学生基本信息登记表添加黑色双细线外框线,红色虚线内框线,操作步骤如下。

选中所有数据区域 A2:G22,在选中的数据区域中单击鼠标右键,在弹出的快捷菜单中,选择"设置单元格格式"命令。在"设置单元格格式"对话框中选择"边框"选项卡,在线条样式中选择"双细线",在"预置"栏内单击"外边框"按钮;然后,选择"虚线",在"颜色"下拉列表中选择"红色","预置"栏内单击"内部"按钮,如图 10-15 所示,单击"确定"按钮完成边框设置。

图 10-14 设置字体格式效果

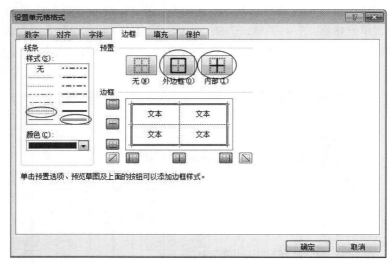

图 10-15 设置表格边框

说明

在设置边框时，一定要先设置"线条"样式和"颜色"信息，然后再设置"预置"栏内容。通过"边框"栏中的相应按钮可对表格的部分边框进行设置。

4.设置单元格图案

为了突出工作表中的表头信息，可设置单元格的底纹颜色。默认情况下，单元格既无颜色也无底纹图案。将学生基本信息登记表的表头部分添加"白色，背景1，深色25%"底纹，操作步骤如下。

选中 A2:G2 区域，在选区中单击鼠标右键，在弹出的快捷菜单中，选择"设置单元格格式"命令。在"设置单元格格式"对话框中选择"填充"选项卡，在背景色列表中选择"白色，背景1，深色25%"，如图 10-16 所示，单击"确定"按钮，完成单元格图案设置。

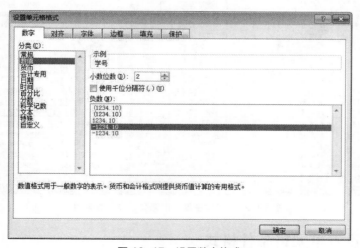

图 10-16　设置表格图案

说明

　　在单元格背景颜色设置时，还可以选择"开始"选项卡，在"字体"选项组中，单击"填充颜色"按钮 ◇ ▾ 右侧的按钮，完成纯色背景设置；设置图案样式，选择"开始"选项卡，在"单元格"选项组中，单击"格式"按钮 ，在下拉列表中选择"设置单元格格式"命令，打开"设置单元格格式"对话框，设置图案样式即可；设置填充渐变颜色，可在"设置单元格格式"对话框中，单击"填充"选项卡中的"填充效果"按钮，设置渐变颜色和底纹颜色等选项。

　　在数值计算过程中，为了使所得数值更精确。用户可选择"数字"选项组"对话框启动器"，在"设置单元格格式"对话框中对数字进行设置，将数字分类设置为"数值"，在"小数位数"后选择"2"，即保留两位小数，如图 10-17 所示。小数位数也可通过"数字"选项组来快速设置。如 % 为百分位按钮， ， 为千分位按钮。 为"增加小数位数"， 为"减少小数位数"。

图 10-17　设置数字格式

5. 设置行高和列宽

单元格在默认情况下，都采用相同的尺寸。因为输入的数据信息有长有短，经常需要对单元格的列宽或行高进行调整，保持工作表的美观，便于数据的查看。

将标题栏的行高设置为 40，数据信息行高设置为 16，"电子邮箱"列列宽设置为"最合适的列宽"，其余数据的列宽设置为 13。

① 选中标题行，选择"开始"选项卡，在"单元格"选项组中，单击"格式"按钮，在下拉列表中选择"行高"命令，打开"行高"对话框，在"行高"文本框中，输入"40"，如图 10-18 所示，单击"确定"按钮，完成行高设置。

图 10-18　行高文本框

图 10-19　列宽文本框

② 使用同样的方法，将其他数据信息行高设置为 16。

③ 选中 G 列，选择"开始"选项卡，在"单元格"选项组中，单击"格式"按钮，在下拉列表中选择"自动调整列宽"命令，对"电子邮箱"所在列的宽度进行自动调整。

④ 选中 A:F 列，在选区中单击鼠标右键，在弹出的快捷菜单中，选择"列宽"命令。打开"列宽"对话框，在"列宽"文本框中，输入"13"，如图 10-19 所示，单击"确定"按钮，完成列宽设置。

6. 设置工作表背景

为增加工作表背景美观，可使用图片为工作表背景进行修饰。设置方法：选择"页面布局"选项卡，在"页面设置"选项组中单击"背景"按钮，在打开的"工作表背景"对话框中选择图片，完成工作表背景设置，效果如图 10-20 所示。

	学号	姓名	性别	出生年月	籍贯	联系电话	电子邮箱
	10220301	赵孟柯	男	1991/5/14	河南省	13985259702	mengke@yahoo.com.cn
	10220302	翟晨旭	男	1989/4/16	河南省	13685259703	cxu89@163.com
	10220303	张孟利	女	1990/10/27	河北省	13185259704	mengli521@sina.com
	10220304	胡军丽	女	1990/5/1	辽宁省	13985259705	0501@hotmail.com
	10220305	陈志峰	男	1990/8/24	黑龙江省	13985259706	haofu@163.com
	10220306	丁明月	女	1992/4/6	黑龙江省	13885259707	liuyue@263.net
	10220307	李华杰	男	1993/2/10	江苏省	13985259708	lihongxia@sohu.com.com
	10220308	李红霞	女	1990/5/15	浙江省	13985259709	yjie91@sina.com
	10220309	陈永杰	男	1991/9/13	陕西省	13985259710	yanyan@163.com
	10220310	谢言言	女	1991/4/23	四川省	13985259711	13985259711@126.com
	10220311	张慧慧	女	1987/12/14	重庆市	13985259712	huihui@hotmail.com
	10220312	焦柯彭	男	1990/4/8	青海省	13685259713	jkp@126.com
	10220313	段华星	女	1989/12/16	山东省	15885259714	40789609665@qq.com
	10220314	赵方义	男	1989/11/16	山西省	13885259709	fangfang@163.com
	10220315	胡文超	男	1991/6/21	陕西省	13985259710	chaochao@hotmail.com
	10220316	刘晓明	男	1991/7/15	湖北省	13885259711	xm@hotmail.com
	10220317	井利娜	女	1992/12/26	河北省	15885259755	15885259755@qq.com
	10220318	杨晓楠	女	1991/4/27	山西省	15885259756	15885259756@qq.com
	10220319	胡天予	男	1989/4/7	山东省	15885259757	15885259757@qq.com
	10220320	李卫卫	男	1990/9/2	云南省	15885259758	15885259758@qq.com

图 10-20　"学生基本信息登记表"效果图

10.3.6　设置单元格条件格式

为了能够及时了解学生生源报到情况，需要将籍贯为河南省的添加双下划线，字体加粗标注。如果一个一个数据设置工作非常繁琐，下面使用"条件格式"来完成该任务，操作步骤如下。

STEP 1 选中区域 E3:E22，选择"开始"选项卡中，在"样式"选项组中单击"条件格式"按钮，在弹出的下拉菜单中，选择"突出显示单元格规则"菜单下的"等于"命令，如图 10-21 所示。

STEP 2 在"等于"对话框中，左侧文本框内输入"河南省"，如图 10-22 所示。单击"设置为"右侧下拉列表按钮，选择"自定义格式"菜单，在弹出的"设置单元格格式"对话框中，将字体格式设置为"加粗、双下划线"。单击"确定"按钮，完成籍贯格式设置。

图 10-21 "条件格式"菜单命令

制作学生基本信息表

图 10-22 "等于"对话框

完成条件格式设置任务后，学生基本信息登记表效果如图 10-23 所示。

	A	B	C	D	E	F	G
1				学生基本信息登记表			
2	学号	姓名	性别	出生年月	籍贯	联系电话	电子邮箱
3	10220301	赵孟轲	男	1991/5/14	**河南省**	13985259702	mengke@yahoo.com.cn
4	10220302	郭晨旭	男	1989/4/16	**河南省**	13685259703	cxu89@163.com
5	10220303	张蕾利	女	1990/10/27	河北省	13185259704	mengli521@sina.com
6	10220304	胡军丽	女	1990/5/1	辽宁省	13985259705	0501@hotmail.com
7	10220305	赵志令	男	1990/8/24	黑龙江省	13985259706	haofu@163.com
8	10220306	丁影霞	女	1992/3/14	黑龙江省	13985259707	liuyue@263.net
9	10220307	李华杰	男	1993/2/10	江苏省	13985259708	lihongxia@sohu.com
10	10220308	李红霞	女	1990/5/15	浙江省	13985259709	yjie91@sina.com
11	10220309	陈永杰	男	1991/9/13	陕西省	13985259710	yanyan@163.com
12	10220310	谢言言	女	1991/4/23	四川省	13985259711	13985259711@126.com
13	10220311	张慧慧	女	1987/12/14	重庆市	13985259712	huihui@hotmail.com
14	10220312	焦柯彤	男	1990/4/8	青海省	13685259713	jkp@126.com
15	10220313	段华星	女	1989/12/16	山东省	15885259714	40789609665@qq.com
16	10220314	赵方义	男	1989/11/16	山西省	13885259710	fangfang@163.com
17	10220315	胡文超	男	1991/6/21	陕西省	13885259710	chaochao@hotmail.com
18	10220316	刘晓明	男	1991/7/15	湖北省	13885259711	xm@hotmail.com
19	10220317	井利娜	女	1992/12/26	湖北省	15885259755	15885259755@qq.com
20	10220318	杨晓楠	女	1991/4/27	山西省	15885259756	15885259756@qq.com
21	10220319	刘天宇	男	1989/4/7	山东省	15885259757	15885259757@qq.com
22	10220320	李京卫	男	1990/9/2	云南省	15885259758	15885259758@qq.com

图 10-23 "条件格式"设置后效果

说明

如果对某一条件格式设置不满意，可在"条件格式"菜单中，选择"清除规则"菜单命令，在"清除规则"下级子菜单中，选择"清除所选单元格的规则"或"清除整个工作表的规则"将该条件以前设置的条件格式删除，如图 10-24 所示。

148

图 10-24 "清除条件格式"菜单命令

10.3.7 管理工作表

1. 选择多个工作表

在工作簿编辑过程中，有时候需要一起选定多个工作表。用户可以通过以下几种方法选定工作表。

① 选定多个相邻的工作表，先单击第一个工作表标签，然后按下 Shift 键，单击最后一个工作表标签。

② 选定多个不相邻的工作表，单击第一个工作表标签，按住 Ctrl 键，分别单击要选定的工作表标签。

③ 选定工作簿中的所有工作表，用鼠标右键单击工作表标签，在快捷菜单中选择"选定全部工作表"菜单命令。

2. 工作表的重命名

新建一个 Excel 工作簿时默认会建立"Sheet1、Sheet2、Sheet3"3 张工作表，当前工作表的默认名称为"Sheet1"，为了方便了解表中的内容，需对工作表进行重命名，操作方法是双击工作表标签"Sheet1"，将工作表重命名为"学生基本信息登记表"，按 Enter 键确认。

3. 插入新工作表

插入新工作表时，用户可在工作表标签上单击鼠标右键，在弹出的快捷菜单中选择"插入"命令，在"插入"对话框中，选择"工作表"，在当前工作表前插入一张新工作表。

4. 移动或复制工作表

在工作表标签中选定工作表，使用鼠标拖动到某个工作表的前面（或后面），可实现工作表的移动；如果在拖动时按住 Ctrl 键，可实现工作表的复制。同时，用户也可通过选择"开始"选项卡，在"单元格"选项组中单击"格式"菜单的"移动或复制工作表"命令完成工作表的移动或复制操作。

5. 删除工作表

选定工作表，选择"开始"选项卡，在"单元格"选项组中单击"删除"菜单中的"删除工作表"命令，删除选定的工作表。或者将鼠标指针指向要删除的工作表，单击鼠标右键，在弹出的快捷菜单中选择"删除"命令即可。

6. 隐藏和取消隐藏工作表

选定工作表，选择"开始"选项卡，在"单元格"选项组中单击"格式"菜单的"隐藏和取消隐藏"下的"隐藏工作表"命令，可将选定的工作表隐藏；如果要显示隐藏的工作表，选择"开始"选项卡，在"单元格"选项组中单击"格式"菜单中的"隐藏和取消隐藏"下的"取消隐藏工作表"命令，在打开的"取消隐藏"对话框中选择要取消隐藏的工作表即可。

10.3.8 页面设置

对工作表编辑完成后，用户可通过"页面布局"选项卡，对工作表的页面、页边距、页眉/页脚等内容进行设置。同时，也可以通过"文件"选项卡中的"打印"菜单命令对设置精美的工作表输出效果进行预览。

1. 页面设置

① 选择"页面布局"选项卡，在"页面设置"选项组中单击"对话框启动器"，打开"页面设置"对话框，选择"页面"选项卡，在"方向"选项区域选择"横向"单选按钮，纸张大小设置为"A4"，其他参数采用默认，如图 10-25 所示。

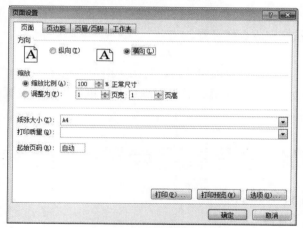

图 10-25 "页面设置"对话框

② 选择"页边距"选项卡，参数如图 10-26 所示。通过设置页边距，可以设置打印输出内容与打印页面边缘之间的空白距离。

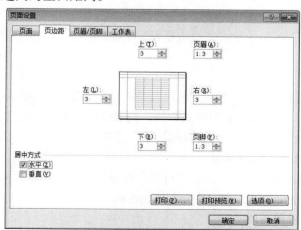

图 10-26 设置"页边距"

③ 页眉用于标明文档的名称或报表标题，页脚可标明页号、打印日期或时间等信息。在"页面设置"对话框中，选择"页眉/页脚"选项卡，自定义设置页眉、页脚内容。在页脚内容"中"文本框中插入第几页，共几页，如图 10-27 所示。

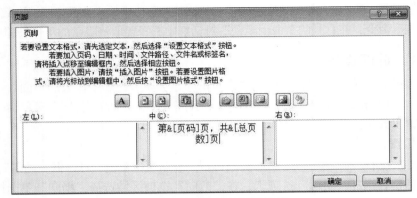

图 10-27　自定义设置页眉/页脚

④ 单击"确定"按钮，完成页脚设置，返回"页面设置"对话框。在"页面设置"对话框中，单击"确定"按钮完成页面设置。

2. 打印工作表

对工作簿的操作完成之后就可以对其进行打印，用户可选择"文件"选项卡中的"打印"菜单命令，查看最终效果，如果对最终效果不满意，可重新设置。设置完成后单击"打印"按钮，对工作表进行打印输出。

10.4　知识拓展

10.4.1　数据安全及保护

1. 使用模板创建工作簿

Excel 2010 提供了很多默认的工作簿模板，用户可以使用模板快速地创建自己所需类别的工作簿。

① 在"文件"选项卡中，选择"新建"命令，在"可用模板"列表中选择"样本模板"，切换到"样本模板"窗口。

② 在"样本模板"窗口中单击"销售报表"模板，单击"创建"按钮，即可创建一个新的工作表。

2. 外部数据导入

Excel 2010 可以获取多种外部数据，既可以是来自文本文件和 Access 文件中的数据，也可以是来自网站的数据。以 Access 数据导入为例，简单介绍一下外部数据的导入方法。

① 选择"数据"选项卡，在"获取外部数据"选项组中单击"自 Access"按钮，弹出"选取数据源"对话框，如图 10-28 所示。

② 选择要导入的数据库文件，单击"打开"按钮，弹出"导入数据"对话框，单击"确定"按钮，即可将 Access 数据库中的数据添加到当前工作表。

3. 给 Excel 文件设置密码

从工作簿安全的角度考虑，可以给工作簿设置密码。Excel 密码支持英文字母（区分大小写）、数字等符号。操作方法：在"文件"选项卡中，选择"信息"命令，在"信息"窗口中单击"保护工作簿"按钮，在下拉菜单中选择"用密码进行加密"菜单命令，打开"加密文档"对话框，输入密码，如图 10-29 所示。单击"确定"按钮，完成文件的加密工作。当重新打开文件时就要求输入密码，如果密码不正确，文件将不能打开。

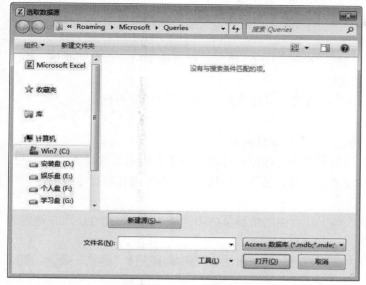

图 10-28　"选取数据源"对话框

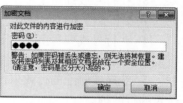

图 10-29　"加密文档"对话框

4. 保护工作表

Excel 可以对工作簿中的数据进行有效保护，防止数据被人意外修改，操作方法如下。

① 用鼠标右键单击工作表标签，在快捷菜单中选择"保护工作表"命令，打开"保护工作表"对话框，如图 10-30所示。选中"保护工作表及锁定的单元格内容"复选框。

② 如果要给工作表设置密码，在"取消工作表保护时使用的密码"文本框中输入密码。

③ 在"允许此工作表的所有用户进行"列表框中选择可以进行的操作，或者取消选中禁止操作的复选框。

④ 单击"确定"按钮，此时工作表中输入数据时会弹出对话框，禁止任何修改操作。

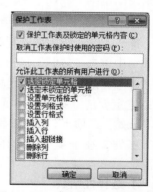

图 10-30　"保护工作表"对话框

5. 工作簿结构和窗口的保护

如果不希望工作簿被他人随意修改，可以对工作簿的结构进行保护。用户对工作簿实施窗口保护后，工作表窗口将无法进行最大化、最小化，操作方法如下。

① 选择"审阅"选项卡，在"更改"选项组中单击"保护工作簿"按钮，打开"保护结构和窗口"对话框。

② 在"保护结构和窗口"对话框中，选中"结构"和"窗口"复选框，在密码（可选）文本框中输入密码。

③ 输入确认密码，单击"确定"按钮，完成设置。

10.4.2 编辑工作表

在数据处理过程中，经常会对工作表中的数据进行修改、复制、移动、删除、查找与替换等操作。

1.单元格与单元格区域的选择

① 用鼠标单击某个单元格，可以选中单个单元格。

② 按下鼠标左键不放，从单元格区域的左上角第一个单元格拖拽到右下角的最后一个单元格，可以选中多个相邻的单元格区域。

③ 选中一个相邻的单元格区域后，按下"Ctrl"键的同时再选择另一个相邻的单元格区域，可以选中多个不相邻的单元格区域。

④ 在工作表中，按下"Ctrl+A"组合键，可以将工作表中所有单元格选定。

2.选择、插入与删除行或列

① 用鼠标单击"行号"或"列号"，选择单行或单列。

② 按下鼠标左键不放，在行号或列号进行拖曳，可以选中多个相邻的行或列。

③ 在行号或列号上单击鼠标左键的同时，按下"Ctrl"键，再单击其他行号或列号，可以选中多个不相邻的行或列。

④ 在行号或列号上单击鼠标右键，在弹出的快捷菜单中选择"插入"命令，可在选定的行或列前插入一行或一列。

⑤ 选择要删除的行或列，单击鼠标右键，在弹出的快捷菜单中选择"删除"命令，删除选定的行或列。

3.移动、复制与清除数据

① 移动数据是将一个单元格或单元格区域中的数据移动到另一个单元格或单元格区域中。操作方法：选定要移动数据的单元格或单元格区域，选择"开始"选项卡，在"剪贴板"选项组中单击"剪切"按钮，然后在目标处单击"粘贴"按钮。

② 复制数据是将一个单元格或单元格区域中的数据复制到另一个单元格或单元格区域中。操作方法：选定要复制数据的单元格或单元格区域，选择"开始"选项卡，在"剪贴板"选项组中单击"复制"按钮，然后在目标处单击"粘贴"菜单按钮。

③ 清除数据是将单元格或单元格区域中的格式、内容、批注或全部都清除。操作方法：选定要清除数据的单元格或单元格区域，选择"开始"选项卡，在"编辑"选项组中单击"清除"按钮，在子菜单中选择要清除的项目，进行清除。

4.选择性粘贴

Excel 单元格除了具有数值以外，还包含公式、格式、批注等，如果只需复制数据中部分内容或格式时，可使用选择性粘贴操作，操作方法：选择需要复制的单元格，在选区中单击右键，在快捷菜单中选择"复制"命令。选定目标单元格，在"剪贴板"选项组中单击"粘贴"按钮，在下拉菜单中选择"选择性粘贴"菜单命令，弹出"选择性粘贴"

图 10-31 "选择性粘贴"对话框

对话框，如图 10-31 所示。在"选择性粘贴"对话框中，选择所需粘贴选项，单击"确定"

按钮，退出对话框。

5. 工作表标签颜色设置

为便于轻松访问各工作表，用户可以为工作表标签添加颜色。设置方法：在工作表标签上单击鼠标右键，从快捷菜单中选择"工作表标签颜色"命令，然后在子菜单中选择所需颜色。

6. 冻结工作表

在日常工作中，可能会处理信息量比较大的表格，为此，用户可以冻结工作表标题来使其固定位置不变。操作方法：单击标题下一行中的任意单元格，选择"视图"选项卡，在"窗口"选项组中单击"冻结窗格"按钮，从下拉列表中选择"冻结拆分窗格"命令。

如果要取消冻结，可单击"冻结窗格"按钮，从下拉菜单中选择"取消冻结窗格"命令。

10.4.3 自定义填充序列

Excel 2010 内置有一些已经预定义的序列，用户也可以增加新的自定义序列，新增"自定义序列"操作方法：选择"文件"选项卡，单击"选项"菜单命令，打开"Excel 选项"对话框，选择"高级"选项，在右侧窗口单击"编辑自定义列表"按钮，如图 10-32 所示。在"自定义序列"列表框中选择"新序列"，然后在"输入序列"列表框中依次输入姓名序列，每输入一个姓名后必须按 Enter 键结束。整个姓名序列输入完成后，单击"添加"按钮，新定义的姓名序列就会出现在"自定义序列"区域，单击"确定"按钮，这样一个新的序列就产生了，如图 10-33 所示。

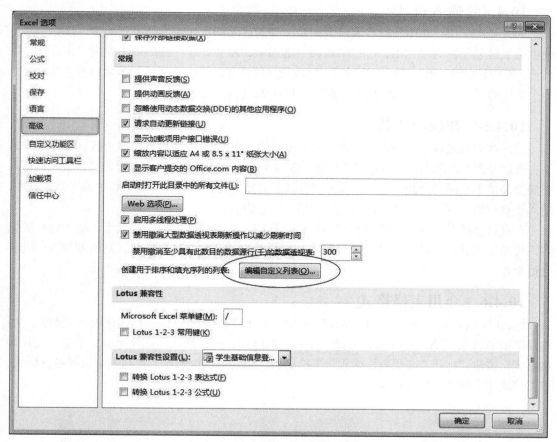

图 10-32 "Excel 选项"对话框

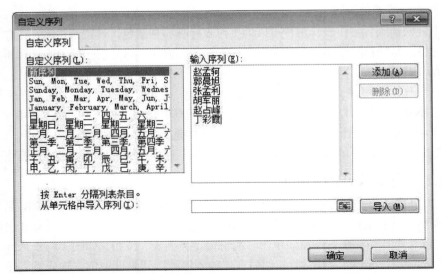

图 10-33 "自定义序列"对话框

10.4.4 插入批注

为方便在学生信息中及时找到班委成员,特通过添加批注的方法进行处理。操作方法:选中班长姓名所在的单元格,选择"审阅"选项卡,在"批注"选项组中单击"新建批注"按钮,在弹出的文本框中输入"班长",完成批注的添加。添加有批注的单元格右上角会显示一个红色的三角符号,当鼠标放在上面时,批注的内容会显示。

10.4.5 替换与查找

用户在编辑过程中,可以对工作簿中存在的大量相同字段进行替换与查找,具体操作方法:选定要查找的范围,然后选择"开始"选项卡,在"编辑"选项组中单击"查找和选择",在快捷菜单中选择"查找"命令,弹出"查找和替换"对话框;在"查找和替换"对话框中,输入要查找的内容;单击"全部查找"按钮,进行查找。

在进行替换时,可在"查找和替换"对话框中,切换到"替换"选项卡,输入替换的内容,可单击"替换"按钮,一处一处替换。也可单击"全部替换"按钮,对所要替换的内容进行操作。

10.4.6 套用表格格式

Excel 提供有适合不同工作性质的工作表外观,使用它们可以快速格式化表格。操作方法:选择需要设置格式的表格区域。选择"开始"选项卡,在"样式"选项组中,单击"套用表格格式"按钮,打开"套用表格格式"下拉列表,如图 10-34 所示。在列表中选择一款样式,单击"确定"按钮,完成操作。

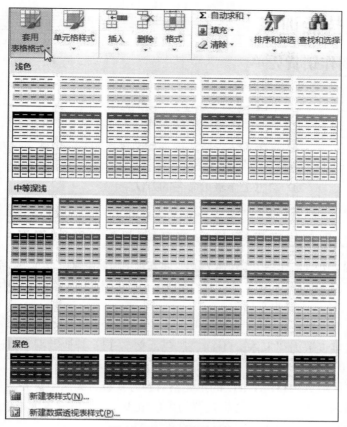

图 10-34　套用表格格式

10.4.7　套用单元格样式

单元格样式是一组已定义的单元格格式特征。Excel 2010 有内置的单元格样式，用户也可以自己定义单元格样式。若要在一个表格中应用多种样式，就可以使用自动套用单元格样式功能。操作方法：选择需要设置格式的单元格区域。选择"开始"选项卡，在"样式"选项组中单击"单元格样式"按钮，在弹出的"数据和模型"下拉列表中选择所需的样式，单击"确定"按钮，完成操作。

10.5　任务总结

本任务通过学生基本信息登记表的制作，介绍了工作表的基本操作，如新建工作簿，Excel 中各种数据类型的输入方法，设置单元格格式，表格美化及打印输出等。在 Excel 中有很多快速输入数据的技巧，如自动填充、自定义序列等，熟练掌握这些技巧可以提高输入速度。在输入数据时，要注意数据单元格的数据类型，如学号、邮编及电话号码等数据应该设置为文本型。通过本任务的学习，应掌握 Excel 2010 工作表的基本操作方法，并能够对日常工作中的其他表格进行格式设置。

10.6 实践技能训练

实训 1 制作销货凭单

制作销售凭单

1. 实训目的

① 掌握 Excel 2010 的启动和关闭方法。

② 掌握工作簿和工作表的基本操作。

③ 掌握工作表格式化基本操作，如字体格式、单元格合并、对齐方式、边框底纹等格式。

④ 熟悉工作表重命名的方法。

⑤ 了解工作表的页面设置方法。

2. 实训要求

① 制作销货凭单，效果如图 10-35 所示。

② 启动 Excel 2010，新建一个工作簿 1.xlsx，将新建工作簿保存在 D 盘下并命名为"销货凭单"

③ 将工作表 Sheet1 的 A1:H1 单元格合并为一个单元格，内容水平居中，将 A8:H8 单元格合并为一个单元格，内容水平居中。

④ 将标题文字"销货凭单"设置为"宋体、加粗、24 磅、黑色，文字 1"；将单元格区域 A8:H8 内的文字设置为"宋体、11 磅、黑色，文字 1"；其他数据字体设置为"宋体、12 磅、黑色，文字 1"。

⑤ 将单元格区域 A3:H3，A7:H7 的单元格对齐方式设置为居中对齐。

⑥ 将单元格区域 A3:H7 的外边框设置为黑色粗线、内边框设置为黑色细线。

⑦ 将第一行行高设置为 40，其他行高设置为 23。

⑧ 将工作表的页面设置为自定义大小，宽 20 厘米，高 13 厘米，显示方向为横向。

⑨ 将工作表命名为"销货凭证"并对文件进行保存。

	A	B	C	D	E	F	G	H
1	销 货 凭 单							
2	店柜代号				年	月	日	
3	货号	商品编码	品名	数量	单价	售价	折扣	净额
4								
5								
6	合计（大写）	拾	万	仟	佰	拾	元	角 分
7	印证				营业员		收银员	
8	备注：此票不做为报销凭证，请至本柜索取发票；请务必妥善保管，可作为退换凭证。							

图 10-35 销货凭单效果图

制作员工信息登记表

实训 2 制作员工信息登记表

1. 实训目的

① 掌握工作簿的新建、数据的插入、删除输入及编辑方法。

② 熟悉工作表中单元格的填充方法。

③ 熟练掌握工作表格式化的基本操作。

④ 熟悉掌握工作表重命名的方法。

2. 实训要求

① 制作员工信息登记表，效果如图 10-36 所示。

② 启动 Excel 2010，新建一个工作簿 1.xlsx，将新建工作簿保存在 D 盘下并命名为"员工信息登记表"

③ 将工作表 sheet1 重命名为"员工信息登记表"，在第 9 行（即刘亚龙之后）插入一行数据信息"007，程子，女，2011 年，策划部"。

④ 合并单元格区域 A1:E1；将标题文字"员工信息登记表"设置为"红色、黑体、20 磅、加单下划线、居中对齐"；将表中其他文字设置为"宋体、11 磅、居中对齐、黑色，文字 1"。

⑤ 将 A2:E9 表格区域套用样式"表样式浅色 19"格式。

⑥ 对性别设置条件格式：性别为女，用红色图案；性别为男，将字体设置成加粗斜体。

⑦ 将工作表命名为"员工信息登记表"并进行保存。

	A	B	C	D	E
1	员工信息登记表				
2	编号	姓名	性别	入企时间	所在部门
3	001	李会芳	女	2009年	销售部
4	002	孙倩文	男	2009年	销售部
5	003	马歆玥	女	2010年	研发部
6	004	马孟杰	男	2010年	策划部
7	005	陈　明	男	2010年	研发部
8	006	刘亚龙	男	2011年	策划部
9	007	程子	女	2012年	策划部

图 10-36　员工信息登记表效果图

PART 11

任务 11
制作学生成绩统计表

11.1 任务描述

学校日常教学过程中，统计学生成绩是一项必不可少的管理工作。学期期末考试过后，老师需要对本班学生学习情况进行统计并制成表格通知学生，使学生及时了解自己的学习情况。学生成绩统计表制作效果如图 11-1 所示。

学号	姓名	性别	语文	数学	英语	总成绩	总评	排名
\multicolumn{9}{c}{学生成绩统计表}								
10220301	赵孟轲	男	90	95	90	275	优秀	2
10220302	郭晨旭	男	68	77.6	92	238	中等	7
10220303	张孟利	女	67	76.2	90	233	中等	8
10220304	胡军丽	女	80	70.2	93	243	良好	5
10220305	赵占峰	男	50	66.4	91	207	及格	13
10220313	段华星	女	67	78.6	96	242	良好	6
10220314	赵方义	男	98	95	90	283	优秀	1
10220315	胡文超	男	46	64.4	92	202	及格	14
10220316	刘晓明	男	90	61.8	93	245	良好	4
10220317	井利娜	女	42	63.2	95	200	及格	15
10220318	杨晓楠	女	45	66.2	98	209	及格	12
10220319	刘天召	男	55	69.4	91	215	中等	11
10220320	李克卫	男	40	60	60	160	不及格	20
\multicolumn{3}{r}{各科平均成绩}	59	70	90			
\multicolumn{3}{r}{总成绩最高分}	283					
\multicolumn{3}{r}{总成绩最低分}	160					
\multicolumn{3}{r}{班级总人数}	20					
\multicolumn{3}{r}{男生人数}	11					
\multicolumn{3}{r}{女生人数}	9					
\multicolumn{3}{r}{男生平均成绩}	218					
\multicolumn{3}{r}{女生平均成绩}	219					

图 11-1 学生成绩统计表

11.2 解决思路

本任务的解决思路如下。

① 新建一个 Excel 工作簿，并保存为"学生成绩统计表.xlsx"。

② 将各科成绩数据复制到"学生成绩统计表"中，进行增加或删除列，对学生成绩表数据进行完善。

③ 选择"开始"选项卡，在"字体"和"对齐方式"选项组中对字体、对齐方式、边框等进行设置。

④ 使用公式计算学生的总成绩，利用 AVERAGE 函数计算各科平均成绩，使用 MAX 和 MIN 函数统计班中总成绩最高分和最低分，使用 COUNT 函数统计班级人数。

⑤ 利用 COUNTIF 函数统计男生和女生人数，SUMIF 函数统计查看班中男生和女生的成绩总和，使用 IF 函数对学生成绩做出总评，利用 RANK 函数对总成绩进行排名。

⑥ 选择"文件"选项卡中的"打印"命令，预览制作效果，最后保存工作簿。

11.3 任务实施

11.3.1 成绩汇总

① 打开"各科成绩表"工作簿，在"语文成绩"工作表标签上单击右键，在弹出的快捷菜单中，选择"移动或复制工作表"，如图 11-2 所示，打开"移动或复制工作表"对话框，在该对话框中的工作簿下拉列表中选择"新工作簿"，并建立副本，如果 11-3 所示，将"各科成绩表"复制到一个新的工作簿 1 中，在新建工作簿 1 中，选择"文件"选项卡中的"另存为"命令，将该工作簿保存并命名为"学生成绩统计表.xlsx"。

图 11-2　移动或复制工作表菜单　　　　　　图 11-3　移动或复制工作表对话框

② 将"各科成绩表"工作簿中"数学成绩"工作表中的数学成绩和"英语成绩"工作表中的英语成绩复制到"学生成绩统计表"工作簿中，制作学生成绩统计表，效果如图 11-4 所示。将"学生成绩统计表"工作簿中"语文成绩"工作表重命名为"学生成绩统计表"。

	A	B	C	D	E	F	G	H	I
1	学生成绩统计表								
2	学号	姓名	性别	语文	数学	英语	总成绩	总评	排名
3	10220301	赵孟珂	男	90	95	90			
4	10220302	郭晨旭	男	68	77.6	92			
5	10220303	张孟利	女	67	76.2	90			
6	10220304	胡军丽	女	80	70.2	93			
7	10220305	赵占峰	男	50	66.4	91			
8	10220306	丁彩霞	女	71	81.8	98			
9	10220307	李华杰	男	57	71	92			
10	10220308	李红霞	女	38	59.6	92			
11	10220309	陈永杰	男	39	59.8	91			
12	10220310	谢言言	女	56	69.6	90			
13	10220311	张慧慧	女	38	60	93			
14	10220312	焦柯彭	男	41	59.8	66			
15	10220313	段华星	女	67	78.6	96			
16	10220314	赵方义	男	98	95	90			
17	10220315	胡文超	男	46	64.4	92			
18	10220316	刘晓明	男	90	61.8	93			
19	10220317	井利娜	女	42	63.2	95			
20	10220318	杨晓楠	女	45	66.2	98			
21	10220319	刘天召	男	55	69.4	91			
22	10220320	李京卫	男	40	60	60			
23		各科平均成绩							
24		总成绩最高分							
25		总成绩最低分							
26		班级总人数							
27		男生人数							
28		女生人数							
29		男生平均成绩							
30		女生平均成绩							

图 11-4　制作学生成绩统计表

③ 选取区域 A1:I1 单元格，选择"开始"选项卡，在"对齐方式"选项组中单击"合并及居中"铵钮 ，将选取的单元格进行合并。

④ 选择区域 A1:I1，选择"开始"选项卡，在"字体"选项组中单击"对话框启动器"按钮，打开"设置单元格格式"对话框。选择"字体"选项卡，将字体设置为"楷体、24 磅、双下划线"；单击"填充"选项卡，将单元格底纹图案样式设置成 12.5%灰色；单击"确定"按钮即可。

⑤ 选中区域 A2:I22，在"对齐方式"选项组中单击"居中"按钮设置文字居中对齐，在"单元格"选项组中，单击"格式"按钮 ，在下拉菜单中选择"设置单元格格式"，打开"设置单元格格式"对话框，在对话框中选择"边框"选项卡，将表格所有框线设置成黑色单实线，单击"确定"按钮，效果如图 11-5 所示。

学生成绩统计表								
学号	姓名	性别	语文	数学	英语	总成绩	总评	排名
10220301	赵孟柯	男	90	95	90			
10220302	郭晨旭	男	68	77.6	92			
10220303	张孟利	女	67	76.2	90			
10220304	胡军丽	女	80	70.2	93			
10220305	赵占峰	男	50	66.4	91			
10220306	丁彩霞	女	71	81.8	98			
10220307	李华杰	男	57	71	92			
10220308	李红霞	女	38	59.6	92			
10220309	陈永杰	男	39	59.8	91			
10220310	谢言言	女	56	69.6	90			
10220311	张慧慧	女	38	60	93			
10220312	焦柯彭	男	41	59.8	66			
10220313	段华星	男	67	78.6	96			
10220314	赵方义	男	98	95	90			
10220315	胡文超	男	46	64.4	92			
10220316	刘晓明	男	90	61.8	93			
10220317	井利娜	女	42	63.2	95			
10220318	杨晓楠	女	45	66.2	98			
10220319	刘天召	男	55	69.4	91			
10220320	李京卫	男	40	60	60			
各科平均成绩								
总成绩最高分								
总成绩最低分								
班级总人数								
男生人数								
女生人数								
男生平均成绩								

图 11-5　格式设置效果

11.3.2　创建公式

1. 使用公式计算总成绩

使用系统提供的函数或在单元格中输入公式可以实现许多复杂的运算，从而避免手工计算的繁杂和易错，数据修改后公式的计算结果会自动更新。

学生总成绩是各科成绩相加之和，下面利用公式来计算学生的总成绩，操作步骤如下。

STEP 1 选中 G3 单元格，输入"=D3+E3+F3"，按下 Enter 键，计算出第一个学生的总成绩。

STEP 2 选中 G3 单元格，将鼠标移动到单元格的右下方，当鼠标由空心的 形状变为实心的"+"形状时，使用填充柄对公式进行复制计算所有学生总成绩。

说明

用户在创建公式时，首先选中单元格 G3；然后输入"="号，表示开始输入公式；其次输入参与计算的单元格"D3+E3+F3"（也可使用鼠标单击单元格 D3，输入"+"，单击单元格 E3，输入"+"，再单击单元格 F3。），最后按下 Enter 键，完成学生总成绩计算。

学生总成绩也可以通过单击编辑栏中的 f_x 函数按钮，使用系统提供的 SUM( )函数进行计算。

2. 公式中的运算符

Excel 中的公式是以等号开头，使用运算符号将各种数据、函数、区域、地址连接起来的，可以进行数据运算、文本连接和比较运算的表达式。Excel 中的运算符一般有算术运算符、比较运算符、文本运算符和引用运算符。

① 算术运算符：算术运算符连接数字并计算结果，包括加（+）、减（−）、乘（*）、除（/）、幂（^）、百分号（%）、负号（−）等。

② 比较运算符：比较两个数据的大小并返回逻辑值真（True）或假（False），包括等于（=）、大于（>）、大于等于（>=）、小于（<）、小于等于（<=）和不等于（<>）。

③ 文本运算符（&）：将多个字符连接成一个新的字符。

④ 引用运算符：将运算区域合并运算，包括冒号（:）、逗号（,）和空格。

在公式中如果同时使用多个不同类型运算符，将按照运算符的优先级顺序进行计算。冒号（:）→逗号（,）→负号（−）→百分号（%）→乘方（^）→乘法和除法运算（*和/）→加法和减法运算（+和−）→文本连接运算（&）→比较运算符（=、<、>、<=、>=、<>）。

11.3.3 使用函数

1. 函数说明

（1）求和函数：SUM( )

函数格式：SUM（Number1, Number2,…）

主要功能：计算所有参数数值的和。

参数说明：Number1, Number2,……表示参与计算的数值，可以是数值或引用的单元格，最多包含 30 个参数。

（2）平均值函数：AVERAGE( )

函数格式：AVERAGE（Number1, Number2,…）

主要功能：求出所有参数数值的平均值。

参数说明：Number1, Number2,……表示参与计算的数值，可以是数值或引用的单元格，参数最多不超过 30 个。

（3）最大值函数：MAX( )

函数格式：MAX（Number1, Number2,…）

主要功能：求各参数中的最大值。

参数说明：参数可以是数值或引用的单元格，但如果参数中有文本或逻辑值，则忽略。参数最多不超过 30 个。

（4）最小值函数：MIN( )

函数格式：MIN（Number1, Number2,…）

主要功能：求各参数中的最小值。

参数说明：参数可以是数值或引用的单元格，但如果参数中有文本或逻辑值，则忽略。参数最多不超过 30 个。

（5）计数函数：COUNT( )

函数格式：COUNT（Value1, Value2,…）

主要功能：统计指定区域中数值型参数个数。

参数说明：参数可以是包含或引用有数值型或日期型的数据单元格，参数最多不超过30个。

（6）条件统计函数：COUNTIF( )

函数格式：COUNTIF（Range, Criteria）

主要功能：统计指定区域中符合指定条件的单元格个数。

参数说明：Range 表示参与统计的单元格区域，引用单元格区域中允许有空白的单元格；Criteria 表示指定的条件表达式。

（7）条件求和函数：SUMIF( )

函数格式：SUMIF（Range, Criteria, Sum_range）

主要功能：计算符合指定条件的单元格区域数值总和。

参数说明：Range 表示条件判断的单元格区域；Criteria 表示指定的条件表达式；Sum_range 表示需要求和的单元格区域。

（8）判断函数：IF( )

函数格式：IF（logjical_test,value_if_true,value_if_false）

主要功能：对指定条件进行逻辑判断，根据条件逻辑值的不同而返回不同的结果。该函数最多可以嵌套七层，IF 函数作为 value_if_true 和 value_if_false 的参数，从而构造更复杂的测试。

参数说明：logjical_test 为条件表达式；value_if_true 是条件表达式中的条件成立（结果为真）时的返回值；value_if_false 是条件表达式中的条件不成立（结果为假）时的返回值。

（9）RANK 函数

函数格式：Rank（Number，Ref，Order）

主要功能：返回一个数值在一组数值中的排位。

参数说明：Number 是指定的要排位的数字；Ref 是引用的区域；Order 是排位方式，排位方式默认的数值为 0 或省略，表示排位方式是降序排列；非零值表示的是升序排列方式；数值重复时排位相同。

2. 使用函数

在 Excel 中提供有多种类已经预定义的函数，如统计函数、财务函数、数据库函数、日期与时间函数、工程函数、信息函数、逻辑函数、查询和引用函数、数学和三角函数、文本函数以及用户自定义函数等。

（1）计算学生成绩

① 选中 D23 单元格，单击编辑栏中的 f_x 函数按钮，打开"插入函数"对话框，如图 11-6 所示。在"选择函数"列表中选择"AVERAGE"函数，单击"确定"按钮。

② 弹出"函数参数"对话框，单击"折叠"按钮，如图 11-7 所示。折叠"函数参数"对话框，拖动鼠标选择参与运算的单元格 D3:D22，再单击"还原"按钮，返回"函数参数"对话框，单击"确定"按钮，求得语文科目的平均成绩。

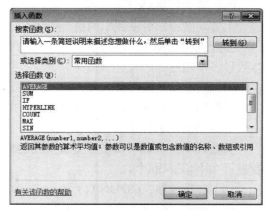

图 11-6　"插入函数"对话框

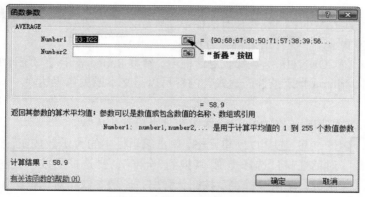

图 11-7 "函数参数"对话框

 说明　　　函数的参数有必选与可选之分，在平均值函数参数对话框中，Number1 为必选项，Number2 为可选项。必选项参数要求用户必须输入内容才能实现函数的计算。

③ 选中 D23 单元格，将鼠标移动到单元格的右下方，当鼠标变成实心的 "+" 形状时，按下鼠标左键并向右拖动，计算数学和英语科目的平均成绩。

④ 选中 D24 单元格，单击编辑栏中的 ƒx 函数按钮，打开"插入函数"对话框，在"选择函数"列表中选择"MAX"函数，单击"确定"按钮，弹出"函数参数"对话框，将 Number1 文本框中的数据地址设置为"G3:G22"，单击"确定"按钮，统计班中总成绩最高分数。

常用函数使用

⑤ 统计总成绩最低分，选中 D25 单元格，选择"公式"选项卡，在"函数库"选项组中单击"∑自动求和"按钮下侧的下三角按钮，打开"常用计算"列表，如图 11-8 所示，选择"最小值"，修改函数参数为"G3:G22"，按下 Enter 键。

⑥ 选中 D26 单元格，使之成为活动单元格，单击编辑栏中的 ƒx 函数按钮，打开"插入函数"对话框，在"选择函数"列表中选择"COUNT"函数，单击"确定"按钮。弹出"函数参数"对话框，将 Number1 文本框中的数据地址设置为"D3:D22"，单击"确定"按钮，计算全班总人数。

⑦ 选中 D27 单元格，单击编辑栏中的 ƒx 函数按钮，打开"插入函数"对话框，将"选择类别"切换到"全部"，在"选择函数"列表中选择"COUNTIF"函数，单击"确定"按钮。弹出"函数参数"对话框，如图 11-9 所示。设置 Range 文本框中的数据范围为"C3:C22"，在 Criteria 文本框中输入"男"，单击"确定"按钮，统计班中男生人数。

图 11-8　设置最小值

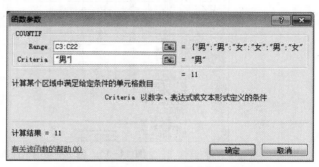

图 11-9　"COUNTIF 函数参数"对话框

在 COUNT 函数参数对话框中，参数必须是数值型或日期型，如果参数设置为文本型，统计结果将会为 0。

在 COUNTIF 函数参数对话框中，参数 Range 表示参与统计的单元格式范围；Criteria 指定条件表达式，内容可以是文本或关系表达式。

⑧ 同上一步操作相同，在 D28 单元格中统计全班女生人数。

条件求和函数使用

⑨ 选中 D29 单元格，单击编辑栏中的 *fx* 函数按钮，打开 "插入函数" 对话框，将 "选择类别" 切换到 "全部"，在 "选择函数" 列表中选择 "SUMIF" 函数，单击 "确定" 按钮，弹出 "函数参数" 对话框，如图 11-10 所示。设置 Range 文本框中的数据范围为 "C3:C22"，在 Criteria 文本框中输入 "男"，设置 Sum_range 的数据范围为 "G3:G22"，单击 "确定" 按钮，计算班中男生成绩总和。

图 11-10 "SUMIF 函数参数" 对话框

男生平均成绩=（男生成绩总和）/男生人数，选中 D29 单元格，在编辑栏中编辑公式，让这个函数除以男生人数 11，如图 11-11 所示，计算出男生平均成绩。

SUMIF			=SUMIF(C3:C22,"男",G3:G22)/11					
	A	B	C	D	E	F	G	H	I
1	学生成绩统计表								
2	学号	姓名	性别	语文	数学	英语	总成绩	总评	排名
3	10220301	赵孟轲	男	90	95	90	275		
4	10220302	郭晨旭	男	68	77.6	92	237.6		
5	10220303	张孟利	男	67	76.2	90	233.2		
6	10220304	胡军丽	女	80	70.2	93	243.2		
7	10220305	赵占峰	男	50	66.4	91	207.4		
8	10220306	丁彩霞	女	71	81.8	98	250.8		
9	10220307	李华杰	男	57	71	92	220		
10	10220308	李红霞	女	38	59.6	92	189.6		
11	10220309	陈永杰	男	39	59.8	91	189.8		
12	10220310	谢言言	女	56	69.6	90	215.6		
13	10220311	张慧慧	女	38	60	93	191		
14	10220312	焦柯彭	男	41	59.8	66	166.8		
15	10220313	段华星	女	67	78.6	96	241.6		
16	10220314	赵方义	男	98	95	90	283		
17	10220315	胡文超	男	46	64.4	92	202.4		
18	10220316	刘晓明	男	90	61.8	93	244.8		
19	10220317	井利娜	女	42	63.2	95	200.2		
20	10220318	杨晓楠	女	45	66.2	98	209.2		
21	10220319	刘天召	男	55	69.4	91	215.4		
22	10220320	李京卫	男	40	60	60	160		
23	各科平均成绩			58.9	70.28	89.65			
24	总成绩最高分			283					
25	总成绩最低分			160					
26	班级总人数			20					
27	男生人数			11					
28	女生人数			9					
29	男生平均成绩			=SUMIF(C3:C22,"男",G3:G22)/11					

图 11-11 男生平均成绩计算

⑩ 同第⑨步操作方法一样，在 D30 单元格中计算全班女生平均成绩。

（2）学生成绩等级划分

根据总成绩进行等级总评，将总成绩大于等于 270 的划分为"优秀"，总成绩小于 270 且大于等于 240 的划分为"良好"，总成绩小于 240 且大于等于 210 的划分为"中等"，总成绩小于 210 且大于等于 180 的划分为"及格"，总成绩小于 180 的划分为"不及格"。等级划分需用到 IF 函数来解决。

条件函数使用

① 选中第一个学生"总评"单元格 H3，单击编辑栏中的 f_x 函数按钮，弹出"插入函数"对话框，选择"IF 函数"，单击"确定"按钮。

② 弹出"函数参数"对话框，在"函数参数"对话框中输入如图 11-12 所示的参数。在"Logical_test"文本框中输入条件"G3>=270"，在"Value_if_true"文本框中输入"优秀"，如果 G3 单元格中的数值大于等于 270 分，则 H3 单元格的值为"Value_if_true"参数值，即"优秀"等级，否则 H3 单元格的值为"Value_if_false"参数值，也就是 G3 单元格的数值不大于等于 270，总成绩属于"良好、中等、及格、不及格"四种等级中的其中一种。由于等级情况存在多种可能，因此，需要在"Value_if_false"文本框中输入 IF 函数嵌套。

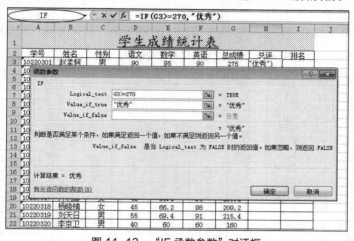

图 11-12　"IF 函数参数"对话框

③ 将光标定位在"Value_if_false"文本框中，单击编辑栏中的 IF 函数，如图 11-12 框选位置，单击"IF"，弹出一个嵌套函数参数的对话框，在函数参数对话框中输入参数，如图 11-13 所示。因为总成绩"G3>=270"条件已经定义，所以现剩余的数据是小于 270 分的成绩，这样在"Logical_test"参数中输入条件"G3>=240"，如果 G3 单元格的值满足条件，划分为"良好"等级，否则划分为"Value_if_false"参数文本框所输入的值，再次使用 IF 函数嵌套。完成对"良好"等级的划分。

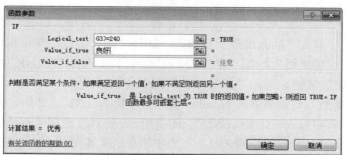

图 11-13　"IF 函数嵌套参数"对话框

④ 重复步骤③的操作方法，完成对"中等""及格""不及格"三个等级的划分，完成对学生总成绩的五个等级的判断，G3 单元格中的值是"275"，属于"优秀"等级，则在 H3 单元格中的返回等级值为"优秀"，如图 11-14 所示。

H3				*fx*	=IF(G3>=270,"优秀",IF(G3>=240,"良好",IF(G3>=210,"中等",IF(G3>=180,"及格","不及格"))))								
	A	B	C	D	E	F	G	H	I	J	K	L	M	N
2	学号	姓名	性别	语文	数学	英语	总成绩	总评	排名					
3	10220301	赵孟轲	男	90	95	90	275	优秀						
4	10220302	郭晨旭	男	68	77.6	92	237.6							
5	10220303	张孟利	女	67	76.2	90	233.2							
6	10220304	胡军丽	女	80	70.2	93	243.2							

图 11-14　总评等级划分

说明　上述操作也可在编辑栏中直接输入公式："=IF(G3>=270,"优秀",IF(G3>=240,"良好",IF(G3>=210,"中等",IF(G3>=180,"及格","不及格"))))"，输入公式时，公式中的括号、大于号、逗号、大于等于号等标点符号一定要用采用西文标点 **",;|** 。

⑤ 选中 H3 单元格，将其鼠标移动到单元格的右下角，直至出现"填充柄"，按下鼠标左键并向下拖动，完成学生成绩的评定划分，效果如图 11-15 所示。

	A	B	C	D	E	F	G	H	I
2	学号	姓名	性别	语文	数学	英语	总成绩	总评	排名
3	10220301	赵孟轲	男	90	95	90	275	优秀	
4	10220302	郭晨旭	男	68	77.6	92	237.6	中等	
5	10220303	张孟利	女	67	76.2	90	233.2	中等	
6	10220304	胡军丽	女	80	70.2	93	243.2	良好	
7	10220305	赵占峰	男	50	66.4	91	207.4	及格	
8	10220306	丁彩霞	女	71	81.8	98	250.8	良好	
9	10220307	李华杰	男	57	71	92	220	中等	
10	10220308	李红霞	女	38	59.6	92	189.6	及格	
11	10220309	陈永杰	男	39	59.8	91	189.8	及格	
12	10220310	谢言言	女	56	69.6	90	215.6	中等	
13	10220311	张慧慧	女	38	60	93	191	及格	
14	10220312	焦柯彭	男	41	59.8	66	166.8	不及格	
15	10220313	段华星	男	67	78.6	96	241.6	良好	
16	10220314	赵方义	男	98	95	90	283	优秀	
17	10220315	胡文超	男	46	64.4	92	202.4	及格	
18	10220316	刘晓明	男	90	61.8	93	244.8	良好	
19	10220317	井利娜	女	42	63.2	95	200.2	及格	
20	10220318	杨晓楠	女	45	66.2	98	209.2	及格	
21	10220319	刘天召	男	55	69.6	91	215.4	中等	
22	10220320	李京卫	男	40	60	60	160	不及格	

图 11-15　总评等级划分

排名函数使用

（3）计算学生排名

为方便了解班中学生个人学习情况，可根据学生总成绩按从高到低进行排名次，为评优评先做综合考虑。

① 选中 I3 单元格，选择"公式"选项卡，在"函数库"选项组中单击"插入函数"按钮，打开"插入函数"对话框，将"选择类别"切换到"全部"，在"选择函数"列表中选择"RANK"函数，如图 11-16 所示。单击"确定"按钮，弹出"函数参数"对话框。

② 在"函数参数"对话框中的 Number 文本框中输入"G3"，即指定参与排名的学生总成绩；在 Ref 文本框中输入"$G$3:$G$22"，即引用 G3 到 G22 数据进行排名，由于班级中学生人数是固定的，所以使用绝对引用表示一个固定不变的区域；Order 文本框不输入任何数据，按默认的降序进行排名，如图 11-17 所示，单击"确定"按钮。

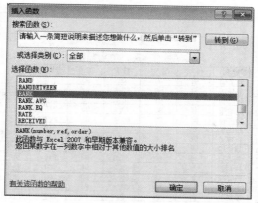

图 11-16　"插入函数"对话框

图 11-17　"函数参数"对话框

③ 在 I3 单元格中显示出第一个学生的排名为"2"，选中 I3 单元格，鼠标指向选中的单元格的右下方，当鼠标变为"+"形状，向下拖动到数据的最后一行后松开鼠标左键，利用单元格复制公式的方法计算学生的排名情况，结果如图 11-18 所示。

	A	B	C	D	E	F	G	H	I
1				学生成绩统计表					
2	学号	姓名	性别	语文	数学	英语	总成绩	总评	排名
3	10220301	赵孟轲	男	90	95	90	275	优秀	2
4	10220302	郭晨旭	男	68	77.6	92	237.6	中等	7
5	10220303	张孟利	女	67	76.2	90	233.2	中等	8
6	10220304	胡军丽	女	80	70.2	93	243.2	良好	5
7	10220305	赵占峰	男	50	66.4	91	207.4	及格	13
8	10220306	丁彩霞	女	71	81.8	98	250.8	良好	3
9	10220307	李华杰	男	57	71	92	220	中等	9
10	10220308	李红霞	女	38	59.6	92	189.6	及格	18
11	10220309	陈永杰	男	39	59.8	91	189.8	及格	17
12	10220310	谢言言	女	56	69.6	90	215.6	中等	10
13	10220311	张慧慧	女	38	60	93	191	及格	16
14	10220312	焦柯彭	男	41	59.8	66	166.8	不及格	19
15	10220313	段华星	男	67	78.6	96	241.6	良好	6
16	10220314	赵方义	男	98	95	90	283	优秀	1
17	10220315	胡文超	男	46	64.4	92	202.4	及格	14
18	10220316	刘晓明	男	90	61.8	93	244.8	良好	4
19	10220317	井利娜	女	42	63.2	95	200.2	及格	15
20	10220318	杨晓楠	女	45	66.2	98	209.2	及格	12
21	10220319	刘天召	男	55	69.4	91	215.4	中等	11
22	10220320	李克卫	男	40	60	60	160	不及格	20

图 11-18　学生排名情况

④ 将"学生成绩统计表"工作表中总成绩、各科平均成绩、男生平均成绩和女生平均成绩设置为数值格式并保留整数，效果如图 11-19 所示。选择"文件"选项卡中"保存"命令，

保存 "学生成绩统计表.xlsx"工作簿。

	学号	姓名	性别	语文	数学	英语	总成绩	总评	排名
				学生成绩统计表					
	学号	姓名	性别	语文	数学	英语	总成绩	总评	排名
3	10220301	赵孟轲	男	90	95	90	275	优秀	2
4	10220302	郭晨旭	男	68	77.6	92	238	中等	7
5	10220303	张孟利	女	67	76.2	90	233	中等	8
6	10220304	胡军丽	女	80	70.2	93	243	良好	5
7	10220305	赵占峰	男	50	66.4	91	207	及格	13
15	10220313	段华星	女	67	78.6	96	242	良好	6
16	10220314	赵方义	男	98	95	90	283	优秀	1
17	10220315	胡文超	男	46	64.4	92	202	及格	14
18	10220316	刘晓明	男	90	61.8	93	245	良好	4
19	10220317	井利娜	女	42	63.2	95	200	及格	15
20	10220318	杨晓楠	女	45	66.2	98	209	及格	12
21	10220319	刘天召	男	55	69.4	91	215	中等	11
22	10220320	李京卫	男	40	60	60	160	不及格	20
23	各科平均成绩			59	70	90			
24	总成绩最高分			283					
25	总成绩最低分			160					
26	班级总人数			20					
27	男生人数			11					
28	女生人数			9					
29	男生平均成绩			218					
30	女生平均成绩			219					

图 11-19   "学生成绩统计表"效果图

11.4　知识拓展

11.4.1　公式中的引用

在编辑公式时有时会引用单元格地址,在 Excel 中,根据引用的单元格与被引用的单元格之间的位置关系将引用分为:相对引用、绝对引用、混和引用和跨工作表格引用。

① 相对引用。公式中的相对单元格引用(如 A1)是基于包含公式和单元格引用的单元格的相对位置。如果公式所在单元格的位置改变,引用也随之改变。如果多行或多列地复制公式,引用会自动调整。默认情况下,新公式使用相对引用。

② 绝对引用。单元格中的绝对引用(如$B$6)总是在指定位置引用单元格 B6。如果公式所在单元格的位置改变,绝对引用的单元格始终保持不变。如果多行或多列地复制公式,绝对引用将不做调整。

③ 混合引用。混合引用是指单元格地址中既有相对引用,也有绝对引用。可以是绝对列和相对行(如$B6),也可以是绝对行和相对列(如 B$6)。如果公式所在单元格的位置改变,则相对引用改变,而绝对引用不变。如果多行或多列地复制公式,相对引用自动调整,而绝对引用不做调整。

④ 跨工作表格引用。跨工作表格引用指在一个工作表中引用另一个工作表中的单元格数据。为了方便进行跨工作表引用,单元格的准确地址应该包括工作表名,其形式为:"工作表名! 单元格地址"。如果引用的是当前工作表中的单元格,则当前工作表名可省略。

11.4.2　函数出错信息解决技巧

在函数使用过程中,有时会出现一些错误信息,下面介绍几种常见的异常情况及解决方法。

(1)####

错误原因:单元格中的数据太长,单元格公式所产生的结果太大,或是日期和时间格式的单元格做减法，出现了负值。解决方法：调整列宽，使结果能够完全显示。如果是日期或时间相减产生了负值，可以将单元格的格式设置成文本格式。

（2）# VALUE!

错误原因：使用错误的参数或运算对象类型，或者当公式自动更正功能不能更正公式时，产生错误值。解决方法：确认公式或函数所需的运算符或参数是否正确，并且公式引用的单元格中包含有效的数值；确认数组常量不是单元格引用、公式或函数；将数值区域改为单一数值。修改数值区域，使其包含公式所在的数据行或列。

（3）# DIV/0!

错误原因：在公式中，除数使用了空单元格或是包含零值单元格的单元格引用。解决方法：修改单元格引用，或将单元格公式中除数设为非零的数值。

（4）# NUM!

错误原因：提供了无效的参数给工作表函数，或是公式的结果太大或太小而无法在工作表中显示。解决方法：确认函数中使用的参数类型正确。如果是公式结果太大或太小，就要修改公式。

（5）#REF!

错误原因：删除了由其他公式引用的单元格，或将移动单元格粘贴到由其他公式引用的单元格中。解决方法：更改公式或者在删除或粘贴单元格之后，立即单击"撤消"按钮，以恢复工作表中的单元格。

（6）# NULL!

错误原因：在公式中的两个范围之间插入一个空格以表示交叉点，但这两个范围没有公共单元格。解决方法：取消两个范围之间的空格。

（7）#N/A

错误原因：当在函数或公式中没有可用数值时，将产生错误值#N/A。解决方法：如果工作表中某些单元格暂时没有数值，请在这些单元格中输入"#N/A"，公式在引用这些单元格时，将不进行数值计算，而是返回#N/A。

11.5 任务总结

通过制作学生成绩统计表，介绍了公式的使用，用 AVERAGE 函数计算学生各科平均成绩，使用 MAX 函数和 MIN 函数统计学生成绩最高分和最低分。用 Rank 函数根据总成绩进行排名，用 IF 函数根据总成绩进行总评划分等函数的使用方法。

在进行公式和函数计算时，要熟悉公式的输入规则、函数参数的设置方法及单元格的引用方式等。通过本任务学习，要会运用公式进行计算，熟悉常用函数的作用方法，掌握 RANK 函数中参数的使用方法，了解 3 种单元格地址引用的适用场合。

11.6 实践技能训练

实训 1 职工工资统计表

1.实训目的

① 掌握工作表格式化设置。

② 熟练掌握常用函数 SUM、AVERAGE、MAX、MIN、COUNT 等的使用方法。

2. 实训要求

工资统计表

① 打开"职工工资统计表.xlsx"文件，如图 11-20 所示，将 Sheet1 工作表中 A1:E1 单元格区域合并成一个单元格，内容水平居中，将标题文字"员工工资表"设置为"黑体、蓝色、加粗、20 磅"；其他字体设置为"宋体、11 磅、居中对齐"。

② 在"总工资"列内利用公式计算所有员工的总工资（总工资=基本工资+提成+全勤奖金）。

③ 在 E18 单元格内使用 SUM 函数计算员工工资总和。

④ 在 E19 单元格内计算员工平均工资（利用 AVERAGE 函数，数值型，保留小数点后 1 位）。

⑤ 在 E20 和 E21 单元格内统计所有员工的最高工资和最低工资（利用 MAX 函数和 MIN 函数）。

⑥ 利用 CONNT 函数统计员工总人数，将其结果放在 E22 单元格内。

⑦ 将工作表命名为"职工工资表"，以原文件名进行保存，结果如图 11-21 所示。

	A	B	C	D	E
1	职工工资统计表				
2	员工姓名	基本工资	提成	全勤奖金	总工资
3	张会杰	1000	657	600	
4	陈丹丹	1000	657	500	
5	张灵玉	1000	556	-100	
6	杨 柳	1300	877	700	
7	叶鹏飞	1300	877	700	
8	梁 棋	1500	899	800	
9	郭盼盼	1500	800	500	
10	朱宁宁	1500	700	800	
11	刘加涛	1000	600	500	
12	曹 越	1300	500	-200	
13	李永恒	1300	600	700	
14	周园园	1800	667	800	
15	张 莹	1800	660	800	
16	程 丽	1800	766	-400	
17	王 宇	1500	670	300	
18				工资总和	
19				平均工资	
20				最高工资	
21				最低工资	
22				员工人数	

图 11-20　职工工资统计表初始图

	A	B	C	D	E
1	职工工资统计表				
2	员工姓名	基本工资	提成	全勤奖金	总工资
3	张会杰	1000	657	600	2257
4	陈丹丹	1000	657	500	2157
5	张灵玉	1000	556	-100	1456
6	杨 柳	1300	877	700	2877
7	叶鹏飞	1300	877	700	2877
8	梁 棋	1500	899	800	3199
9	郭盼盼	1500	800	500	2800
10	朱宁宁	1500	700	800	3000
11	刘加涛	1000	600	500	2100
12	曹 越	1300	500	-200	1600
13	李永恒	1300	600	700	2600
14	周园园	1800	667	800	3267
15	张 莹	1800	660	800	3260
16	程 丽	1800	766	-400	2166
17	王 宇	1500	670	300	2470
18				工资总和	38086
19				平均工资	2539.1
20				最高工资	3267
21				最低工资	1456
22				员工人数	15

图 11-21　职工工资统计表效果图

实训 2　学生竞赛成绩统计

学生竞赛成绩统计

1. 实训目的

① 掌握工作表格式化设置。

② 掌握函数 COUNT、COUNTIF、IF、RANK 等的使用方法。

2. 实训要求

① 打开"学生竞赛成绩表.xlsx"文件，如图 11-22 所示，将 Sheet1 工作表中 A1:E1 单元格区域合并成一个单元格，内容水平居中，将标题文字"学生竞赛成绩统计表"设置为"隶书、黑色，文字 1、25 磅"；其他字体设置为"宋体、11 磅、居中对齐"。

② 在 C17 单元格内计算学生参加竞赛总人数（使用 COUNT 函数）。

③ 在 C18 单元格内使用 COUNTIF 函数统计竞赛成绩在 85 分以上（含 85 分）的学生人数。

④ 在 C19 单元格内统计参加竞赛的女生人数（使用 COUNTIF 函数）。

⑤ 在 C20 单元格内计算参加竞赛女生平均成绩（先利用 SUMIF 函数求出女生成绩总和，

然后再求女生平均成绩，女生平均成绩格式设置为数值型，保留一位小数）。

⑥ 在 D3:D15 单元格内对参加竞赛学生成绩按从高到低进行排名（使用 RANK 函数）。

⑦ 对学生竞赛成绩进行判断，成绩大于等于 85 分，进入决赛，否则，退出比赛，将判断结果显示在 E3:E15 单元格内（使用 IF 函数）

⑧ 将单元格区域 A2:E15 外边框设置为蓝色粗线、内边框设置为红色虚线。

⑨ 将工作表命名为"学生竞赛成绩表"，以原文件名进行保存，结果如图 11-23 所示。

	A	B	C	D	E
1	学生竞赛成绩统计表				
2	选手号	性别	成绩	排名	备注
3	A1	男	82		
4	A2	女	96		
5	A3	女	88		
6	A4	女	78		
7	A5	男	80		
8	A6	男	87		
9	A7	女	89		
10	A8	男	90		
11	A9	女	93		
12	A10	男	91		
13	A11	女	86		
14	A12	男	65		
15	A13	男	76		
16					
17	参赛人数：				
18	成绩在85分以上人数：				
19	女生人数				
20	女生平均成绩：				

图 11-22　学生竞赛成绩统计表初始图

	A	B	C	D	E
1	学生竞赛成绩统计表				
2	选手号	性别	成绩	排名	备注
3	A1	男	82	9	退出比赛
4	A2	女	96	1	进入决赛
5	A3	女	88	6	进入决赛
6	A4	女	78	11	退出比赛
7	A5	男	80	10	退出比赛
8	A6	男	87	7	进入决赛
9	A7	女	89	5	进入决赛
10	A8	男	90	4	进入决赛
11	A9	女	93	2	进入决赛
12	A10	男	91	3	进入决赛
13	A11	女	86	8	进入决赛
14	A12	男	65	13	退出比赛
15	A13	男	76	12	退出比赛
16					
17	参赛人数：		13		
18	成绩在85分以上人数：		8		
19	女生人数		6		
20	女生平均成绩：		88.3		

图 11-23　学生竞赛成绩统计表效果图

任务 12
图书销售数据管理

12.1 任务描述

在书店销售管理中，为了及时了解各类图书销售情况，对畅销书籍及时补货或更新，需要对图书销售数据进行排序、筛选、分类汇总等操作，本任务以图书销售数据管理为例，介绍其制作过程，并对相关技术进行说明，结果如图 12-1 所示。

	A	B	C	D	E	F
1			图书销售情况表			
2	经售部门	图书名称	季度	数量	单价	销售额（元）
3	第3分店	计算机应用基础	3	281	¥23.8	¥6,687.80
4	第1分店	计算机应用基础	4	210	¥23.8	¥4,998.00
5	第3分店	计算机应用基础	4	210	¥23.8	¥4,998.00
6	第3分店	计算机应用基础	3	218	¥23.8	¥5,188.40
7	第3分店	计算机应用基础	3	221	¥23.8	¥5,259.80
8	第2分店	计算机应用基础	1	228	¥23.8	¥5,426.40
9	第3分店	计算机应用基础	4	421	¥32.6	¥13,724.60
10	第1分店	计算机应用基础	1	213	¥23.8	¥5,069.40
11	第2分店	计算机应用基础	2	224	¥23.8	¥5,331.20
12		计算机应用基础 汇总				¥56,683.60
13	第1分店	图像处理	4	278	¥45.9	¥12,760.20
14	第2分店	图像处理	2	309	¥45.9	¥14,183.10
15	第1分店	图像处理	2	232	¥45.9	¥10,648.80
16	第1分店	图像处理	3	560	¥45.9	¥25,704.00
17	第1分店	图像处理	4	389	¥49.5	¥19,255.50
18		图像处理 汇总				¥82,551.60
19	第3分店	网页制作基础	2	312	¥32.6	¥10,171.20
20	第1分店	网页制作基础	2	211	¥32.6	¥6,878.60
21	第2分店	网页制作基础	4	218	¥32.6	¥7,106.80
22	第2分店	网页制作基础	2	212	¥32.6	¥6,911.20
23	第3分店	网页制作基础	4	230	¥32.6	¥7,498.00
24	第3分店	网页制作基础	1	278	¥32.6	¥9,062.80
25		网页制作基础 汇总				¥47,628.60
26		总计				¥186,863.80

图 12-1 "图书销售数据分类汇总"结果

12.2 解决思路

本任务的解决思路如下。

① 打开工作簿"图书销售情况表.xlsx"，使用记录单添加记录。

② 计算销售部门的销售金额（销售额=数量*单价）。

③ 复制"图书销售情况表"3次，产生3个新工作表，对复制所得的3个新工作表重命

名为"分类汇总""自动筛选"和"高级筛选"。

④ 选择"图书销售情况表"工作表，按照主要关键字"季度"的升序和次要关键字"图书名称"笔划的降序进行排序。

⑤ 对各类图书的销售额按求和的方式进行分类汇总。

⑥ 选择"自动筛选"工作表，筛选"计算机应用基础"销售数量大于等于 200、小于 300 的记录。

⑦ 利用"高级筛选"筛选出经售部门为"第 1 分店"销售的所有图书，或销售图书数量大于 230 的记录，将其结果保存在"高级筛选"工作表中。

⑧ 选择"文件"选项卡中的"保存"菜单命令，保存工作簿。

12.3　任务实施

12.3.1　记录单的使用

Excel 中的记录单使用对话框的形式，将表格中的记录一条一条地显示，用户可通过记录单对表格中的记录进行添加、删除、查看或修改等操作。

① 打开"图书销售情况表.xlsx"工作簿，选中 A1:F1 单元格，单击"对齐方式"选项卡中的"合并后居中"按钮，将选定的多个单元格合并为一个单元格。将"图书销售情况表"字体设置为"宋体、加粗、20 磅"。

② 单击标题栏中"自定义快速访问工具栏"按钮，在弹出的下拉菜单中选择"其他命令"，如图 12-2 所示。

图 12-2　"自定义快速访问工具栏"-"其他命令"菜单命令

③ 打开"Excel 选项"对话框，从"下列位置选择命令"选项中选择"所有命令"，如图 12-3 所示，将"记录单"命令添加到标题栏中。

④ 单击标题栏中"记录单"快速访问按钮，打开"图书销售情况表"新建记录对话框。在该对话框中，用户可以对工作表中的数据记录进行添加、删除、查询等操作。单击"新建"按钮，在"新建记录"对话框中输入记录值"第 1 分店，图像处理，4，389，49.5"，将添加

一条新记录，如图 12-4 所示。

图 12-3　"Excel 选项"对话框

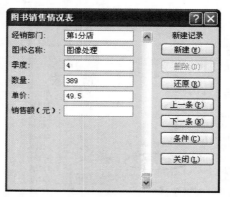

图 12-4　"图书销售情况表"对话框

说明

　　在"图书销售情况表"对话框中，单击"上一条""下一条"按钮可查看工作表中各条记录的内容，显示的内容除公式外，其余可直接在文本框中修改；单击"新建"按钮，可添加一条记录；单击"删除"按钮，可删除一条记录。
　　如果需要查找符合给定条件的记录，可通过单击"条件"按钮，在打开的对话框中输入条件内容，单击"下一条""上一条"按钮查看符合该条件的记录。

⑤ 单击"关闭"按钮，添加记录结果如图 12-5 所示。

⊕	A	B	C	D	E	F
1			图书销售情况表			
2	经售部门	图书名称	季度	数量	单价	销售额（元）
3	第1分店	图像处理	4	278	¥45.9	
4	第3分店	计算机应用基础	3	281	¥23.8	
5	第2分店	图像处理	2	309	¥45.9	
6	第3分店	网页制作基础	2	312	¥32.6	
7	第1分店	网页制作基础	2	211	¥32.6	
8	第1分店	计算机应用基础	4	210	¥23.8	
9	第3分店	计算机应用基础	4	210	¥23.8	
10	第3分店	计算机应用基础	3	218	¥23.8	
11	第2分店	网页制作基础	4	218	¥32.6	
12	第2分店	网页制作基础	2	212	¥32.6	
13	第3分店	计算机应用基础	3	221	¥23.8	
14	第2分店	计算机应用基础	1	228	¥23.8	
15	第3分店	网页制作基础	4	230	¥32.6	
16	第1分店	图像处理	3	232	¥45.9	
17	第3分店	计算机应用基础	4	421	¥32.6	
18	第3分店	图像处理	3	560	¥45.9	
19	第1分店	计算机应用基础	1	213	¥23.8	
20	第2分店	计算机应用基础	2	224	¥23.8	
21	第3分店	网页制作基础	1	278	¥32.6	
22	第1分店	图像处理	4	389	¥49.5	

图 12-5　添加记录结果

12.3.2　计算销售额

① 选中 F3 单元格，在编辑栏中输入"=D3*E3"，按下 Enter 键，计算出第 1 分店销售图像处理图书的销售额。

② 选中 F3 单元格，将鼠标移动到单元格的右下方，当鼠标指针变成实心的"+"形状时，按下鼠标左键并向下拖动，计算出所有图书的销售额。

③ 选中区域 F3:F22，单击"开始"选项卡，在"数字"选项组中，单击"对话框启动器"按钮，打开"设置单元格格式"对话框，选择"数字"选项卡，将单元格数字格式设置为"货币型"，保留一位小数。

④ 将鼠标移动至"图书销售情况表"工作表标签，单击鼠标右键，在弹出的快捷菜单中选择"移动或复制工作表"，在打开的"移动或复制工作表"对话框中，选择工作簿"图书销售情况表"，选中"建立复本"复选框，得到一张新表"图书销售情况表（2）"，将该工作表重命名为"分类汇总"。

⑤ 重复第④步操作，在"图书销售情况表.xlsx"工作簿中，复制两次"图书销售情况表"工作表，分别将工作表重命名为"自动筛选""高级筛选"。

12.3.3　数据排序

排序是按照工作表中数据的一定顺序重新进行排列，排序不改变数据记录的内容，只改变记录在数据表中的位置。在"图书销售情况"工作表中，按主要关键字"季度"的升序和次要关键字"图书名称"笔划的降序进行排序，操作步骤如下。

STEP 1 选中"图书销售情况表"工作表中的数据区域 A2:F22，单击"数据"选项卡，在"排序和筛选"选项组中，单击"排序"按钮，打开"排序"对话框。在"主要关键字"下拉列表中选择"季度"，在"次序"下拉列表中选择"升序"。

STEP 2 单击"添加条件"按钮，在"次要关键字"下拉列表中选择"图书名称"，在"次序"下拉列表中选择"降序"，如图 12-6 所示。

STEP 3 由于"图书名称"是按笔划降序排序，需要设置"排序选项"。单击"选项"按钮，打开"排序选项"对话框，选择"笔划排序"单选钮，如图 12-7 所示。单击"确定"按钮，返回"排序"对话框。

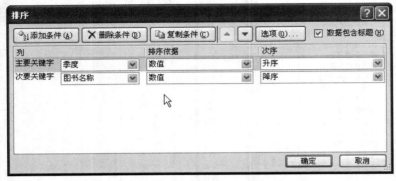

图 12-6　"排序"对话框　　　　　　　　　　　　图 12-7　"排序选项"对话框

STEP 4 在"排序"对话框中，单击"确定"按钮，完成数据排序操作，排序结果如图 12-8 所示。

	A	B	C	D	E	F
1			图书销售情况表			
2	经售部门	图书名称	季度	数量	单价	销售额（元）
3	第3分店	网页制作基础	1	278	¥32.6	¥9,062.80
4	第2分店	计算机应用基础	1	228	¥23.8	¥5,426.40
5	第1分店	计算机应用基础	1	213	¥23.8	¥5,069.40
6	第2分店	图像处理	2	309	¥45.9	¥14,183.10
7	第3分店	网页制作基础	2	312	¥32.6	¥10,171.20
8	第1分店	网页制作基础	2	211	¥32.6	¥6,878.60
9	第3分店	网页制作基础	2	212	¥32.6	¥6,911.20
10	第2分店	计算机应用基础	2	224	¥23.8	¥5,331.20
11	第1分店	图像处理	3	232	¥45.9	¥10,648.80
12	第3分店	图像处理	3	560	¥45.9	¥25,704.00
13	第3分店	计算机应用基础	3	281	¥23.8	¥6,687.80
14	第3分店	计算机应用基础	3	218	¥23.8	¥5,188.40
15	第3分店	计算机应用基础	3	221	¥23.8	¥5,259.80
16	第1分店	图像处理	4	278	¥45.9	¥12,760.20
17	第1分店	图像处理	4	389	¥49.5	¥19,255.50
18	第2分店	网页制作基础	4	218	¥32.6	¥7,106.80
19	第3分店	网页制作基础	4	230	¥32.6	¥7,498.00
20	第1分店	计算机应用基础	4	210	¥23.8	¥4,998.00
21	第3分店	计算机应用基础	4	210	¥23.8	¥4,998.00
22	第3分店	计算机应用基础	4	421	¥32.6	¥13,724.60

图 12-8　排序结果

说明　　　如果对数据表中单个字段进行排序，可利用"数据"选项卡中"排序和筛选"选项组中的"升序"按钮↓或"降序"按钮↓进行排序。

排序与分类汇总

12.3.4　分类汇总

分类汇总是对数据清单按某字段进行分类，将字段值相同的连续记录作为一类，进行求和、平均、计数等汇总运算。在"分类汇总"工作表中对各类图书的销售额按求和的方式进行分类汇总，操作步骤如下。

STEP 1 将"分类汇总"工作表按主要关键字"图书名称"进行排序。

STEP 2　选中数据区域 A2:F22，选择"数据"选项卡，单击"分级显示"选项组中"分类汇总"按钮，打开"分类汇总"对话框，在"分类字段"下拉列表框中选择"图书名称"；"汇总方式"下拉列表框中选择"求和"；选择"选定汇总项"列表框中的"销售额"复选框，其他设置参数如图 12-9 所示。

STEP 3　单击"确定"按钮，完成分类汇总操作，结果如图 12-10 所示。

分类汇总

分类字段(A):
图书名称

汇总方式(U):
求和

选定汇总项(D):
- [ ] 经销部门
- [ ] 图书名称
- [ ] 季度
- [ ] 数量
- [ ] 单价
- [x] 销售额（元）

- [x] 替换当前分类汇总(C)
- [ ] 每组数据分页(P)
- [x] 汇总结果显示在数据下方(S)

全部删除(R)　确定　取消

图 12-9　"分类汇总"对话框

图书销售情况表

	经售部门	图书名称	季度	数量	单价	销售额（元）
3	第3分店	计算机应用基础	3	281	¥23.8	¥6,687.80
4	第1分店	计算机应用基础	4	210	¥23.8	¥4,998.00
5	第3分店	计算机应用基础	4	210	¥23.8	¥4,998.00
6	第3分店	计算机应用基础	3	218	¥23.8	¥5,188.40
7	第3分店	计算机应用基础	3	221	¥23.8	¥5,259.80
8	第2分店	计算机应用基础	1	228	¥23.8	¥5,426.40
9	第2分店	计算机应用基础	4	421	¥32.6	¥13,724.60
10	第1分店	计算机应用基础	1	213	¥23.8	¥5,069.40
11	第2分店	计算机应用基础	2	224	¥23.8	¥5,331.20
12		计算机应用基础 汇总				¥56,683.60
13	第1分店	图像处理	4	278	¥45.9	¥12,760.20
14	第2分店	图像处理	2	309	¥45.9	¥14,183.10
15	第1分店	图像处理	3	232	¥45.9	¥10,648.80
16	第3分店	图像处理	3	560	¥45.9	¥25,704.00
17	第1分店	图像处理	4	389	¥49.5	¥19,255.50
18		图像处理 汇总				¥82,551.60
19	第3分店	网页制作基础	2	312	¥32.6	¥10,171.20
20	第1分店	网页制作基础	2	211	¥32.6	¥6,878.60
21	第2分店	网页制作基础	2	218	¥32.6	¥7,106.80
22	第2分店	网页制作基础	2	212	¥32.6	¥6,911.20
23	第3分店	网页制作基础	4	230	¥32.6	¥7,498.00
24	第3分店	网页制作基础	1	278	¥32.6	¥9,062.80
25		网页制作基础 汇总				¥47,628.60
26		总计				¥186,863.80

图 12-10　"分类汇总"结果图

说明

　　1. 在分类汇总之前，必须先对分类的字段进行排序，否则分类汇总无意义。
　　2. 如取消分类汇总结果，选择"数据"选项卡，单击"分级显示"选项组中"分类汇总"按钮，打开"分类汇总"对话框，单击"全部删除"按钮即可。

12.3.5　数据筛选

　　数据筛选是把数据清单中满足筛选条件的数据显示出来，把不满足筛选条件的数据暂时隐藏起来。当筛选条件被删除时，隐藏的数据便又恢复显示。数据筛选有自动筛选和高级筛选两种方式。

数据筛选

1. 自动筛选

　　自动筛选是对各个字段建立筛选，在"自动筛选"工作表中筛选出"计算机应用基础"图书销售数量大于等于 200、小于 300 的记录。操作步骤如下。

STEP 1　选择"自定义筛选"工作表，将光标定位在数据区域 A2:F22 中的任意一个单元格中，选择"数据"选项卡，单击"排序和筛选"选项组中的"筛选"按钮，这时每一个字段的右下角都出现一个筛选箭头，如图 12-11 所示。

STEP 2　单击"图书名称"字段右下角的筛选箭头，选中"计算机应用基础"复选框，如图 12-12 所示，单击"确定"按钮，筛选出所有"计算机应用基础"的图书销售记录。

	A	B	C	D	E	F
1		图书销售情况表				
2	经销部门▼	图书名称 ▼	季度 ▼	数量 ▼	单价 ▼	销售额（元▼
3	第3分店	图像处理	4	278	¥45.9	¥12,760.20
4	第3分店	计算机应用基础	3	281	¥23.8	¥6,687.80
5	第1分店	网页制作基础	1	301	¥32.6	¥9,812.60
6	第2分店	计算机应用基础	1	306	¥23.8	¥7,282.80
7	第2分店	图像处理	2	309	¥45.9	¥14,183.10
8	第3分店	网页制作基础	2	312	¥32.6	¥10,171.20
9	第1分店	网页制作基础	2	211	¥32.6	¥6,878.60
10	第3分店	计算机应用基础	3	218	¥23.8	¥5,188.40
11	第2分店	计算机应用基础	1	221	¥23.8	¥5,259.80
12	第2分店	网页制作基础	4	312	¥32.6	¥7,498.00

图 12-11 "自动筛选箭头标记"图

STEP 3 单击"数量"字段右下角的筛选箭头，单击"数字筛选"下"自定义筛选"菜单命令，如图 12-13 所示。

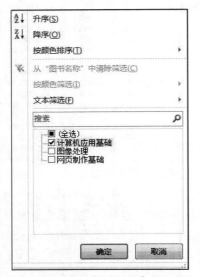

图 12-12 设置"图书名称"筛选条件

图 12-13 "自动筛选"-"数字筛选"命令图

STEP 4 在弹出的"自定义自动筛选方式"对话框中，设置数量的筛选条件为"大于或等于 200 与小于 300"，如图 12-14 所示。

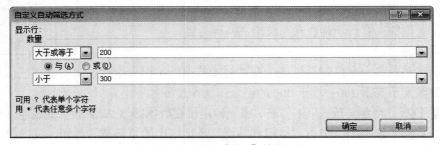

图 12-14 设置"数量"筛选条件

STEP 5 单击"确定"按钮，筛选出"计算机应用基础"图书销售数量大于等于 200、小于 300 的记录，筛选结果如图 12-15 所示。

	A	B	C	D	E	F
1			图书销售情况表			
2	经售部门	图书名称	季度	数量	单价	销售额（元）
4	第3分店	计算机应用基础	3	281	¥23.8	¥6,687.80
8	第1分店	计算机应用基础	4	210	¥23.8	¥4,998.00
9	第3分店	计算机应用基础	4	210	¥23.8	¥4,998.00
10	第3分店	计算机应用基础	3	218	¥23.8	¥5,188.40
13	第3分店	计算机应用基础	3	221	¥23.8	¥5,259.80
14	第2分店	计算机应用基础	1	228	¥23.8	¥5,426.40
19	第1分店	计算机应用基础	1	213	¥23.8	¥5,069.40
20	第2分店	计算机应用基础	2	224	¥23.8	¥5,331.20

图 12-15 自动筛选结果图

2. 高级筛选

自动筛选对各字段的筛选是"逻辑与"的关系，即同时满足多个条件。但若要实现字段间"逻辑或"的关系，即满足任一条件，则必须借助于高级筛选。

在"高级筛选"工作表中，筛选出经售部门为"第 1 分店"或销售图书数量大于且等于 230 的销售记录，操作步骤如下。

STEP 1 选择"高级筛选"工作表，在单元格区域 A25:B27 中设置条件，如图 12-16 所示。

25	经售部门	数量
26	第1分店	
27		>=230

图 12-16 高级筛选条件

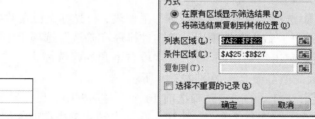

图 12-17 "高级筛选"对话框

STEP 2 选中数据区域 A2:F22，选择"数据"选项卡，单击"排序和筛选"选项组中的"高级"按钮，在弹出的"高级筛选"对话框中选择"在原有区域显示筛选结果"、将"列表区域"设置为：$A$2:$F$22、"条件区域"设置为：$A$25:$B$27，如图 12-17 所示。

STEP 3 单击"确定"按钮，完成高级筛选，结果如图 12-18 所示。

	A	B	C	D	E	F
1			图书销售情况表			
2	经售部门	图书名称	季度	数量	单价	销售额（元）
3	第1分店	图像处理	4	278	¥45.9	¥12,760.20
4	第3分店	计算机应用基础	3	281	¥23.8	¥6,687.80
5	第2分店	图像处理	2	309	¥45.9	¥14,183.10
6	第3分店	网页制作基础	2	312	¥32.6	¥10,171.20
7	第1分店	网页制作基础	2	211	¥32.6	¥6,878.60
8	第1分店	计算机应用基础	4	210	¥23.8	¥4,998.00
15	第3分店	网页制作基础	4	230	¥32.6	¥7,498.00
16	第1分店	图像处理	3	232	¥45.9	¥10,648.80
17	第3分店	计算机应用基础	4	421	¥32.6	¥13,724.60
18	第3分店	图像处理	3	560	¥45.9	¥25,704.00
19	第1分店	计算机应用基础	1	213	¥23.8	¥5,069.40
21	第3分店	网页制作基础	1	278	¥32.6	¥9,062.80
22	第1分店	图像处理	4	389	¥49.5	¥19,255.50
23						
24						
25	经售部门	数量				
26	第1分店					
27		>=230				

图 12-18 "高级筛选"结果

说明

使用高级筛选功能时，应注意以下三点。

1.可以在数据清单以外的任何位置建立条件区域，条件区域至少是两行，同一行条件关系为逻辑与，不同行之间条件关系为逻辑或。

2.条件区域的首行字段必须与数据清单相对应字段精确匹配。

3.高级筛选的结果可以在原数据清单位置显示，也可以显示在数据清单以外的位置，如果要将筛选结果显示在其他位置，这时应选择"高级筛选"对话框中"将筛选结果复制到其他位置"选项。

4.如需取消高级筛选结果，选择"数据"选项卡，单击"排序和筛选"选项组中的"清除"按钮即可。

12.4 知识拓展

12.4.1 筛选满足条件的前几项记录清单

在数据筛选使用过程中，有时只需筛选某个字段中的前几位，如筛选出销售额排名前 8 位的记录，操作步骤如下。

STEP 1 选择"图书销售情况表"工作表，将光标定位在数据区域 A2:F22 中的任意一个单元格中，选择"数据"选项卡，单击"排序和筛选"选项组中的"筛选"按钮。

STEP 2 单击"销售额（元）"字段右下角的筛选箭头，选择"数字筛选"下拉菜单中的"10 个最大的值"命令，如图 12-19 所示。

STEP 3 在打开的"自动筛选前 10 个"对话框中，设置显示区域为"最大""8""项"，如图 12-20 所示，单击"确定"按钮，筛选出销售额排在前 8 位的记录。

图 12-19 "数字筛选"条件

图 12-20 "自动筛选前 10 个"对话框

12.4.2 创建多级分类汇总

在进行分类汇总操作过程中，用户可对同一字段进行多种方式的汇总。下面对"图书销售情况表"按各季度的销售额求和汇总，同时对各季度的销售数量进行统计。操作步骤如下。

STEP 1 选择"图书销售情况表"工作表，选中数据区域 A2:F22。

STEP 2 选择"数据"选项卡，单击"排序和筛选"选项组中的"排序"按钮，打开"排序"

对话框，按照主要关键字"季度"的升序和次要关键字"图书名称"笔划的降序进行排序。

STEP 3 选择"数据"选项卡，单击"分级显示"选项组中"分类汇总"按钮，打开"分类汇总"对话框。

STEP 4 在"分类字段"下拉列表中选择"季度"选项，"汇总方式"下拉列表中选择"求和"选项，选中"选定汇总项"列表框中的"销售额"复选框。

STEP 5 单击"确定"按钮，完成各季度销售额求和分类汇总操作。

STEP 6 选择"数据"选项卡，单击"分级显示"选项组中"分类汇总"按钮，打开"分类汇总"对话框，在"分类字段"下拉列表中选择"季度"，汇总方式下拉列表中选择"计数"，将选择汇总项列表框中的"数量"选中，取消"替换当前汇总方式"复选框，如图12-21所示。

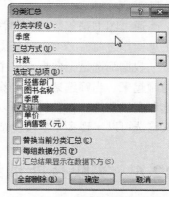

图12-21 "分类汇总"对话框

STEP 7 单击"确定"按钮。即在各季度销售额求和分类汇总的基础上，完成了各季度销售数量的计数分类汇总，结果如图12-22所示。

图书销售情况表

	经售部门	图书名称	季度	数量	单价	销售额（元）
3	第3分店	网页制作基础	1	278	¥32.6	¥9,062.80
4	第2分店	计算机应用基础	1	228	¥23.8	¥5,426.40
5	第1分店	计算机应用基础	1	213	¥23.8	¥5,069.40
6			1 计数	3		
7			1 汇总			¥19,558.60
8	第2分店	图像处理	2	309	¥45.9	¥14,183.10
9	第3分店	网页制作基础	2	312	¥32.6	¥10,171.20
10	第1分店	网页制作基础	2	211	¥32.6	¥6,878.60
11	第2分店	网页制作基础	2	212	¥32.6	¥6,911.20
12	第2分店	计算机应用基础	2	224	¥23.8	¥5,331.20
13			2 计数	5		
14			2 汇总			¥43,475.30
15	第1分店	图像处理	3	232	¥45.9	¥10,648.80
16	第3分店	图像处理	3	560	¥45.9	¥25,704.00
17	第3分店	计算机应用基础	3	281	¥23.8	¥6,687.80
18	第3分店	计算机应用基础	3	218	¥23.8	¥5,188.40
19	第3分店	计算机应用基础	3	221	¥23.8	¥5,259.80
20			3 计数	5		
21			3 汇总			¥53,488.80
22	第1分店	图像处理	4	278	¥45.9	¥12,760.20
23	第1分店	图像处理	4	389	¥49.5	¥19,255.50
24	第2分店	网页制作基础	4	218	¥32.6	¥7,106.80
25	第3分店	网页制作基础	4	230	¥32.6	¥7,498.00
26	第1分店	计算机应用基础	4	210	¥23.8	¥4,998.00
27	第3分店	计算机应用基础	4	210	¥23.8	¥4,998.00
28	第3分店	计算机应用基础	4	421	¥32.6	¥13,724.60
29			4 计数	7		
30			4 汇总			¥70,341.10
31			总计数	20		
32			总计			¥186,863.80

图12-22 "计数分类汇总"结果

说明

取消分类汇总的操作步骤如下。

1.单击汇总区域的任一单元格，选择"数据"选项卡，单击"分级显示"选项组中"分类汇总"按钮，打开"分类汇总"对话框。

2.在"分类汇总"对话框中，单击"全部删除"按钮。

12.5　任务总结

通过图书销售数据管理，主要介绍了排序、分类汇总、筛选等数据管理操作。进行分类汇总操作之前，必须先对分类字段进行排序，再对数据进行分类汇总操作。

数据筛选是把数据清单中满足筛选条件的数据显示出来，把不满足筛选条件的数据暂时隐藏起来。当筛选条件被删除时，隐藏的数据便又恢复显示。数据筛选有两种方式：自动筛选和高级筛选。自动筛选可以实现单个字段某一条件的筛选和多个字段简单条件的筛选，高级筛选可以实现多个字段复杂条件的筛选。

12.6　实践技能训练

实训1　学生成绩数据汇总

1.实训目的

① 掌握工作表简单格式设置。

学生成绩数据汇总

② 掌握排序、分类汇总数据管理的方法。

2.实训要求

① 打开"学生成绩表.xlsx"工作簿，如图 12-23 所示，将 Sheet1 工作表中 A1:E1 单元格区域合并成一个单元格，内容水平居中，将标题文字"学生成绩表"设置为"黑体、红色、21 磅、双下划线"；其他字体设置为"宋体、10 磅、居中对齐"。

	A	B	C	D	E
1	学生成绩表				
2	系别	学号	姓名	课程名称	成绩
3	信息	991021	李新	多媒体技术	74
4	计算机	992032	王文辉	人工智能	87
5	自动控制	993023	张磊	计算机图形学	65
6	经济	995034	郝心怡	多媒体技术	86
7	信息	991076	王力	计算机图形学	91
8	数学	994056	孙英	多媒体技术	77
9	自动控制	993021	张在旭	计算机图形学	60
10	计算机	992089	金翔	多媒体技术	73
11	计算机	992005	扬海东	人工智能	90
12	自动控制	993082	黄立	计算机图形学	85
13	信息	991062	王春晓	多媒体技术	78
14	经济	995022	陈松	人工智能	69
15	数学	994034	姚林	多媒体技术	89
16	信息	991025	张雨涵	计算机图形学	62
17	自动控制	993026	钱民	多媒体技术	66
18	数学	994086	高晓东	人工智能	78
19	经济	995014	张平	多媒体技术	80
20	自动控制	993053	李英	计算机图形学	93
21	数学	994027	黄红	人工智能	68
22	信息	991021	李新	人工智能	87
23	自动控制	993023	张磊	多媒体技术	75
24	信息	991076	王力	多媒体技术	81
25	自动控制	993021	张在旭	人工智能	75
26	计算机	992005	扬海东	计算机图形学	67
27	经济	995022	陈松	计算机图形学	71
28	信息	991025	张雨涵	多媒体技术	68
29	数学	994086	高晓东	多媒体技术	76

图 12-23　"学生成绩表"初始图

② 对工作表内数据清单的内容按主要关键字"课程名称"笔划的递增次序、次要关键字"成绩"的递减次序进行排序。

③ 对排序后的数据进行分类汇总，分类字段为"课程名称"，汇总方式为"平均值"，汇总项为"成绩"，汇总结果显示在数据下方。

④ 将所有学生成绩格式设置为数值型，小数点后保留 1 位小数。

⑤ 将工作簿中 Sheet1 工作表命名为"学生成绩表"，保存"学生成绩表.xlsx"文件。结果如图 12-24 所示。

	A	B	C	D	E
1	学生成绩表				
2	系别	学号	姓名	课程名称	成绩
3	计算机	992005	杨海东	人工智能	90.0
4	计算机	992032	王文辉	人工智能	87.0
5	信息	991021	李新	人工智能	87.0
6	自动控制	993053	李英	人工智能	79.0
7	数学	994086	高晓东	人工智能	78.0
8	自动控制	993021	张在旭	人工智能	75.0
9	经济	995022	陈松	人工智能	69.0
10	数学	994027	黄红	人工智能	68.0
11				人工智能 平均值	79.1
12	自动控制	993053	李英	计算机图形学	93.0
13	信息	991076	王力	计算机图形学	91.0
14	自动控制	993082	黄立	计算机图形学	85.0
15	计算机	992032	王文辉	计算机图形学	79.0
16	经济	995022	陈松	计算机图形学	71.0
17	计算机	992005	杨海东	计算机图形学	67.0
18	自动控制	993023	张磊	计算机图形学	65.0
19	信息	991025	张雨涵	计算机图形学	62.0
20	自动控制	993021	张在旭	计算机图形学	60.0
21				计算机图形学 平均值	74.8
22	数学	994034	姚林	多媒体技术	89.0
23	经济	995034	郝心怡	多媒体技术	86.0
24	信息	991076	王力	多媒体技术	81.0
25	经济	995014	张平	多媒体技术	80.0
26	信息	991062	王春晓	多媒体技术	78.0
27	数学	994056	孙英	多媒体技术	77.0
28	数学	994086	高晓东	多媒体技术	76.0
29	自动控制	993023	张磊	多媒体技术	75.0
30	信息	991021	李新	多媒体技术	74.0
31	计算机	992089	金翔	多媒体技术	73.0
32	信息	991025	张雨涵	多媒体技术	68.0
33	自动控制	993026	钱民	多媒体技术	66.0
34				多媒体技术 平均值	76.9
35				总计平均值	76.9

图 12-24 "学生成绩表汇总"结果

实训 2 人力资源数据筛选

1. 实训目的

① 掌握工作表格式化设置。

② 掌握各种数据筛选的设置方法。

人力资源数据筛选

2. 实训要求

① 打开"人力资源情况表.xlsx"工作簿，如图 12-25 所示，将 Sheet1 工作表中 A1:H1 单元格区域合并成一个单元格，内容水平居中，将标题文字"人力资源情况表"设置为"隶书、蓝色、26 磅、删除线"；其他字体设置为"宋体、12 磅、居中对齐"。

② 将工作表 Sheet1 命名为"自动筛选"。

③ 在第三行前（即王晓樱之前）插入一行数据：B051，开发部，程宇飞，男，34，硕士，

高工，4600。

	A	B	C	D	E	F	G	H
1	人力资源情况表							
2	编号	部门	姓名	性别	年龄	学历	职称	工资
3	A019	培训部	王晓樱	女	42	本科	工程师	4000
4	A030	开发部	潘鹤秀	男	42	本科	高工	4500
5	A011	工程部	张瑞科	男	41	本科	高工	5000
6	A039	开发部	李沙沙	男	39	本科	工程师	4000
7	A014	销售部	陈 红	男	37	本科	工程师	3500
8	A009	销售部	高志杰	女	37	本科	高工	5500
9	A016	工程部	许文辉	女	37	硕士	高工	5000
10	A020	销售部	姚治家	男	37	本科	高工	5000
11	A031	销售部	杜培培	男	37	本科	工程师	4000
12	A010	开发部	邢秋娜	男	36	硕士	工程师	3500
13	A003	培训部	张明静	女	35	本科	高工	4500
14	A012	工程部	李光辉	女	35	硕士	高工	5000
15	A032	开发部	刘文静	男	34	博士	高工	5500
16	A021	工程部	刘 娟	男	34	博士	高工	5500
17	A005	培训部	张 嵩	男	33	本科	工程师	3500
18	B040	开发部	李艳霞	男	33	博士	高工	5500
19	B013	工程部	刘玲玲	男	33	本科	工程师	3500
20	B004	销售部	葛源园	男	32	硕士	工程师	3500
21	A024	培训部	姚王丽	男	32	硕士	工程师	3500
22	A035	工程部	张小珂	男	32	硕士	工程师	4000
23	A034	工程部	崔焕焕	男	31	本科	工程师	3500
24	A008	开发部	李会芳	男	31	博士	工程师	4500
25	A023	开发部	孙倩文	男	31	本科	工程师	3500
26	A033	开发部	马歆玥	男	31	本科	工程师	3500
27	A025	销售部	马孟杰	男	29	本科	工程师	3500
28	A017	工程部	陈 明	男	29	硕士	工程师	3500
29	A028	开发部	刘亚辉	男	29	硕士	工程师	3500
30	A036	工程部	黄 辉	男	29	本科	工程师	3500
31	A029	培训部	孙振亚	男	28	硕士	工程师	3500

图 12-25 "人力资源情况表"初始图

④ 复制"人力资源情况表"2 次，产生 2 个新工作表，对复制所得的 2 个新表重命名为"自定义筛选""高级筛选"。

⑤ 选择"自动筛选"工作表，筛选出部门为"培训部"且职称为"工程师"的员工记录。

⑥ 选择"自定义筛选"工作表，筛选出年龄在 29～40 且学历为硕士或博士的员工记录。

⑦ 选择"高级筛选"工作表，筛选出学历为"博士"，或者工资大于 4500 的员工记录。

⑧ 以原文件名进行保存，结果如图 12-26 所示。

	A	B	C	D	E	F	G	H
1			人力资源情况表					
2	编号	部门	姓名	性别	年龄	学历	职称	工资
3	B051	开发部	程宇飞	男	34	硕士	高工	4600
6	A011	工程部	张瑞科	男	41	本科	高工	5000
9	A009	销售部	高志杰	女	37	本科	高工	5500
10	A016	工程部	许文辉	女	37	硕士	高工	5000
11	A020	销售部	姚治家	男	37	本科	高工	5000
15	A012	工程部	李光辉	女	35	硕士	高工	5000
16	A032	开发部	刘文静	男	34	博士	高工	5500
17	A021	工程部	刘 娟	男	34	博士	高工	5500
19	B040	开发部	李艳霞	男	33	博士	高工	5500
25	A008	开发部	李会芳	男	31	博士	工程师	4500
34	C001	开发部	王国浩	男	28	博士	工程师	4000
45								
46								
47								
48			学历	工资				
49			博士					
50				>4500				
51								

图 12-26 人力资源情况表"高级筛选"结果

184

13.1　任务描述

　　职称管理工作是高校人事管理工作的一项重要内容。大量毫无规律的数据不容易被记忆，相反，图形方式的表现却能给人很深的印象。在统计学中，图表是经常使用到的一种说明方式，它直观地表现了数据的规律，形象地展示了数据的趋势，使复杂、庞大的数据变得更加容易理解。职称结构统计图结果如图 13-1 所示。

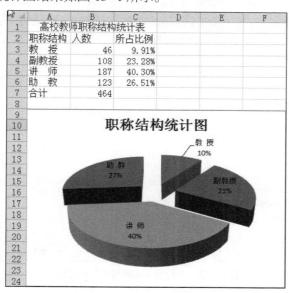

图 13-1　"职称结构统计图"结果

13.2　解决思路

本任务的解决思路如下。

① 打开"高校教师职称结构统计表.xlsx"工作簿，计算教师职称所占比例。

② 利用"开始"选项卡对字体、对齐方式、边框进行设置。

③ 选择"插入"选项卡，在"图表"选项组中单击"饼图"按钮，制作"职称结构统计图"分离型三维饼图。

④ 对"职称结构统计图"进行图表格式化设置。

⑤ 选择"文件"选项卡中的"打印"菜单命令，预览制作效果，最后保存工作簿。

13.3 任务实施

13.3.1 职称比例计算

教师职称所占比例是各职称人数与教师总人数的比，操作步骤如下。

STEP 1 打开"高校教师职称结构统计表.xlsx"工作簿，选中 B7 单元格，选择"开始"选项卡，在"编辑"选项组中单击"∑自动求和"按钮右侧的下拉按钮，选择"求和"选项，确定函数参数为"B3:B6"，按下 Enter 键，计算出教师总人数。

STEP 2 选中 C3 单元格，在编辑栏输入"=B3/$B$7"，按下 Enter 键，计算教授职称所占比例。

STEP 3 选中 C3 单元格，将鼠标指针移动到单元格的右下方，当鼠标指针由空心的"⊹"形状变为实心的"+"形状时，按下鼠标左键并向下拖动至助教所占比例单元格，松开鼠标左键，完成职称所占比例计算。

STEP 4 选择 C3:C6 区域，在选区中单击鼠标右键，在弹出的快捷菜单中选择"设置单元格格式"命令，打开"设置单元格格式"对话框，选择"数字"选项卡，将单元格数字分类设置为百分比，保留两位小数，参数设置如图 13-2 所示，单击"确定"按钮。

图 13-2 "设置单元格格式"对话框

13.3.2 创建图表

以"高校教师职称结构统计表"中的教师职称为横轴，以所占比例为纵轴，制作"职称结构统计图"分离型三维饼图，并显示各职称所占比例。操作步骤如下。

职称结构统计图制作

STEP 1 选择 A2:A6，C2:C6 数据区域。由于选取的数据范围是不连续的区域，用户在选取 A2:A6 数据区域时，按下 Ctrl 键，同时选取 C2:C6 数据区域。选取结果图 13-3 所示。

STEP 2 选择"插入"选项卡，单击"图表"选项组中的"饼图"按钮，在下拉菜单中选择"三维饼图"列表中的"分离型三维饼图"选项，如图 13-4 所示。

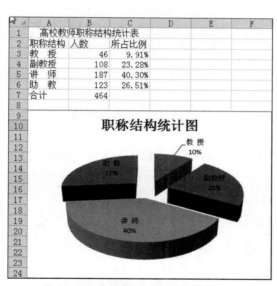

图 13-3 选取数据源 　　　　　　　　　　　图 13-4 "图表类型"选项图

STEP 3 图表生成后，选中"所占比例"图表，选择"图表工具–设计"选项卡，在"图表布局"选项组中单击"布局 1"按钮，显示各职称所占比例。

STEP 4 选择"图表工具–布局"选项卡，单击"标签"选项组中的"图表标题"下拉按钮，在弹出的下拉菜单中选择"图表上方"选项。在图表中将图表标题改为"职称结构统计图"，效果如图 13–5 所示。

图 13-5 "职称结构统计图"图表效果

 说明　　　　图表创建好之后，图表与工作表中数据之间建立了动态链接关系，即当改变工作表中的数据时，图表也会随之更新。

13.4　知识拓展

13.4.1　图表编辑

图表生成后，选中"职称结构统计图"图表，标题栏中将出现"图表工具"功能选项卡，其中包括"设计""布局""格式"选项卡。

1. "图表工具-设计"选项卡

其中包含了"类型""数据""图表布局""图表样式""位置"选项组,提供了"更改图表类型""切换行/列""选择数据"等功能。

将"职称结构统计图"修改为"职称人数分布图",操作步骤如下。

STEP 1 选中"职称结构统计图"图表,选择"图表工具-设计"选项卡,单击"数据"选项组中的"选择数据"按钮,弹出"选择数据源"对话框。

STEP 2 在"选择数据源"对话框中,单击"图表数据区域"选项后的"扩展区域"按钮,选择数据区域"A2:A6,B2:B6",如图13-6所示。单击"确定"按钮。

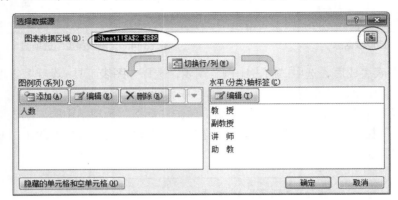

图13-6 "选择数据源"对话框

STEP 3 单击"图表布局"选项组中的"其他"下拉按钮,在展开的列表框中选择"布局4"选项。

STEP 4 选择"图表工具-布局"选项卡,单击"标签"选项组中的"图表标题"按钮,选择"图表上方"选项。

STEP 5 单击"人数"图表标题,将"人数"修改为"职称人数分布图",如图13-7所示。

图13-7 "职称人数分布图"结果

2. "图表工具-布局"选项卡

其中包含了"插入""标签""坐标轴""背景""分析""属性"选项组，提供了"插入对象""图例""数据标签""坐标轴"设置、"背景"设置等功能。

以"职称人数分布图"为例，更改图表类型为"簇状柱形图"，设置纵坐标轴格式为"最小值：20、主要刻度单位：30"，在右侧显示图例，操作步骤如下。

STEP 1 选中"职称人数分布图"图表，选择"图表工具-设计"选项卡，单击"类型"选项组中的"更改图表类型"按钮，打开"更改图表类型"对话框。在"更改图表类型"对话框中，选择"柱形图"-"簇状柱形图"选项。

STEP 2 选中"职称人数分布图"图表，选择"图表工具-布局"选项卡，单击"坐标轴"选项组中的"坐标轴"按钮，在弹出的下拉菜单中，选择"主要纵坐标轴"菜单下的"其他主要纵坐标轴选项"命令，如图 13-8 所示。打开"设置坐标轴格式"对话框。

图 13-8 "坐标轴"菜单

STEP 3 在"设置坐标轴格式"对话框中，设置"坐标轴选项"中"最小值为固定：20"、"主要刻度单位：30"，如图 13-9 所示，单击"关闭"按钮。

STEP 4 选择"图表工具-布局"选项卡，单击"标签"选项组中的"图例"按钮，在弹出的下拉菜单中，选择"在右侧显示图例"选项，结果如图 13-10 所示。

3. "图表工具-格式"选项卡

其中包含了"形状样式""艺术字样式""排列""大小"选项组，提供了"设置图表区格式""设置文本结果格式""大小"设置等功能。

以"职称人数分布图"为例，添加"茶色，背景 2，深色 10%"背景，操作步骤如下。

STEP 1 选中"职称人数分布图"图表，选择"图表工具-格式"选项卡，在"形状样式"选项组中,单击"对话框启动器"按钮,如图 13-11 所示。打开"设置图表区格式"对话框。

图 13-9 "设置坐标轴格式"对话框

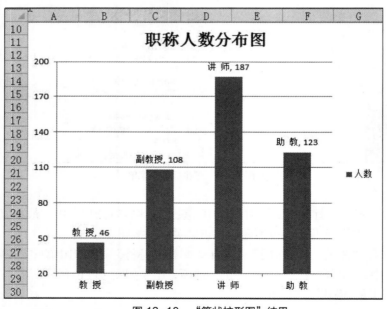

图 13-10 "簇状柱形图"结果

STEP 2 在"设置图表区格式"对话框中,选择"填充"列表中的"纯色填充"选项,在"填充颜色"中选择"主题颜色"为"茶色,背景 2,深色 10%",如图 13-12 所示。

STEP 3 单击"关闭"按钮,结果如图 13-13 所示。

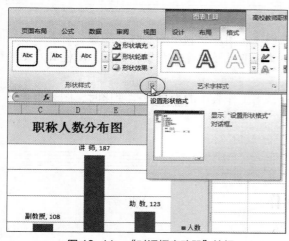

图 13-11 "对话框启动器"按钮

图 13-12 "设置图表区格式"对话框

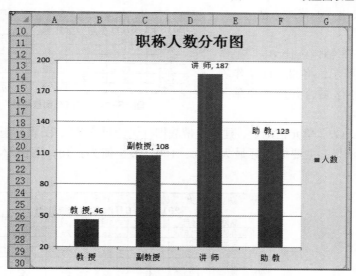

图 13-13 "设置图表区背景格式"结果

13.4.2 图表内容的增加与删除

在建好图表后，除了可以使用"图表工具–设计"选项卡中"选择数据"按钮改变图表所表示的数据范围，还提供了更简单的增加或减少数据范围的操作方法。

1. 增加数据范围

向工作表图表中添加数据，最便捷的方法是：选择要添加的数据单元格区域，按"Ctrl+C"复制功能的组合键；在图表区的空白位置，按"Ctrl+V"粘贴功能的组合键，即可完成数据内容的添加。

2. 删除图表内容

对于不需要在图表中显示的内容，可以将其删除，如果要删除图表中的某一对象，可在图表区域中将要删除的图表对象选中，按下 Delete 键，即可完成图表对象的删除。

如果要删除整个图表，可用鼠标选中图表，按下 Delete 键，即可完成删除操作。

13.5 任务总结

通过职称结构统计图，主要介绍了图表的创建。用户在制作图表时，需要了解不同数据关系的表现，图表类型的选择，特别是数据源的选取以及对图表背景、数据、图标等对象的修饰，使图表更加精致。

图表可以直观形象显示工作表的数据记录，当工作表中的数据发生变化时，图表也会随之产生变化，不需要用户重新绘制。

13.6 实践技能训练

实训1 "汽车销售统计图"制作

1.实训目的

① 掌握图表的插入方法。

② 掌握图表格式的修改方法。

2.实训要求

① 打开"汽车销售统计.xlsx"工作簿，如图13-14所示，将Sheet1工作表中 A1:G1 单元格区域合并成一个单元格，内容水平居中。

2013年1-6月汽车销售统计表						
品牌	1月	2月	3月	4月	5月	6月
奔驰	15	26	18	29	37	42
宝马	21	33	27	36	42	53
大众	46	62	53	70	86	98
福特	24	32	28	39	49	62
现代	30	41	52	60	76	92

图13-14 "汽车销售统计"初始图

② 选取"A2:G7"单元格内容，建立"带数据标记的折线图"，图表标题为"2013年1-6月汽车销售统计图"，主要纵坐标最大值为：100、最小值为：10，图例靠右显示，结果如图13-15所示。

汽车销售统计图制作

图13-15 "汽车销售统计"结果

实训 2 “设备购置情况图”制作

1. 实训目的

① 掌握公式的使用方法。

② 掌握图表的插入方法。

2. 实训要求

① 打开“设备购置情况表.xlsx”工作簿，如图 13-16 所示，将 Sheet1 工作表中 A1:D1 单元格区域合并成一个单元格，内容水平居中，将标题文字“设备购置情况表”设置为“楷体、蓝色、加粗、20 磅”。

② 计算销售额（销售额=单价*数量）；计算销售额总计；将 Sheet1 工作表命名为“设备购置情况表”。

	A	B	C	D
1	设备购置情况表			
2	产品	单价	数量	销售额
3	计算机	3900	680	
4	激光打印机	1200	250	
5	数码相机	3590	85	
6	移动硬盘（500G）	489	356	
7		总计		
8				

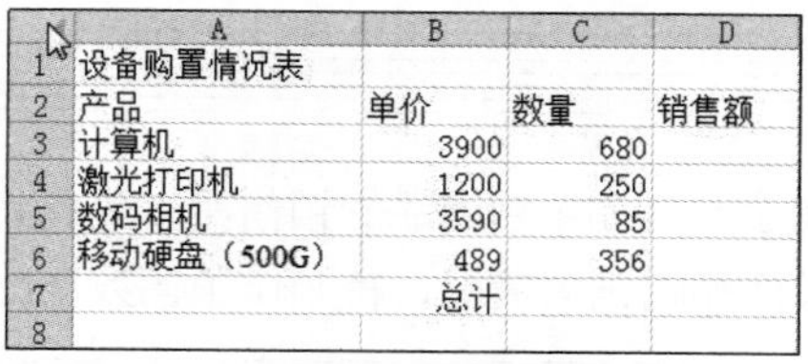

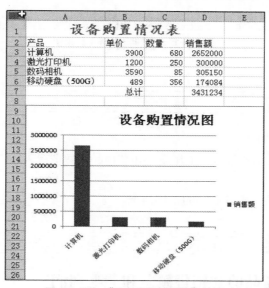

图 13-16 “设备购置情况表”初始图

③ 选取“设备购置情况表”的“产品”列和“销售额”列的单元格内容，建立“簇状柱形图”，图表标题为“设备购置情况图”，在右侧显示图例，结果如图 13-17 所示。

	A	B	C	D	E
1	设备购置情况表				
2	产品	单价	数量	销售额	
3	计算机	3900	680	2652000	
4	激光打印机	1200	250	300000	
5	数码相机	3590	85	305150	
6	移动硬盘（500G）	489	356	174084	
7		总计		3431234	

图 13-17 “设备购置情况图”结果

PART 14

任务 14
销售数据分析

14.1 任务描述

在商品销售过程中，经常会对近期销售商品的销售额、毛利润以及商品销售情况进行分析，为了确定商品品种、数量以及商品的销售情况，特制作销售数据透视表，结果如图 14-1 所示。

	A	B	C	D	E	F	G
1	销售时间	（全部）					
2							
3	求和项:销售量	列标签					
4	行标签	毕俊萍	焦晓清	李佳佳	王皓	尹培焕	总计
5	大枣	7				5	15
6	蜂蜜	1	6	3	3	2	15
7	木耳		3	5	4	3	15
8	香油	1.5	4	3	1	1	10.5
9	总计	9.5	15	11	9	11	55.5

图 14-1 "数据透视表"结果图

14.2 解决思路

本任务的解决思路如下。

① 打开"销售数据分析.xlsx"工作簿，在"商品销售情况表"中用公式计算商品的"销售额"和"毛利润"。

② 制作数据透视表分析各商品的销售情况。

14.3 任务实施

14.3.1 计算商品的"销售额"和"毛利润"

① 打开"销售数据分析.xlsx"工作簿，在"商品销售情况表"工作表中，选中 D3 单元格，选择"公式"选项卡，在"函数库"选项组中单击"插入函数"按钮，弹出"插入函数"对话框。在"插入函数"对话框中选择"VLOOKUP"函数，单击"确定"按钮，弹出 VLOOKUP函数的"函数参数"对话框。

② 在"函数参数"对话框中输入参数，"lookup-value:C3；table-array:商品进销表!$A$2:$D$6；col-index-num:2；range-lookup:0"，如图 14-2 所示。使用填充柄复制公式至最后一条记录，查找出所有商品的"单位"。

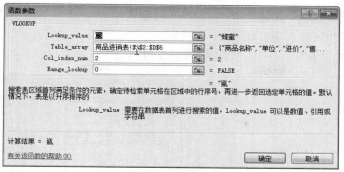

图 14-2 "函数参数"对话框

说明

"VLOOKUP"函数中,"Table-array"函数参数为绝对地址。

③ 在 F3 单元格中输入公式:"=VLOOKUP(C3,商品进销表!$A$2:$D$6,3,0)",使用公式复制查找所有产品的"进价"。

④ 在 G3 单元格中输入公式:"=VLOOKUP(C3,商品进销表!$A$2:$D$6,4,0)",使用公式复制查找所有产品的"售价"。

⑤ 销售额=售价*销售量,在 H3 单元格中输入公式:"=G3*E3",使用填充柄计算所有员工销售额。

⑥ 在 I3 单元格中输入公式:"=(G3-F3)*E3"(毛利润=(售价-进价)*销售量),使用填充柄计算所有员工销售毛利润。计算结果如图 14-3 所示。

	A	B	C	D	E	F	G	H	I
1			商品销售情况表						
2	销售时间	员工姓名	商品名称	单位	销售量	进价	售价	销售额	毛利润
3	3月5日	王皓	蜂蜜	瓶	3	20	30	90	30
4	3月5日	焦晓清	蜂蜜	瓶	5	20	30	150	50
5	3月5日	毕俊萍	大枣	斤	2	28	35	70	14
6	3月5日	尹培焕	木耳	斤	3	35	40	120	15
7	3月6日	李佳佳	蜂蜜	瓶	3	20	30	90	30
8	3月6日	王皓	香油	斤	1	17	20	20	3
9	3月6日	焦晓清	大枣	斤	2	28	35	70	14
10	3月6日	毕俊萍	香油	斤	0.5	17	20	10	1.5
11	3月6日	尹培焕	蜂蜜	瓶	2	20	30	60	20
12	3月7日	李佳佳	香油	斤	2	17	20	40	6
13	3月7日	王皓	大枣	斤	1	28	35	35	7
14	3月7日	焦晓清	木耳	斤	3	35	40	120	15
15	3月7日	毕俊萍	蜂蜜	瓶	1	20	30	30	10
16	3月7日	尹培焕	香油	斤	1	17	20	20	3
17	3月8日	李佳佳	香油	斤	1	17	20	20	3
18	3月8日	王皓	木耳	斤	2	35	40	80	10
19	3月8日	焦晓清	蜂蜜	瓶	1	20	30	30	10
20	3月8日	毕俊萍	香油	斤	1	17	20	20	3
21	3月9日	尹培焕	大枣	斤	5	28	35	175	35
22	3月9日	李佳佳	木耳	斤	5	35	40	200	25
23	3月9日	王皓	木耳	斤	2	35	40	80	10
24	3月9日	焦晓清	香油	斤	4	17	20	80	12
25	3月9日	毕俊萍	大枣	斤	5	28	35	175	35

图 14-3 "商品销售情况表"计算结果

14.3.2 制作数据透视表分析各商品的销售情况

① 选中"商品销售情况表"工作表"A2:I25"单元格区域中的任一单元格。

② 选择"插入"选项卡,单击"表格"选项组中"数据透视表"按钮,打开"创建数据透视表"对话框。

③ 在"创建数据透视表"对话框中,选中"选择一个表或区域"单选按钮,利用"表/

销售数据分析

区域"选项的"扩展区域"按钮选取"A2:I25"数据区域；"选择放置数据透视表的位置"选项组中选中"新工作表"选项，如图 14-4 所示。

④ 单击"确定"按钮，出现"数据透视表字段列表"任务窗格，如图 14-5 所示。

图 14-4 "创建数据透视表"对话框	图 14-5 "数据透视表字段列表"任务窗格

说明　　　　在"数据透视表字段列表"任务窗格中，在任务窗格中显示了报表的所有字段，将需分类的字段拖动到"报表筛选""行标签""列标签""数值"列表框中，并成为透视表的行、列标题及求和项等内容，拖入相应位置的字段将成为分项显示的依据。

⑤ 在"数据透视表字段列表"任务窗格中，将"销售时间"字段拖动到"报表筛选"列表框中；将"员工名称"字段拖动到"列标签"列表框中；将"商品名称"字段拖动到"行标签"列表框中；将"销售量"字段拖动到"数值"列表框中，如图 14-6 所示。

⑥ 设置完成后自动生成"数据透视表"，如图 14-7 所示。

图 14-6 "数据透视表字段设置"图	图 14-7 "数据透视表"结果

14.4　知识拓展

VLOOKUP 函数说明

函数名称：VLOOKUP

主要功能：搜索表区域首列满足条件的元素，确定待检索单元格在区域中的行序号，再进一步返回选定单元格的值。

使用格式：VLOOKUP（lookup-value,table-array,col-index-num,range-lookup）

参数说明：lookup-value：查找的内容；table-array：查找的区域；col-index-num：查找区域中的第几列；range-lookup：是精确查找或是模糊查找，"FALSE"或"0"表示模糊查找，"TRUE"或"非0"表示精确查找。

14.5　任务总结

本任务介绍了数据透视表的创建，数据透视表是一种交互式工作表，用于对现有工作表进行汇总和分析。在使用数据透视表时，要注意数据字段的正确选取，根据分项显示的依据内容正确布局。

14.6　实践技能训练

实训　图书销售数据透视表

1. 实训目的

① 掌握工作表格式化设置。

② 掌握页面设置与格式设置。

③ 掌握数据透视表的创建方法。

2. 实训要求及步骤

① 打开"图书销售表.xlsx"工作簿，如图 14-8 所示，将 Sheet1 工作表中 A1:D1 单元格区域合并成一个单元格，内容水平居中，将标题文字"销售表"设置为"黑体、蓝色、22 磅、双下划线"；其他字体设置为"楷体、12 磅、居中对齐"。

	A	B	C	D
1	销　售　表			
2	日期	销售员	图书名称	销售量
3	2011/12/3	甲	办公自动化	600
4	2011/12/3	乙	办公自动化	400
5	2011/12/3	丙	办公自动化	452
6	2011/12/4	甲	办公自动化	460
7	2011/12/4	乙	办公自动化	568
8	2011/12/3	甲	多媒体技术	879
9	2011/12/3	乙	多媒体技术	980
10	2011/12/3	丙	多媒体技术	345
11	2011/12/4	甲	多媒体技术	560
12	2011/12/4	乙	多媒体技术	670
13	2011/12/4	丙	多媒体技术	245

图 14-8　"图书销售表"初始图

② 表格行高设置为 20，列宽设置为 12。

③ 将表格外框线设置为黑色粗线，内框线设置为黑色细线，标题行添加橙色图案。

④ 将 Sheet1 工作表命名为"图书销售表"。

⑤ 页面设置为：A4 纵向，上、下、左、右页边距各为 3 厘米，页眉页脚边距为 1.8 厘米，水平居中，设置结果如图 14-9 所示。

	A	B	C	D
1		销 售	表	
2	日期	销售员	图书名称	销售量
3	2011/12/3	甲	办公自动化	600
4	2011/12/3	乙	办公自动化	400
5	2011/12/3	丙	办公自动化	452
6	2011/12/4	甲	办公自动化	460
7	2011/12/4	乙	办公自动化	568
8	2011/12/3	甲	多媒体技术	879
9	2011/12/3	乙	多媒体技术	980
10	2011/12/3	丙	多媒体技术	345
11	2011/12/4	甲	多媒体技术	560
12	2011/12/4	乙	多媒体技术	670
13	2011/12/4	丙	多媒体技术	245

图 14-9　"图书销售表"格式设置结果

⑥ 为"图书销售表"工作表建立一张数据透视表：把销售员作为行字段，图书名称作为列字段，销售量为数据项，而且以求和作为汇总方式，结果如图 14-10 所示。

	A	B	C	D
1	日期	(全部)		
2				
3	求和项:销售量	图书名称		
4	销售员	办公自动化	多媒体技术	总计
5	甲	1060	1439	2499
6	乙	968	1650	2618
7	丙	452	590	1042
8	总计	2480	3679	6159

图 14-10　数据透视表结果图

项目五

PowerPoint 演示文稿制作

PowerPoint 是 Office 中的重要组件之一，可以用于制作演示文稿、屏幕投影片，是目前最流行的演示文稿制作软件之一。通过本项目学习，学生应掌握 PowerPoint 2010 的主要功能以及演示文稿、幻灯片等基本概念，应掌握制作、编辑幻灯片的一般方法以及幻灯片的美化、修饰和放映、自定义动画、幻灯片切换效果等技巧，并能够将这些方法和技能灵活地运用到日常的工作和生活当中去。

本项目包括以下任务：

任务 15　制作个人简介

任务 16　制作物联网专业宣传片

任务 15
制作个人简介

15.1 任务描述

个人简介是用来介绍和推销自己的文件，在日常生活和实际工作中经常用到。刚刚踏入大学校园的小张想参加院学生会，锻炼自己的工作能力，不断提高自身素质，培养良好的人际关系。于是他使用了 PowerPoint 2010 制作了个人简介，以此让大家全面地认识自己。个人简介的显示效果如图 15-1 所示。

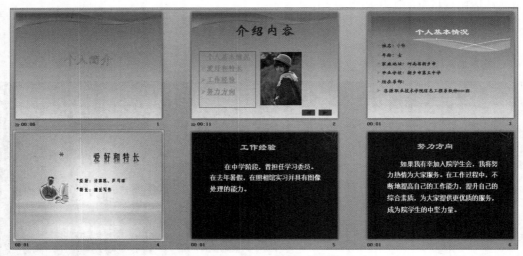

图 15-1 "个人简介"效果图

15.2 解决思路

本任务的解决思路如下。

① 设计个人简历的基本内容，收集制作演示文稿所需要的图片、文字等素材。

② 熟悉 PowerPoint 2010 界面。

③ 在 PowerPoint 2010 中创建一个空演示文稿文档，并保存为"个人简介.pptx"。

④ 利用 PowerPoint 2010 输入文本内容并调整文字的字体、字号、颜色等格式。

⑤ 插入幻灯片，对其中的版式、背景等进行设置。

⑥ 插入图片，调整图片的大小、位置等。

⑦ 创建幻灯片之间的超链接。

⑧ 设置幻灯片中对象的动画方式，设置放映幻灯片方式，并保存演示文稿。

15.3 任务实施

15.3.1 熟悉 PowerPoint 2010

启动 PowerPoint 2010 后，系统会自动创建一个空演示文稿，默认的文件名为"演示文稿 1.pptx"，编辑者指定一个盘符或文件夹对演示文稿进行保存。PowerPoint 2010 的窗口主要由标题栏、选项卡、功能区、大纲/幻灯片浏览窗格、幻灯片窗格、备注窗格和状态栏等组成，如图 15-2 所示。

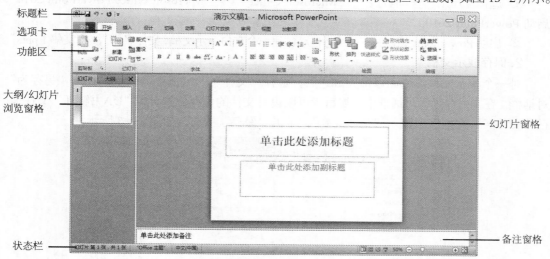

图 15-2 PowerPoint 2010 窗口

1. 标题栏

标题栏位于 PowerPoint 2010 窗口的最顶端，用于显示当前应用程序名称以及当前打开的演示文稿名称。主要包括窗口控制按钮、自定义快速工具栏图标以及演示文稿的标题、"最小化"按钮、"最大化"按钮以及"关闭"按钮。

2. 选项卡

选项卡位于标题栏下方，一般包括"文件""开始""插入""设计""切换""动画""幻灯片放映""审阅""视图"和"加载项"等选项卡。"文件"选项卡主要用于对文档进行管理，如"打开""关闭""打印"等选项，选择"文件"选项卡，则相关选项以下拉菜单的形式显示在屏幕上；选择其他选项卡，则在功能区上显示与操作相关的按钮图标。

3. 功能区

功能区位于主选项卡的下方，它包含了 PowerPoint 2010 所有的编辑功能。选择功能区上方的选项卡，与该选项卡相关的编辑命令自动显示在功能区，用户使用时只需要单击相应的按钮图标，即可执行对应的命令。

4. 大纲/幻灯片浏览窗格

大纲/幻灯片浏览窗格在窗口的左侧，在本窗格中，编辑者可通过大纲视图方式或幻灯片视图方式快速地查看整个演示文稿中的任意一张幻灯片。这种窗口分布方式方便用户编辑设置幻灯片，而且在该窗格可以方便对幻灯片实现移动、复制、删除、切换等操作。

5. 幻灯片窗格

在普通视图模式下窗口的中央是幻灯片的窗格区，可以对幻灯片的内容进行编辑、修改。

6. 备注窗格

备注窗格位于工作区的下方，用来对当前幻灯片添加备注内容。

7. 状态栏

状态栏位于窗口的最底端，可以显示幻灯片的当前页数、演示文稿的总页数和应用设计模板。

15.3.2 演示文稿的建立与保存

1. 新建演示文稿

① 选择"开始"→"程序"→"Microsoft Office"→"Microsoft Office PowerPoint 2010"，启动 PowerPoint 2010。

② 启动 PowerPoint 2010 后，系统将自动创建一个空白演示文稿，文件名为"演示文稿 1.pptx"。

2. 保存演示文稿

对一个演示文稿编辑和修饰完成之后，选择"文件"→"保存"命令，打开"另存为"对话框。在"另存为"对话框中，编辑者可以设置文件的保存位置，如"D:\书稿新"文件夹，在"文件名"文本框中输入"个人简介"，单击"保存"按钮，如图 15-3 所示。

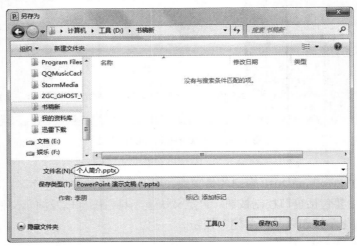

图 15-3 "另存为"对话框

说明

在 PowerPoint 2010 中常用的文件保存类型有以下 3 种。

① 演示文稿文件（*.pptx）：用户编辑和制作的演示文稿需要将其保存起来，所有在演示文稿窗口中完成的文件都保存为演示文稿文件（*.pptx），这是系统默认的保存类型。

② 演示文稿模板文件（*.potx）：PowerPoint 提供数十种经过专家细心设计的演示文稿模板，包括：颜色、背景、主题、大纲结构等内容，供用户使用。此外，用户也可以把自己制作的比较独特的演示文稿，保存为设计模板，以便用来制作相同风格的其他演示文稿。

③ 演示文稿放映文件（*.ppsx）：将演示文稿保存成固定以幻灯片放映方式打开的 ppsx 文件格式（PowerPoint 播放文档），保存为这种格式可以脱离 PowerPoint 系统，在任意计算机中播放演示文稿。

3.关闭演示文稿

当打开多个演示文稿时，若要关闭其中的某个演示文稿时，可以选择"文件"选项卡下的"关闭"选项或选择标题栏上的"关闭"按钮。

如果选择标题栏上的"关闭"按钮，或选择"文件"选项卡下的"退出"选项，则退出 PowerPoint 2010 应用程序。

4.打开演示文稿

启动 PowerPoint 2010 后，选择"文件"选项卡下的"打开"选项，打开"打开"对话框。在"打开"对话框中，选择需要打开的演示文稿，单击"打开"按钮则打开该演示文稿。对于已经存在的演示文稿，只要找到该文件的位置，双击或者用鼠标右键单击即可打开该文件。

15.3.3 幻灯片内容的编辑和设置

一般情况下演示文稿都是由多张幻灯片构成的，幻灯片是演示文稿的基本单元。

制作演示文稿（建立、保存、插入图片）

1.插入艺术字

制作"个人简介"演示文稿中的第一张幻灯片，操作步骤如下。

STEP 1 启动 PowerPoint 2010，新建了一个演示文稿 1，其中包含一张"标题幻灯片"版式的幻灯片。选择"开始"选项卡，在"幻灯片"选项组中，单击"版式"下拉按钮，打开"Office 主题"下拉列表，如图 15-4 所示。在"Office 主题下拉列表框"中，选择"空白"版式。

说明

幻灯片版式用于确定幻灯片中的对象以及各个对象之间的位置关系，PowerPoint2010 中提供了"标题幻灯片""标题和内容""两栏内容"等 11 个版式。设置版式的操作步骤如下。

① 选中需要改变版式的幻灯片。

② 单击鼠标右键，在弹出的快捷菜单中选择"版式"的下一级菜单中的任一选项。

图 15-4 设置幻灯片版式

STEP 2 选择"插入"选项卡，在"文本"选项组中，单击"艺术字"按钮，在弹出的下拉列表中选择一种艺术字样式，效果如图 15-5 所示，同时在主选项卡中增加了"绘图工具-格式"选项卡。

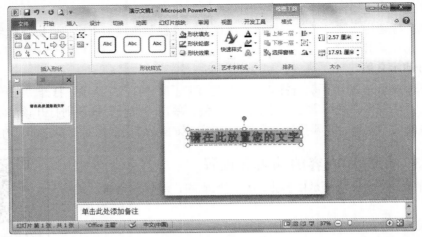

图 15-5 艺术字输入框

STEP 3 艺术字插入后并不是用户需要的内容，而是系统默认的文字，用户需要对其进行修改。在输入框中，输入"个人简介"，并将艺术字的字体设置为"华文新魏"、字号为 60 磅、粗体。

STEP 4 选中需要设置形状的艺术字，如"个人简介"，在"艺术字样式"选项组中，单击"文本效果"下拉按钮，如图 15-6 所示。

STEP 5 在弹出的下拉列表中，选择"转换"→"朝鲜鼓"形状，艺术字的设置效果如图 15-7 所示。

图 15-6 文本效果的设置

图 15-7 "艺术字形状"设置

2. 输入文本和内容

制作"个人简介"演示文稿中的其他幻灯片，操作步骤如下。

STEP 1 选择"开始"选项卡，在"幻灯片"选项组中，单击"新建幻灯片"按钮，在弹出的"Office 主题"下拉列表中选择"标题和内容"版式，插入第 2 张幻灯片。

说明

在演示文稿中插入幻灯片的常用方法有以下两种。
① 在"开始"选项卡中，单击"新建幻灯片"下拉按钮。
② 使用组合键〈Ctrl+M〉。

STEP 2 在标题占位符中，输入标题"介绍内容"。在内容占位符中输入"个人基本情况""爱好和特长""工作经验"和"努力方向"。

说明

　　占位符是指幻灯片上带有虚线或者阴影边缘的框，框内有"单击此处添加标题"之类的提示语，一旦单击之后，提示语自动消失。在 PowerPoint 2010 中，除了"空白版式"之外，其他幻灯片版式中至少包含一个占位符。

　　添加的幻灯片，用户可以直接在文本占位符中输入文本。如果要在占位符以外的地方输入文本，则必须使用文本框。在"插入"选项卡中，单击"文本"选项中的"文本框"下拉按钮，在弹出的下拉菜单中，选择"横排文本框"或"垂直文本框"命令，即可插入一个文本框，然后在插入的文本框中添加文本。

　　在编辑的过程中，如果需要更改占位符的位置，可单击选中需要修改的占位符，在出现尺寸控制点之后，拖动尺寸调整其大小。当鼠标指针变为四个箭头时，可将占位符拖动到新位置。选中占位符边框后按〈Delete〉键可删除占位符。

STEP 3 在当前演示文稿中新建第 3 张幻灯片，选择"标题和内容"版式，在标题占位符和文本占位符中输入幻灯片文本内容。

STEP 4 新建第 4 张幻灯片时，选择"两栏内容"版式，在标题占位符和文本占位符中输入幻灯片文本内容。在内容占位符中单击"剪贴画"按钮█，打开"剪贴画"任务窗格，在"搜索文字"文本框中输入"人物"，单击"搜索"按钮，如图 15-8 所示。

　　系统会在 Office 提供的剪贴画集中搜索人物类剪贴画并将结果显示在下拉列表中，在列表框中选择合适的图片，单击"确定"按钮，则将所选的剪贴画插入到当前幻灯片中，效果如图 15-9 所示。

图 15-8　"剪贴画"任务窗格

图 15-9　第 4 张幻灯片效果

① 将剪贴画插入到幻灯片中的方法主要有两种，一种是利用幻灯片版式建立带有剪贴画占位符的幻灯片；另一种是直接向幻灯片中插入剪贴画。如果直接向幻灯片中插入剪贴画，可以选择"插入"选项卡，在"图像"选项组中，单击"剪贴画"按钮，打开"剪贴画"任务窗口。

② 在幻灯片中插入使用的图片可以是剪贴画，也可以是来自文件的图片、自选图形、艺术字等。选择"插入"选项卡，在"图像"选项组中，单击"图片"按钮，打开"插入图片"对话框，可以在"插入图片"对话框中，设置查找图片的位置，如 D：\图片，如图 15-10 所示。在对话框中选择合适的图形文件，单击"插入"按钮，即可在当前幻灯片中插入图片。

图 15-10　"插入图片"对话框

③ 在插入的图片上单击，则图片处于编辑状态，在图片的四周出现 8 个空心小句柄，用户可以拖动空心小句柄对图片进行移动位置、改变大小等操作。把鼠标移到句柄上，当鼠标变为双向箭头状时，拖动鼠标可以改变图片的大小；在图片上按住鼠标不放，拖动鼠标可以改变图片的位置；把鼠标移到绿色小圆圈上，按住鼠标不放拖动鼠标可以旋转图片。编辑者可通过"图片"工具栏对图片进行适当的调整和修改。插入图片的效果如图 15-11 所示。

图 15-11　第 2 张幻灯片中插入图片的效果

STEP 5 完成演示文稿其他内容的输入和制作。

3. 设置文本和段落格式

在 PowerPoint 2010 中，对文本段落的设置是修饰演示文稿的重要内容。无论是教学课件，还是产品发布宣传片，美化文本段落格式有强化视觉效果的作用，所以制作专业而观赏性强的演示文稿，需要对文本段落进行细致的设置。设置"个人简介"演示文稿各幻灯片中文本和段落格式，操作步骤如下。

STEP 1 选中第2张幻灯片的标题"介绍内容"，选择"打开"选项卡，在"字体"选项组中，单击"字体"按钮，打开"字体"对话框。在"字体"对话框中，将中文字体设置为"华文新魏"，字体样式为"加粗"，大小为72磅，如图15-12所示。

STEP 2 单击"字体颜色"下拉列表框，选择"其他颜色"，弹出"颜色"对话框。在"颜色"对话框中，选择"自定义"选项卡，设置颜色为蓝色（红色55、绿色10、蓝色255），如图15-13所示，单击"确定"按钮，返回"字体"对话框，单击"确定"按钮，则将字体颜色设置为蓝色。

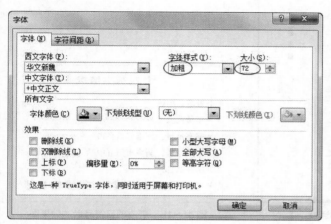

图 15-12 "字体"对话框

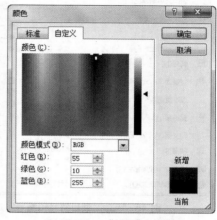

图 15-13 "颜色"对话框

STEP 3 设置第2张幻灯片文本内容"个人基本情况、爱好和特长、工作经验、努力方向"的字体为"仿宋体"，字体样式为"加粗"，大小为36磅。

STEP 4 选择"开始"选项卡，在"段落"选项组中，单击"对话框启动器"按钮，打开"段落"对话框。在"段落"对话框中，设置文本的行距、段前以及段后，分别为"单倍行距""12磅""6磅"，其他参数为默认值，如图15-14所示。

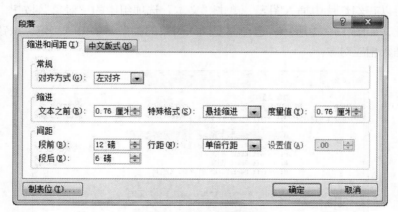

图 15-14 "段落"对话框

STEP 5 用同样方法，设置其他几张幻灯片的标题、正文以及段前、段后、行距等参数，字体颜色用户自己设置。

4. 设置项目符号和编号

选中第 3 张幻灯片文本内容，单击鼠标右键，在弹出的快捷菜单中选择"项目符号"→"箭头项目符号"命令，如图 15-15 所示，效果如图 15-16 所示。用户也可根据需要选择列表中的其他样式。

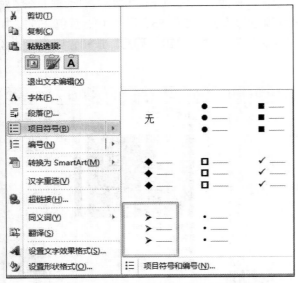

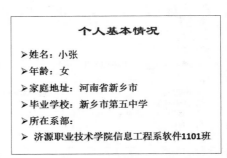

图 15-15 "项目符号和编号"对话框　　　　　图 15-16 更改项目符号后的效果图

5. 插入对象

在幻灯片中插入图片可以使幻灯片图文并茂，进而使整个演示文稿显得生动、美观，更具有吸引力。编辑者可在幻灯片中插入剪贴画和艺术字，也可插入公式、表格、图表和组织结构图等对象。

插入对象的常用方法与 Word 中插入对象的方法基本相同。在"插入"选项卡中，单击"表格"选项组中的"表格"按钮，可以在幻灯片中插入表格；单击"插图"选项组中的"图表"按钮，可以在幻灯片中插入图表。单击"文本"选项组中的"对象"按钮，打开"插入对象"对话框，如图 15-17 所示，选择需要插入对象的类型，单击"确定"按钮，即可在当前幻灯片中插入相应对象。

图 15-17 "插入对象"对话框

如果在幻灯片中插入 SmartArt 组织结构图，单击"插图"选项组中的"SmartArt"按钮，打开"选择 SmartArt 图形"对话框,如图 15-18 所示。选择一种图示类型,单击"确定"按钮,即可在当前幻灯片中插入一种 SmartArt 图形。

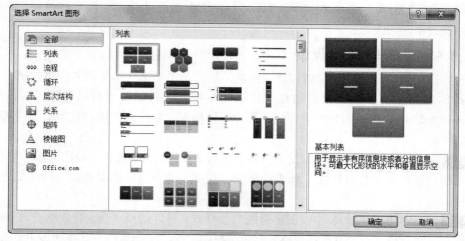

图 15-18 "选择 SmartArt 图形"对话框

15.3.4 使用主题

PowerPoint 中自带的主题样式比较多,用户可以根据当前的需要选择其中的任一种。主题样式是包含演示文稿样式的文件,包括项目符号、字体的类型和大小、占位符大小和位置、背景设计和填充、配色方案以及幻灯片母版和可选的标题母版等。编辑者可以将主题样式应用于所有的或选定的幻灯片,而且也可以在一个演示文稿中应用多种类型的主题样式。要更改演示文稿的风格,最方便的方法就是更换主题样式。

① 选中需要设置主题颜色的幻灯片,如第 1 张幻灯片,选择"设计"选项卡,在"主题"选项组中,选择"流畅"主题,默认将其主题样式应用于所有幻灯片。应用主题样式后的效果如图 15-19 所示。

图 15-19 应用"主题样式"效果图

② 不同幻灯片可以有不同的设计主题，选中第 2 张幻灯片，在"主题"选项组中，单击"其他"按钮，打开"所有主题"下拉列表，右键单击"波形"主题，在弹出的快捷菜单中选择"应用于选定幻灯片"命令，可将第 2 张幻灯片的主题设置成"波形"。用同样的方法给其他幻灯片设置不同的主题。

15.3.5 设置幻灯片背景

没有应用主题的幻灯片背景默认是"白色"的，为了丰富演示文稿的视觉效果，可以设置幻灯片的背景。演示文稿中的幻灯片可以使用相同的背景，也可以使用不同的背景。PowerPoint 2010 中自带有多种背景样式，用户可以根据需要挑选使用。设置幻灯片背景的操作步骤如下。

STEP 1 选中需要重新设置背景的幻灯片，如第 2 张幻灯片，选择"设计"选项卡，在"背景"选项组中，单击"背景样式" ％ 下拉按钮，在弹出的下拉列表中选择一种样式应用于当前幻灯片。

STEP 2 如果当前下拉列表中没有合适的背景样式，可以选择"设置背景格式"，弹出"设置背景格式"对话框。在"设置背景格式"对话框中，在"预设颜色"下拉列表中，选择"雨后初晴"，方向为"线性向下"，如图 15-20 所示。单击"关闭"按钮，自定义的背景样式就会被应用于当前的幻灯片中。

图 15-20   "设置背景格式"对话框

15.3.6 使用配色方案

PowerPoint 中自带的主题样式如果都不能符合需求，用户还可以自行搭配颜色以满足需要，每种颜色的搭配都会产生一种视觉效果。PowerPoint 2010 中提供了多种不同的配色方案。在演示文稿中应用主题样式后，可以自己从配色方案中选择其中一种配色方案应用于演示文稿，从而改变幻灯片或演示文稿的视觉效果。通过这种方式，可以很容易地更改幻灯片或整个演示文稿的配色方案，并确保新的配色方案和演示文稿中的其他幻灯片相协调。使用配色方案的操作步骤如下。

STEP 1 选中需要修改配色的幻灯片，如第 3 张幻灯片，选择"设计"选项卡，在"主题"选项组中，单击"颜色" 下拉按钮，在弹出的下拉列表中选择"凤凰九天"命令即可将该配色方案应用于当前幻灯片。

STEP 2 如果当前下拉列表中没有合适的主题颜色，还可以在下拉列表中选择"新建主题颜色"命令，弹出"新建主题颜色"对话框，如图 15-21 所示。

STEP 3 在"新建主题颜色"对话框中，可以自行选择适当的颜色进行整体的搭配，然后单击"保存"按钮，所选择的自定义颜色就会直接应用于当前幻灯片中。

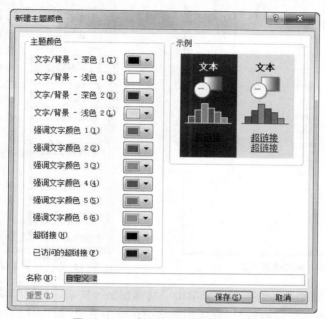

图 15-21　"新建主题颜色"对话框

15.3.7　设置动画效果

为了使演示文稿的内容更加富有动感、更加吸引观众的注意力、更加强调重点内容，在创建演示文稿时，可以为幻灯片中的文本和其他对象添加动画效果。PowerPoint 2010 提供了默认的动画方案，编辑者可以直接使用。设置动画效果的操作步骤如下。

动态设计幻灯片（超链接、动画、幻灯片切换）

STEP 1 选中第 1 张幻灯片中的艺术字"个人简介"，选择"动画"选项卡，在"动画"选项组中，单击"形状"按钮，则设置"个人简介"的动画为"形状"。单击"其他"按钮，则可以显示出其他动画方案。单击 "效果选项"按钮，可以设置动画的"方向""形状"以及"序列"。

说明

在 PowerPoint 中，可以为文本、图片等各个对象添加动画，所以自定义动画之前，必须选中幻灯片的某个元素。

在 PowerPoint 2010 中系统共提供了四大类动画效果，分别为"进入""强调""退出"和"动作路径"，每种效果又包含了不同形式的效果。动作路径效果可以让对象沿着路径展示其动画效果。PowerPoint 2010 提供了一些路径效果，比如"直线""弧形""转弯""形状""循环"和"自定义路径"等。

STEP 2 在"高级动画"选项组中，单击"添加动画"下拉按钮，在弹出的下拉列表中可以重新选择需要使用的动画效果，如图 15-22 所示。

STEP 3 用户可以选择已有的路径，还可以添加动作路径。选择"动作路径"选项，弹出"添加动作路径"对话框，如图 15-23 所示。选择需要的动作路径，比如"S 形曲线 1"效果。

图 15-22 添加动画效果　　　　图 15-23 "添加动作路径"对话框

STEP 4 在"高级动画"选项组中，单击"动画窗格"按钮，打开"动画窗格"对话框。单击鼠标右键选择添加的动画效果，在弹出的快捷菜单中选择"单击开始"命令项，如图 15-24 所示，将动画设置为单击后开始播放。

图 15-24 "动画窗格"对话框　　　　图 15-25 "S 形曲线 1"对话框

说明
快捷菜单中各个命令的含义如下。
① "单击开始"命令是指按需要单击后才开始播放动画。
② "从上一项开始"命令是指设置的动画效果会与前一个动画效果一起播放。
③ "从上一项之后开始"命令是指设置的动画效果会跟着前一个动画播放。

STEP 5 在快捷菜单中选择"效果选项"命令,打开"S 形曲线 1"对话框,如图 15-25 所示。在"声音"下拉列表中选择"鼓掌"选项。在"动画文本"下拉列表中选择"按字母"选项,单击"确定"按钮,完成设置。

STEP 6 设置第 2 张幻灯片的标题"介绍内容"的动画为自右侧的"飞入"效果。使用同样的方法,可以为第 2 张幻灯片中的文本添加合适的动画效果。

STEP 7 选中第 3 张幻灯片标题内容"个人基本情况",单击"添加动画"按钮,将动画效果设置为"强调"中的"字体颜色"。

STEP 8 根据爱好,用户自己设置其他幻灯片中对象的动画效果。

说明
在放映的过程中,对幻灯片中动画播放的顺序也可以进行调整。具体的操作步骤如下:
① 在"高级动画"选项组中,单击"动画窗格"按钮,打开"动画窗格"对话框;
② 选择"动画窗格"对话框中需要调整顺序的动画,单击窗格下方的"重新排序"左侧或右侧的按钮调整即可。
另外,选中需要调整顺序的动画,按住鼠标左键不放拖动到适当的位置,再松开鼠标,也可以重新排序动画。

15.3.8 超链接设置

为了使幻灯片放映过程更方便灵活、放映效果更佳、更加突显交互性,可以创建超链接。在 PowerPoint 2010 中,使用超链接可以从一张幻灯片跳转至另一张幻灯片。超链接的对象可以是文本、图形或其他对象等。

1. 为文本创建超链接

为第 2 张幻灯片中的文本创建超链接,操作步骤如下。

STEP 1 选中第 2 张幻灯片中"爱好和特长"文本,选择"插入"选项卡,在"链接"选项组中单击"超链接"按钮,打开"插入超链接"对话框,如图 15-26 所示。

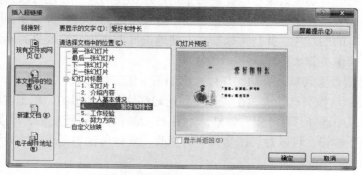

图 15-26 "插入超链接"对话框

STEP 2 选择"链接到"列表框中的"本文档中的位置",然后在右侧的"请选择文档中的位置"列表框中选择要链接到的幻灯片标题,如"4.爱好和特长",单击"确定"按钮。

STEP 3 用同样的方法,为其他文本对象设置超链接。

说明

幻灯片的超链接可以链接到的目标有:现有文件或网页、本文档中的位置、新建文档和电子邮件地址等。用户可以根据演示文稿的需要有针对性地选择。

如果要删除超链接,选中超链接的文字或图片后,按快捷键〈Ctrl+K〉,打开"编辑超链接"对话框,单击其中的"删除链接"按钮;或者选中对象单击鼠标右键,在弹出的快捷菜单中选择"删除超链接"命令。

2.设置按钮的交互

动作按钮是预先设置好带有特定动作的图形按钮。应用设置好的按钮,可以实现在放映幻灯片时跳转的目的。

① 选中第2张幻灯片。

② 选择"插入"选项卡,在"插图"选项组中,单击"形状"下拉按钮,在弹出的下拉列表中选择"动作按钮"组中的"后退或前一项"按钮,返回幻灯片中,在幻灯片的底部按住鼠标左键不放,并拖动绘制出按钮。

③ 松开鼠标后,弹出"动作设置"对话框,如图15-27所示。选择"单击鼠标"选项卡,选中"超链接到"单选按钮,在其下拉表框中选择"上一张幻灯片",同时选中"播放声音"复选框,在其下拉列表框中选择"鼓掌";选择"鼠标移过"选项卡,选中"播放声音"复选框,并在其下拉列表中选择"鼓掌",单击"确定"按钮,完成设置。

图15-27 "动作设置"对话框

15.3.9 设置幻灯片的切换效果

幻灯片切换效果是在幻灯片放映视图中,从一张幻灯片过渡到下一张幻灯片时出现的类似动画的效果。幻灯片切换效果可以控制每张幻灯片切换的速度,还可以为其添加声音。为幻灯片添加切换效果最好是在幻灯片浏览视图中进行,因为在幻灯片浏览视图中用户可以看到演示文稿中所有的幻灯片,并且可以非常方便地选择要添加切换效果的幻灯片。设置幻灯片的切换效果,操作步骤如下。

STEP 1 选择要设置切换效果的幻灯片,比如第1张幻灯片。

STEP 2 选择"切换"选项卡,在"切换到此幻灯片"选项组中,单击"其他" 按钮,在弹出的下拉列表中选择"百叶窗"效果,如图15-28所示。设置完毕,可以预览切换效果。单击"效果选项"按钮,可以对切换变体进行更改,变体可让您更改切换效果的属性,如变换的方向或颜色。

说明

如果想使切换效果更逼真，可以为其添加声音效果，操作步骤如下。

① 选择要添加声音效果的幻灯片。

② 选择"切换"选项卡，在"计时"选项组中，单击"声音"右侧的 ▾ 按钮，在弹出的下拉列表中选择"风铃"效果，放映时就会自动应用到当前幻灯片中。

在切换幻灯片时，用户还可以为其设置持续的时间，从而控制切换的速度。用户在播放幻灯片时，还可以根据需要设置换片的方式，例如，单击换片或是设置自动换片的时间从而自动换片。换片方式如果选中"单击鼠标时"复选框，则演示文稿在放映时需要用户通过单击鼠标来换片。若选中"设置自动换片时间"复选框，在播放幻灯片时，经过所设置的秒数后就会自动地切换到下一张幻灯片。

图 15-28　设置幻灯片切换效果

15.3.10　放映幻灯片

制作演示文稿的目的就是把演示文稿演示给观众观看，为了最终放映，因此设置演示文稿的放映方式也是很关键的步骤。默认情况下，幻灯片的放映方式为普通手动放映。可以根据实际需要，设置幻灯片的放映方式，如自动放映、自定义放映和排练计时放映等。

1.幻灯片放映

普通放映方式便于演讲者掌握演示的时间，在放映演示文稿时幻灯片是按照次序一张一张地播放。普通手动放映的操作步骤如下。

STEP 1 打开演示文稿，选择"幻灯片放映"选项卡，单击"开始放映幻灯片"功能组中的"从头开始"按钮。

STEP 2 系统开始播放幻灯片，按〈Enter〉键或空格键切换到下一张幻灯片。

2.自定义放映

"自定义幻灯片放映"方式，可以选中演示文稿中的幻灯片进行有选择地播放。如播放"个人简介"演示文稿中第 3 张、第 5 张和第 6 张幻灯片，操作步骤如下。

STEP 1 打开演示文稿，选择"幻灯片放映"选项卡，在"开始放映幻灯片"选项组中，单击"自定义幻灯片放映"按钮。

STEP 2 在弹出的下拉菜单中选择"自定义放映"命令，打开"自定义放映"对话框，如图 15-29 所示。

STEP 3 在"自定义放映"对话框中，单击"新建"按钮，弹出"定义自定义放映"对话框，如图 15-30 所示。在"在演示文稿中的幻灯片"的列表中，依次选中"3.个人基本情况""5.工作经验""6.努力方向"，单击"添加"按钮，则将 3 张幻灯片添加到右侧的"在自定义放映中的幻灯片"列表中。

图 15-29　"自定义放映"对话框

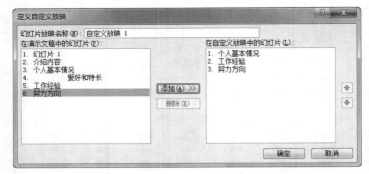

图 15-30　"定义自定义放映"对话框

STEP 4 单击"确定"按钮，返回"自定义放映"对话框，单击"放映"按钮。即可观看自动放映的效果。

3.使用排练计时

作为一名演示文稿的制作者，在公共场合演示时需要掌握好演示的时间，为此需要测定幻灯片放映时的停留时间。具体的操作步骤如下。

STEP 1 打开"个人简介.pptx"演示文稿，选择"幻灯片放映"选项卡，在"设置"选项组中，单击"排练计时"按钮。

STEP 2 系统会自动切换到放映模式，并弹出"录制"对话框，如图 15-31 所示。在"录制"对话框中会自动计算出当前幻灯片的排练时间，时间的单位为"秒"。

STEP 3 排练完成，系统会显示一个提示消息框，显示当前幻灯片放映的总时间，如图 15-32 所示。单击"是"按钮，即可完成当前幻灯片的排练计时。

图 15-31　"录制"对话框

图 15-32　提示消息框

15.3.11 设置放映方式

通过使用"设置幻灯片放映"功能，用户可以自定义放映类型、换片方式和笔触颜色等选项。设置幻灯片放映方式，操作步骤如下。

STEP 1 打开演示文稿，选择"幻灯片放映"选项卡，在"设置"选项组中，单击"设置幻灯片放映"按钮，打开"设置放映方式"对话框，如图 15-33 所示。

STEP 2 选择放映类型为"演讲者放映（全屏幕）"，选中"循环放映，按〈ESC〉键终止"复选框，如图 15-33 所示，单击"确定"按钮，完成放映方式设置。在"设置放映方式"对话框中，还可以设置放映幻灯片、换片方式等相关数据。

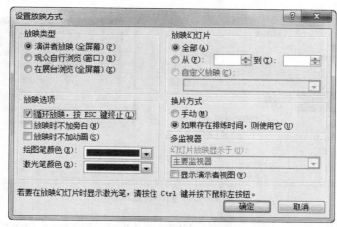

图 15-33　"设置放映方式"对话框

说明

　　PowerPoint 2010 提供了 3 种演示文稿的放映类型：演讲者放映（全屏幕）、观众自行浏览（窗口）和在展台浏览（全屏幕）。用户可以根据需要，选择演示文稿的放映类型。

　　① 演讲者放映（全屏幕）。这种放映方式可以全屏显示演示文稿，这是最常用的方式，通常演讲者播放演示文稿时使用。在这种放映方式下演讲者具有完整的控制权，并可以采用自动或人工方式进行放映，鼠标在屏幕上出现，放映过程中允许激活控制菜单，能进行画线、调整播放顺序等操作。

　　② 观众自行浏览（窗口）。这种放映方式可让观众控制演示，使观众更具有参与感。这种演示文稿一般出现在小窗口内，并提供命令在放映时可编辑、移动、复制和打印幻灯片。在此方式中，不能单击进行放映，只能自动放映或使用滚动条放映，同时也可以打开其他程序。

　　③ 在展台浏览（全屏幕）。这种放映方式可以自动运行演示文稿。如果展台、会议或其他地点需要运行无人管理的幻灯片放映，可以选择此种放映方式。在放映过程中，除了保留鼠标指针用于选择屏幕对象进行放映外，其他功能将全部失效，终止放映只能使用〈Esc〉键。

15.3.12 打印演示文稿

演示文稿制作完成后，不但可以在计算机上展示，而且如果需要还可以将幻灯片打印出来进行长久保存。PowerPoint 的打印功能非常强大，不仅可以将幻灯片打印到纸上，还可以打印到投影胶片上通过投影仪放映。在打印之前编辑者通过页面设置命令，可以设置打印幻灯片大小、方向等，还可以通过打印预览观看幻灯片整体视觉效果。

1. 打印设置

① 选择"文件"选项卡→"打印"命令，打开打印设置界面，如图 15-34 所示。

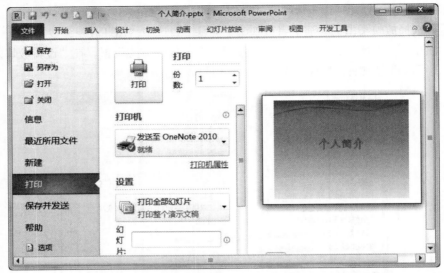

图 15-34 打印设置界面

② 单击"打印机属性"按钮，弹出"Microsoft Office Document Image Write"对话框，可以设置页面大小和方向等。

③ 单击"设置"选项中的"打印全部幻灯片"下拉按钮，在弹出的下拉列表中可以设置需要打印的页面；单击"整页幻灯片"下拉按钮，在弹出的下拉列表中可以设置打印的版式、边框和大小等选项；单击"调整"右侧的向下按钮，在弹出的下拉列表中可以设置打印排列的顺序。单击"颜色"下拉按钮，可以设置幻灯片打印时的颜色。

2. 演示文稿的打印

单击"打印"选项中的"份数"右侧的向上按钮，可以设置打印份数。当各种属性设置完成后，单击"打印"按钮，即可打印幻灯片。

15.4　知识拓展

15.4.1　PowerPoint 2010 视图方式

PowerPoint2010 提供了多种查看幻灯片的视图方式，主要有普通视图、幻灯片浏览视图、阅读视图及备注页视图四种方式。在不同的视图中，可以使用相应的方式查看和操作幻灯片。每种视图都有自己特定的显示方式和特色，并且在一种视图中对演示文稿的修改和加工会自动反映到该演示文稿的其他视图中。选择"视图"选项卡，在"演示文稿视图"选项组中，单击"普通视图"按钮，即可按普通视图方式对幻灯片进行编辑和查看。

1. 普通视图

普通视图是 PowerPoint 2010 默认的视图方式。在这种视图方式中用户可以方便、快捷地制作和编辑幻灯片，并且可以通过左边的任务窗格查看幻灯片的整体效果。

（1）查看视图模式

在 PowerPoint 2010 工作界面中，选择"视图"选项卡，就会看到目前幻灯片所应用的视图模式，如图 15-35 所示，也可以直接在状态栏内查看幻灯片的视图模式。

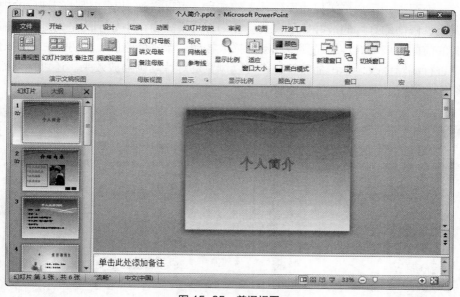

图 15-35　普通视图

（2）选择"大纲"窗格

在普通视图下又分为"大纲"和"幻灯片"两种视图模式。如果用大纲视图，选择普通视图左侧窗格的"大纲"选项卡，可以切换到大纲视图，这时选项卡中的幻灯片是以文字的形式表示的，如图 15-36 所示。在大纲视图中，仅显示幻灯片的标题和主要的文本信息，适合组织和创建演示文稿的内容，在该视图中，按编号由小到大的顺序和幻灯片内容的层次关系，显示演示文稿中全部幻灯片编号、圈标、标题和主要的文本信息等。

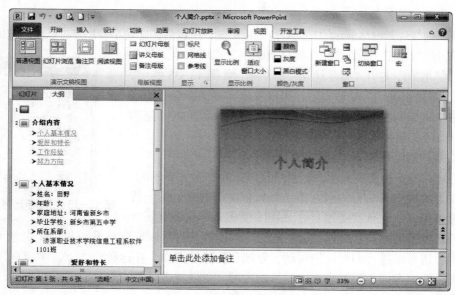

图 15-36　大纲视图

（3）选择"幻灯片"窗格

在普通视图模式下，可以根据需要选择任务窗格中的幻灯片/大纲窗格，如果用幻灯片视图则选择"幻灯片"选项卡，这时选项卡中的幻灯片是以图标的形式来表示的，如图 15-37 所示。在该视图中，用户一次只能操作一张幻灯片，可以详细观察和设计幻灯片的内容。该模式是调整、修饰幻灯片的最好显示模式。在幻灯片模式窗口中显示的是幻灯片的缩略图，在每张图的前面有该幻灯片的序列号和动画播放按钮。单击缩略图，即可在右边的幻灯片编辑窗口中进行编辑修改，单击播放按钮，可以浏览幻灯片动画播放效果。还可拖动缩略图，改变幻灯片的位置，调整幻灯片的播放次序。

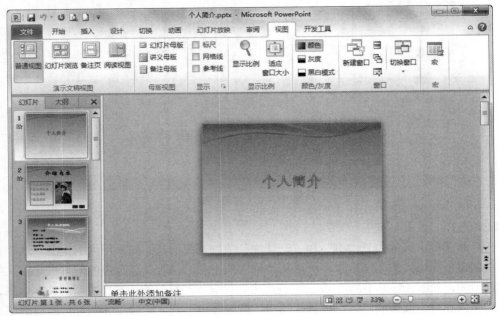

图 15-37　幻灯片视图

（4）更改幻灯片的大小

由于"幻灯片"窗格显示的是幻灯片的缩略图，所以视图比较小，用户可以更改它的大小。

① 选择"视图"选项卡，在"显示比例"选项组中，单击"显示比例"按钮，打开"显示比例"对话框，如图 15-38 所示。

② 在"显示比例"对话框中，可以根据需要选择合适的比例，单击"确定"按钮。使用状态栏右侧的"显示比例"拖动条也可以改变幻灯片的大小。

2. 幻灯片浏览视图

在幻灯片浏览视图模式下，幻灯片是以缩略图形式显示的，第一张幻灯片排在第一行的最左边，然后依次向右排，第一行排满了再排第二行，依次类推。在该视图模式下可以浏览所有

图 15-38　"显示比例"对话框

幻灯片的整体效果，很直观地了解所有幻灯片的情况，可以很容易看到各幻灯片之间的搭配是否协调，还可以进行幻灯片的移动、复制和删除等操作。在这种模式下，不能直接编辑和修改幻灯片的内容，如果要修改幻灯片的内容，可以双击某张幻灯片，即可切换到幻灯片编辑窗口后进行编辑。

选择"视图"选项卡，在"演示文稿视图"选项组中，单击"幻灯片浏览"按钮，或者单击状态栏右侧的 ▦ 按钮，可切换到幻灯片浏览视图窗口，如图 15-39 所示。

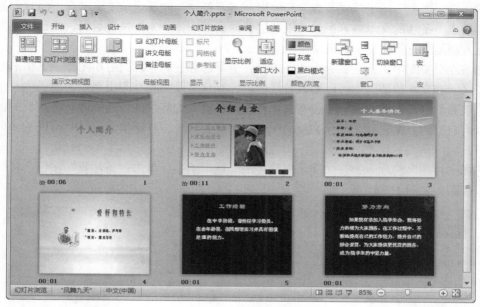

图 15-39　幻灯片浏览视图

3. 阅读视图

阅读视图主要用于自己查看演示文稿，而非通过大屏幕放映演示文稿。如果要更改演示文稿，可以随时通过阅读视图切换到某个其他视图。

选择"视图"选项卡，在"演示文稿视图"选项组中，单击"阅读视图"按钮，即可切换到阅读视图模式，如图 15-40 所示。

图 15-40　阅读视图

在阅读视图模式下，用户可以查看该幻灯片的放映效果，如果需要进行更改可以按〈Esc〉

键退出阅读视图模式。

4. 备注页视图

备注页视图主要用于建立、修改和编辑演讲者备注，以及记录演讲者在讲演时所需的一些提示重点。备注的文本内容虽然可以通过普通视图的备注窗格进行编辑，但是备注页视图可以更方便地进行备注文字编辑操作。

在备注页视图中，备注页分为两个部分：上半部分是幻灯片的缩小图像，下半部分是文本预留区。在文本预留区中可以输入备注内容，并且可以将其打印出来作为演讲稿。用户可以一边观看幻灯片的缩略图，一边在文本预留区内输入幻灯片的备注内容。备注页的备注部分可以有自己的方案，它与演示文稿的配色方案彼此独立，打印演示文稿时可以选择只打印备注页。

选择"视图"选项卡，在"演示文稿视图"选项组中，单击"备注页"按钮，可切换到备注页视图，如图 15-41 所示。

图 15-41　备注页视图

在默认情况下，PowerPoint 2010 按整页缩放比例显示备注页。因此，在输入或编辑演讲备注内容时，按默认的显示比例阅读文本是比较困难的，可以根据需要适当增大显示比例。在备注页视图中，可以用图表、图片、表格或其他插图装饰备注。

说明

如果要将内容或格式应用于幻灯片中的所有备注页，可以更改备注母版。例如，如果将学院的徽标或其他剪贴画放置在所有备注页上，需将该图标添加到备注母版中。或者，如果更改所有备注使用的字体样式，需在备注母版上更改该样式，可以更改幻灯片区域、备注区域、页眉、页脚、页码和日期的外观和位置。

15.4.2　管理幻灯片

1. 添加幻灯片

一般情况下演示文稿都是由多张幻灯片构成的，在 PowerPoint 2010 中需要用户手动插入新幻灯片时，选择"开始"选项卡，在"幻灯片"选项组中，单击"新建幻灯片"按钮；或在左侧任务窗格中单击鼠标右键，在弹出的快捷菜单中选择"新建幻灯片"命令；或者在普通视图模式下按〈Enter〉键，即可在当前编辑的幻灯片后插入一张新幻灯片。

如果想在当前幻灯片之前插入一张新幻灯片，可切换至"大纲"视图，将插入点移至幻灯片图标编号后，按〈Enter〉键即可。

在当前演示文稿中还可以添加其他演示文稿中的幻灯片，操作步骤如下。

STEP 1 选定要插入幻灯片的位置，选择"开始"选项卡，在"幻灯片"选项组中，单击"新建幻灯片"下拉按钮，在弹出的下拉列表中选择"幻灯片（从大纲）"菜单命令，弹出"插入大纲"对话框，如图 15-42 所示。

图 15-42   "插入大纲"对话框

STEP 2 在"插入大纲"对话框中，在文件类型中选择"所有文件（*.*）"，选择要插入的演示文稿，单击"插入"按钮，即可将需要的演示文稿插入到所选定的幻灯片之后。

2. 复制幻灯片

复制幻灯片的方法有很多，也很灵活，可以依照 Windows 操作系统中文件的复制方法进行。

（1）使用幻灯片浏览视图复制

① 选择"视图"选项卡，在"演示文稿视图"选项组中，单击"幻灯片浏览"按钮，将视图切换至幻灯片浏览视图模式。

② 选中需要复制的幻灯片（可以是多张）。连续幻灯片的选择：按下〈Shift〉键同时，单击被选幻灯片第一张和最后一张。不连续幻灯片的选择：按住〈Ctrl〉键，单击所需的幻灯片。

③ 按住〈Ctrl〉键，并拖动鼠标至目的地，拖动鼠标时，可以看见一条垂直线随着光标的移动而移动，垂直线的位置即表示幻灯片插入的位置。释放鼠标，所选中的幻灯片即被复制到插入点。

（2）使用复制命令

① 选择需要复制的幻灯片，选择"开始"选项卡，在"剪贴板"选项组中，单击"复制"按钮。

② 切换到目标位置，进行"粘贴"操作。

（3）使用快捷菜单复制

在任务窗格的大纲区选中需要复制的幻灯片单击鼠标右键，在弹出的快捷菜单中，选择"复制"命令，并将其复制到剪贴板，然后在目标位置的幻灯片处单击鼠标右键，在弹出的快捷菜单中选择"粘贴"命令，新幻灯片将复制到目标位置。

（4）使用"复制所选幻灯片"选项复制

① 选择需要复制的幻灯片，选择"开始"选项卡，在"幻灯片"选项组中，单击"新建幻灯片"下拉按钮，弹出下拉菜单，如图15-43所示。

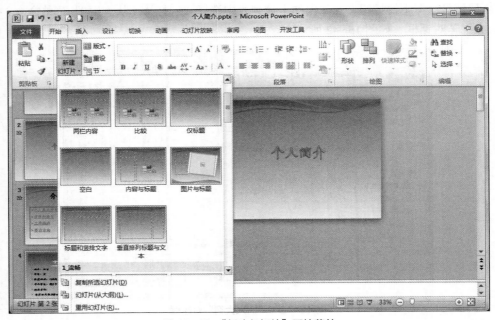

图 15-43 "新建幻灯片"下拉菜单

② 在弹出的下拉菜单中选择"复制所选幻灯片"命令，即可完成对所选幻灯片的复制操作。

③ 切换到目标位置，进行"粘贴"操作。

3．移动幻灯片

移动幻灯片是把演示文稿中选中的幻灯片从原来的位置移动到另一位置，也就是调整幻灯片的顺序。操作方法类似于复制，区别是拖动鼠标进行幻灯片移动时不按〈Ctrl〉键。

4．删除幻灯片

当某张幻灯片不再需要时，可以将其删除，常用的操作方法有 3 种。

（1）直接删除

在 PowerPoint 2010 工作界面左侧的任务窗格中，选择需要删除的幻灯片，按〈Delete〉键，即可删除所选的幻灯片。

（2）使用快捷菜单

在需要删除的幻灯片上单击鼠标右键，在弹出的快捷菜单中选择"删除幻灯片"命令，此时就会直接删除所选的幻灯片。

（3）方法三

① 在 PowerPoint 2010 工作界面左侧的任务窗格中，单击"大纲"选项卡，切换到"大

纲"任务窗格中，然后把光标移动到需要删除的幻灯片的图标上单击鼠标左键，就会选中这张幻灯片上的所有内容，然后按〈Delete〉键。

② 此时会弹出提示信息框，如图 15-44 所示，提示"此操作将删除一张幻灯片及其注释页和图形。是否继续？"，单击"是"按钮，即可删除所选的幻灯片。

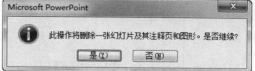

图 15-44 "Microsoft PowerPoint" 提示信息框

15.5 任务总结

本任务通过制作个人简介演示文稿，介绍了演示文稿的创建、保存等基本方法以及幻灯片的制作、文本格式及段落格式的设置；图片、图形文件等对象的插入；幻灯片的版式设计、背景以及修饰和美化、幻灯片之间的超链接、自定义动画以及放映设置等操作，通过本任务的学习，应当掌握使用 PowerPoint 2010 制作 PPT 以及放映、设置动画的基本方法，并能够将这些方法应用到日常的演讲、求职、推广产品等实际生活中。创建演示文稿，离不开文本和对象的操作和美化。

15.6 实践技能训练

实训 1 演示文稿的创建和修饰

1. 实训目的

① 掌握建立演示文稿的方法。
② 掌握幻灯片的编辑、剪贴画的插入方法。
③ 掌握演示文稿字体、段落和背景的修饰方法。
④ 掌握应用设计模板使用方法。
⑤ 了解配色方案的使用方法。
⑥ 了解幻灯片切换和放映方式的设置方法。

2. 实训要求

① 新建一个演示文稿，介绍和展示唐朝著名诗人李白的佳作。按照图 15-45 所示输入以下文本内容。

② 在 PowerPoint 2010 的工作界面中，选择"设计"选项卡，在"主题"选项组中，单击 按钮，在下拉列表中选择"暗香扑面"主题。

③ 设置第一张幻灯片的版式为"标题幻灯片"，单击标题的占位符，输入标题为："李白诗歌欣赏"，再单击副标题的占位符，输入副标题"讲解人：李冬梅"。 输入完成后，你会发现这里的标题和副标题分别以指定的字体、字号显示，因为这是该模板默认的颜色搭配，你也可以选中文字再修改。

④ 在没有占位符的位置输入文本，如在该页幻灯片中插入时间。选择"插入"选项卡，在"文本"选项组中，单击"文本框"按钮，在下拉菜单中选择"横排文本框"。在文本框中输入"2016 年 5 月 8 日"，然后选中文字，选择"开始"选项卡，在"字体"选项组单击相应的按钮，设置字体为"黑体"、字号为"24"、颜色为"黑色"。

⑤ 选择"开始"选项卡，在"幻灯片"选项组中，单击"新建幻灯片"按钮，插入第二

张幻灯片，设置幻灯片版式为"两栏内容"。

图 15-45　实训 1 效果图

⑥ 在第二张幻灯片中，单击标题占位符，输入"李白经典诗歌欣赏"，单击文本占位符，输入"静夜思，早发白帝城，望天门山，其他诗歌。"设置文本字体为黑体、字号为"28"；设置段落对齐为"左对齐"，段前 10 磅、段后 0。

⑦ 类似的操作，再插入第三张和第四张幻灯片。注意第四张幻灯片使用文件中的图片作为背景。

⑧ 保存演示文稿，文件名为"李白诗歌欣赏"，保存类型为"PowerPoint 演示文稿（*.pptx）"。

实训 2　演示文稿动画效果的设置

1. 实训目的

① 掌握幻灯片文本和对象的动画设置方法，包括自定义动画中的进入、退出和强调的使用。

② 了解各种动画特效的参数设置。

③ 掌握动作按钮、文本和对象的超链接设置方法。

④ 掌握幻灯片的放映设置中放映类型、放映选项、换片方式等的使用。

⑤ 了解幻灯片的放映方式。

2. 实训要求

① 新建一个演示文稿介绍济源市的著名旅游景点，最初的效果如图 15-46 所示。

② 在第一张幻灯片前面插入一张幻灯片，设置版式为"仅标题"，并插入艺术字"济源欢迎你"，并将"文本效果"设置为"转换"中的"朝鲜鼓"。

③ 将第二张幻灯片的版式设置为"标题和内容"。在内容占位符中插入"SmartArt"图形中的"基本射线图"。各个形状组织图中输入文本，将文本字体样式设置为"华文行楷"、加粗、字号为 24 磅，颜色为蓝色（请用自定义标签的红色 0、绿色 0、蓝色 255）。为文本"王屋山""小浪底""小沟背""九里沟"建立超链接，将其文本链接至对应的幻灯片。

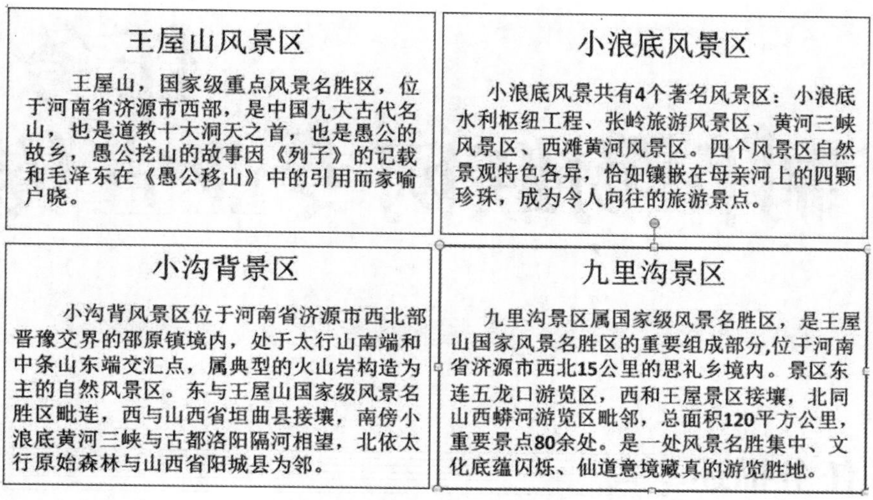

王屋山风景区
王屋山，国家级重点风景名胜区，位于河南省济源市西部，是中国九大古代名山，也是道教十大洞天之首，也是愚公的故乡，愚公挖山的故事因《列子》的记载和毛泽东在《愚公移山》中的引用而家喻户晓。
小浪底风景区
小浪底风景共有4个著名风景区：小浪底水利枢纽工程、张岭旅游风景区、黄河三峡风景区、西滩黄河风景区。四个风景区自然景观特色各异，恰如镶嵌在母亲河上的四颗珍珠，成为令人向往的旅游景点。
小沟背景区
小沟背风景区位于河南省济源市西北部晋豫交界的邵原镇境内，处于太行山南端和中条山东端交汇点，属典型的火山岩构造为主的自然风景区。东与王屋山国家级风景名胜区毗连，西与山西省垣曲县接壤，南傍小浪底黄河三峡与古都洛阳隔河相望，北依太行原始森林与山西省阳城县为邻。
九里沟景区
九里沟景区属国家级风景名胜区，是王屋山国家风景名胜区的重要组成部分,位于河南省济源市西北15公里的思礼乡境内。景区东连五龙口游览区，西和王屋景区接壤，北同山西蟒河游览区毗邻，总面积120平方公里，重要景点80余处。是一处风景名胜集中、文化底蕴闪烁、仙道意境藏真的游览胜地。

图 15-46 实训 2 初始图

④ 将第一张幻灯片的背景样式设置为“羊皮纸”。

⑤ 将第三张幻灯片的版式设置为“两栏内容”。将标题的动画设置为“飞入”的进入效果，“单击时”开始播放，持续时间为“2 秒”，文本部分动画自己设置。

⑥ 将第四张幻灯片的标题动画设置为退出的“消失”效果，开始“上一动画之后”，文本部分动画设置为“退出-形状”，“单击时”开始播放，持续时间为“3 秒”。

⑦ 用 PowerPoint 2010 中的“气流”主题修饰全文。

⑧ 全部幻灯片的切换效果设置为“细微型”的“蜂巢”，单击鼠标时换片，“持续时间 1 秒”。将演示文稿放映方式设置为“演讲者放映（全屏幕）”。最终效果如图 15-47 所示。

济源欢迎你
济源旅游景点导航
王屋山风景区
小浪底风景区
小沟背风景区
九里沟风景区

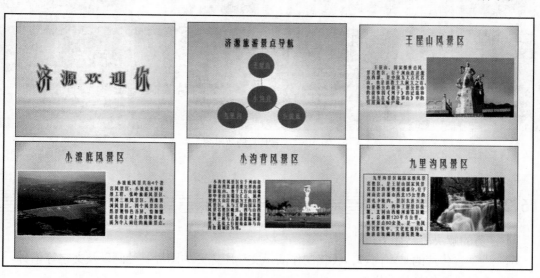

图 15-47 实训 2 效果图

PART 16

任务 16
制作物联网专业宣传片

16.1　任务描述

　　在日常的生活和实际工作中，经常会策划一场活动，用来推广一个产品或宣传一个主题，宣传片的制作是不可缺少的。宣传片的制作要新颖、独到，充分彰显个性和思想。信息工程系申报了物联网技术应用专业，为了宣传和介绍新专业，系里组织了一场 PPT 制作大赛，以此推动大家学习和了解物联网及其相关产业。宣传片的效果如图 16-1 所示。

图 16-1　宣传片的效果图

16.2　解决思路

　　本任务的解决思路如下。

① 设计宣传片的基本内容，收集制作演示文稿所需要的图片、动画以及文字等素材。

② 自己设计幻灯片的模板。

③ 使用模板来修饰整个演示文稿。

④ 插入 Flash 控件。

⑤ 将 Word 文档直接转换为 PPT。

⑥ 将演示文稿进行打包。

16.3　任务实施

16.3.1　个性化模板的制作与使用

1. PowerPoint 模板的制作

PowerPoint 2010 为用户提供了很多的主题模板，可以方便用户使用。当然这些模板也不能完全满足用户的需要，用户也可以自己设计和制作个性化的模板来改变整个演示文稿的风格。为了能够充分展示自己的个性和风格，创作模板之前，应先收集或制作好备用的背景图片、装饰小图标等，再制作一份演示文稿，然后将其保存为模板，以后直接使用和修改即可。

① 制作好演示文稿之后，选择"文件"→"另存为"选项，打开"另存为"对话框，如图 16-2 所示。

② 在"保存类型"下拉列表框中选择"PowerPoint 模板（*.potx）"选项，在"文件名"文本框中输入模板的名字"宣传片.potx"，然后单击"保存"按钮。

说明　PowerPoint 2010 中模板的默认路径为 C:\Users\Administrator\AppData\Roaming\Microsoft\Templates"。用户在保存模板文件时，不需要随意改变保存位置，否则模板无法在"幻灯片设计"任务窗格中的应用设计模板中出现。

图 16-2　"另存为"对话框

2. 个性化模板的使用

① 启动 PowerPoint 2010，选择"文件"→"新建"命令，打开"可用的模板和主题"设置面板。

② 单击"我的模板"选项，弹出"新建演示文稿"信息框，如图 16-3 所示，在个人模板中单击保存好的"宣传片.potx"即可。

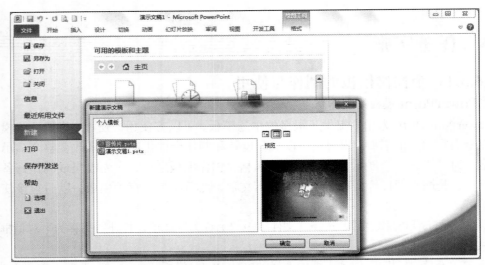

图 16-3　"新建演示文稿"信息框

16.3.2　母版设计

幻灯片母版是幻灯片层次结构顶层结构中的顶层幻灯片，用于存储有关演示文稿的主题和幻灯片版式的信息，包括幻灯片的背景、颜色、字体、效果、占位符的大小和位置。每个演示文稿至少包含一个幻灯片母版。使用幻灯片母版的主要优点是可以对演示文稿中的每张幻灯片进行统一的样式更改，并且以后再插入的幻灯片在格式上都与母版相同。所以，使用幻灯片母版非常省时和方便，可以通过改变设计母版来改变整个演示文稿中幻灯片的外观。

母版视图分为幻灯片母版、备注页母版和讲义母版 3 种。

1. 幻灯片母版

① 选择"视图"选项卡，在"母版视图"选项组中，单击"幻灯片母版"按钮，即可进入编辑幻灯片母版的状态。幻灯片母版决定了幻灯片的外观，用于设置幻灯片的标题、正文文字样式等，包括字体、字号、字体颜色、阴影等效果，也可以设置幻灯片的背景、页眉页脚等，如图 16-4 所示。

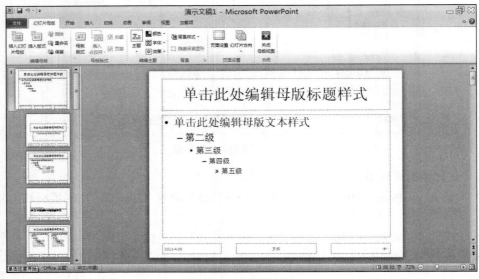

图 16-4　幻灯片母版

② 在"背景"选项组中，单击"背景样式"下拉按钮，在弹出的下拉列表中，选择"设置背景格式"命令，打开"设置背景格式"对话框，选择"图片或纹理填充"单选按钮，如图 16-5 所示。

③ 单击"文件"按钮，弹出"插入图片"对话框，选择需要的图片文件后，单击"插入"按钮。

④ 如果需要将所有幻灯片都应用同一种背景，则单击"全部应用"按钮。

⑤ 在"编辑主题"选项组可以对幻灯片母版的主题以及颜色、字体、效果等进行设置。

⑥ 设置母版完成之后，在"关闭"选项组中，单击"关闭母版视图"按钮，即可将幻灯片母版效果应用到当前的演示文稿中。

2.讲义母版

讲义母版用来对讲义进行格式设置，通常需要打印输出，因此讲义母版的设置大多和打印页面有关。它允许设置一页讲义中包含几张幻灯片，设置页眉页脚、页码等信息。讲义母版共分为 5 个区域：页眉区、日期区、幻灯片区、页脚区、数字区，如图 16-6 所示。

3.备注母版

备注母版是用来对备注进行格式设置，一般也是用来打印输出的，所以备注母版的设计大多也和打印页面有关。备注母版共分为 6 个区域：页眉区、日期区、幻灯片区、备注文本区、页脚区、数字区。

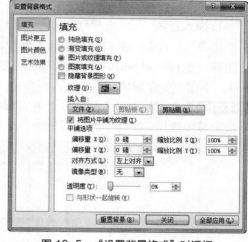

图 16-5　"设置背景格式"对话框

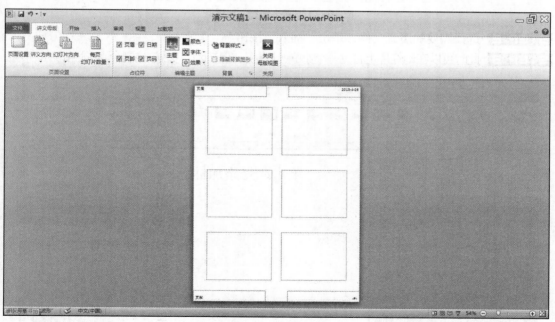

图 16-6　讲义母版

16.3.3　插入音频、视频

在 PowerPoint 2010 中可以插入图片来美化和装饰幻灯片，还可以使用声音、视频等多媒体对象，使演示文稿从声音到画面多角度地向观众展示信息。当然，在使用多媒体元素时，应该切合演示文稿的主题需要，使演示文稿的效果锦上添花，但是也要注意适可而止，否则会使演示文稿冗长、累赘。

1. 插入音频

用户可以在制作的幻灯片中插入声音，以便为幻灯片内容进行讲解，或者为其添加背景音乐等。在 PowerPoint 2010 中插入声音的方式主要有剪贴画音频、文件中的音频和录制音频 3 种。下面主要介绍从文件中插入声音的方法，操作步骤如下。

STEP 1 选择"插入"选项卡，在"媒体"选项组中，单击"音频"下拉按钮。在弹出的下拉菜单中选择"文件中的音频"命令，弹出"插入音频"对话框，如图 16-7 所示。

图 16-7 "插入音频"对话框

STEP 2 选择需要的声音文件，单击"插入"按钮。

STEP 3 此时可以在幻灯片上看见一个小喇叭图标，在其下方有播放控制台，如图 16-8 所示。

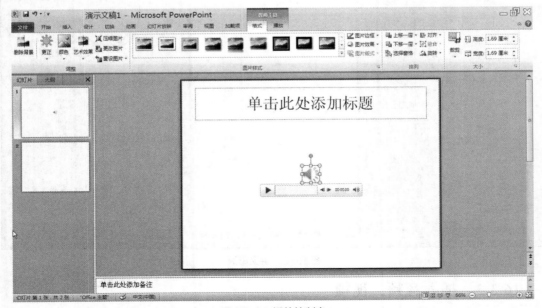

图 16-8 播放控制台

STEP 4 可以单击控制台上的"播放"按钮，来测试一下声音是否正常。这个控制台只是声音的一个控件，并不直接显示到幻灯片上，在编辑时只要不选中声音图标就看不到该控件了。

STEP 5 音频文件插入后默认播放形式是单击播放，用户需要在演示幻灯片时把鼠标指针移动到声音图标上，此时就会出现声音控制台，单击"播放"按钮开始播放声音。

STEP 6 如果需要打开幻灯片的同时播放声音，则需要选择"播放"选项卡，在"音频选项"选项组中，单击"开始"下拉按钮，在弹出的下拉列表中选择"自动"命令。设置自动播放音频的操作完成后，在播放幻灯片时就会自动播放声音。

2. 直接插入视频

PowerPoint 2010 中的视频包括文件中的视频、来自网站的视频和剪贴画视频 3 种。可以在幻灯片中插入的视频格式主要有 avi、mpg、wmv 等常用的视频格式，可以插入的动画则主要是 GIF 动画。下面介绍插入文件中的视频，操作步骤如下。

STEP 1 运行 PowerPoint 2010 程序，打开需要插入视频的幻灯片。

STEP 2 选择"插入"选项卡，在"媒体"选项组中，单击"视频"下拉按钮。在弹出的下拉菜单中，选择"文件中的视频"命令，打开"插入视频文件"对话框，如图 16-9 所示。

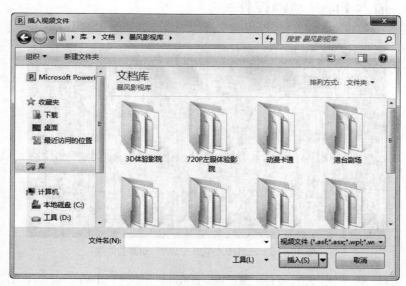

图 16-9　"插入视频文件"对话框

STEP 3 选中需要插入的视频，单击"插入"按钮，就可以将视频插入到幻灯片中。此时就会看到视频框已经出现在幻灯片上，视频的大小和位置都是默认的，不仅可以调整它的位置、大小、亮度等，还可以进行剪裁、重新着色等。

STEP 4 将鼠标指针移动到视频框的内部就会变成 ✛ 形状，然后按住鼠标左键并拖动，在操作过程中就会出现一个虚框来表示当前的位置，移到指定的位置后释放鼠标即可。

STEP 5 如果需要调整视频框的大小，则可以将鼠标指针移动到视频框的任意一个角上，当鼠标变成 ↖ 形状时按住鼠标左键并拖动，在操作过程中就会出现一个虚框来表示当前大小，调整到指定大小后松开鼠标，即可。

STEP 6 如果需要对视频框的大小进行一些剪裁，可以选择"格式"选项卡，在"大小"

选项组中，单击"剪裁"按钮，此时视频框的四周会出现黑色的剪裁框，把指针移动到黑色的剪裁框上当其变为"T"形状时按住鼠标左键。

STEP 7 按住鼠标左键向要剪裁的方向拖动，此时即可看到裁剪去的区域变成灰色。裁剪完成后，裁剪过的视频和没有裁剪的视频的输出图像大小有明显区别。

STEP 8 设置完成后，可以播放幻灯片查看效果。在 PowerPoint 中插入视频默认的播放方式是单击播放。如果需要改变成自动播放，则选择"播放"选项卡，在"视频选项"选项组中，单击"开始"下拉列表框，选择"自动"选项即可。

说明　　这种方法是将事先准备好的视频作为文件直接插入到幻灯片中，特点是操作简便、直观，但是使用这种方法将视频文件插入到幻灯片后，PowerPoint 只提供简单的"暂停"按钮和"继续播放"控制，而没有其他更多的操作按钮可供选择。使用插入 Flash 控件可以将视频文件作为控件插入到幻灯片中，该方法有多种可供选择的操作按钮，播放进程可以完全自己控制，更加方便、灵活。该方法更适合 PowerPoint 课件中图片、文字、视频在同一页面的情况。

16.3.4　插入 Flash 动画控件

在演示文稿插入 Flash 动画，可以增强幻灯片的放映效果。如图 16-10 所示。

图 16-10　在宣传片中加入 SWF 动画的效果

Flash 动画是 SWF 格式的文件，但 PowerPoint 不支持 SWF，必须在计算机中安装 Macromedia 的 Shockwave Flash 控件后方可插入。具体的操作步骤如下。

STEP 1 选择"文件"→"选项"命令，打开"PowerPoint 选项"对话框，如图 16-11 所示。在左窗格中选择"自定义功能区"，在右窗格中选中"开发工具"复选框，单击"确定"按钮，则将"开发工具"选项卡添加到主选项卡区。

STEP 2 选择"开发工具"选项卡，在"控件"选项组中，单击 ✲ 按钮，打开"其他控件"对话框，如图 16-12 所示。

STEP 3 选择"Shockwave Flash Object"对象（技巧：按 S 键可快速定位到【S】开头的对象名），单击"确定"按钮，此时鼠标变成"十"字光标，在需要插入 SWF 动画的幻灯片窗口用鼠标拖动，出现一个适当大小的 X 矩形框，如图 16-13 所示。X 矩形框的大小就是演示文稿播放 SWF 动画时的区域大小。

图 16-11　"PowerPoint 选项"对话框

STEP 4 在"控件"选项组中，单击"属性"按钮，打开属性窗口，设置 EmbedMovie 为"True"，如图 16-14 所示。

STEP 5 设置 Movie 属性，指定该控件加载的 SWF 动画的路径以及名称。注意文件名要包括扩展名。

STEP 6 保存控件设置属性，关闭属性窗口。

STEP 7 选择"幻灯片放映"选项卡，在"开始放映幻灯片"选项组中，选择相应的按钮，便可以观看播放效果。

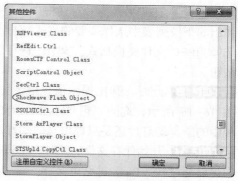

图 16-12　"其他控件"对话框

图 16-13　幻灯片中 X 矩形框区域

图 16-14　对象的属性窗口

说明

① SWF 格式幻灯片相对于 DOC、WPS、PDF 等文件格式，优点非常明显：一是它不但可以像幻灯片一样一页页查看，而且缩放时图形、图像不会失真；二是界面友好，操控方便，最新版本支持 Word 文件中的超链接、有文本搜索功能、文本选择复制功能、还可以选择区域打印；三是文档比较小，易于发到网络上，同时它又具有很强的保密性，可以防止浏览者进行复制、粘贴等，保护用户的劳动成果；四是跨平台，对客户端要求不高，只要有 Flash 播放控件的计算机都能浏览。

② SWF 文件要与 PPT 文件放在同一个文件夹里，直接填写要插入的 SWF 文件名即可。如果 SWF 文件和 PPT 文件不在同一个文件夹，必须填写"路径名\SWF 文件名"。

16.3.5　将幻灯片另存为其他格式

演示文稿除了可以保存为幻灯片格式外，还可以保存为其他格式，下面以保存为 JPG 格式的图片为例，介绍将演示文稿另外保存为其他格式，操作步骤如下。

STEP 1 打开需要转换成 JPG 文件的幻灯片文件，选择"文件"→"另存为"命令，打开"另存为"对话框。

STEP 2 在"另存为"对话框中，设置保存位置和名称，单击"保存类型"下拉按钮，在弹出的下拉列表中选择需要的格式，在此选择"JPEG 文件交换格式"，单击"保存"按钮。

图 16-15　"Microsoft PowerPoint"提示信息框

STEP 3 此时，弹出提示信息框，如图 16-15 所示，询问"想要导出演示文稿中的所有幻灯片还是只导出当前幻灯片？"，单击"每张幻灯片"按钮。

STEP 4 开始保存文件，此时在 PowerPoint 窗口下有一个绿色的保存进度条，在保存过程中可以通过按〈Esc〉键结束保存。

STEP 5 PowerPoint 2010 以 JPG 格式保存后会弹出提示信息框，如图 16-16 所示，提示已经保存完毕并且保存在指定的目录下。

STEP 6 用户可以进入保存目录下查看幻灯片的保存效果。

图 16-16　"Microsoft PowerPoint"提示信息框

16.3.6　打包演示文稿

在不同的计算机中软件环境不尽相同，有的计算机中可能没有安装 PowerPoint，使用播放程序可以在没有安装 PowerPoint 的计算机中放映幻灯片。PowerPoint 播放器是 PowerPoint 中的一个应用程序，它可以让用户在没有安装 PowerPoint 的计算机上运行演示文稿。这时，需要将演示文稿进行打包。

用户可以将需要放映的演示文稿打包成 CD，在其他的计算机中解包后，即使那台计算机中没有安装 PowerPoint 也同样可以放映，为演示文稿在不同的地方放映提供了很大的方便。操作步骤如下。

STEP 1 打开相应的演示文稿，在"文件"选项卡中，选择"保存并发送"项，在右侧的"文件类型"选项区，选择"将演示文稿打包成 CD"选项，如图 16-17 所示。

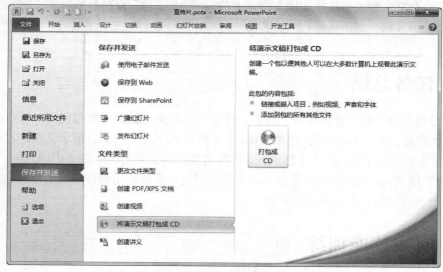

图 16-17 "将演示文稿打包成 CD"窗格

STEP 2 此时在窗口的右侧会出现"将演示文稿打包成 CD"窗格，在此窗格中单击"打包成 CD"按钮，打开"打包成 CD"对话框，如图 16-18 所示。

STEP 3 单击"复制到文件夹"按钮，弹出"复制到文件夹"对话框，如图 16-19 所示。

STEP 4 单击"浏览"按钮，在弹出的对话框中设置打包文件的保存位置，单击"选择"按钮，回到"复制到文件夹"对话框，输入文件夹名称，单击"确定"按钮。

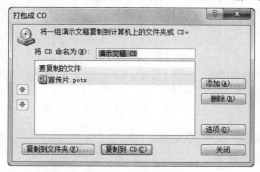

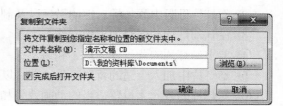

图 16-18 "打包成 CD"对话框　　　　　　图 16-19 "复制到文件夹"对话框

STEP 5 此时会弹出"Microsoft PowerPoint"提示信息框，如图 16-20 所示，提示是否在包中含有链接文件，单击"是"按钮，PowerPoint 2010 开始进行打包操作。

图 16-20 "Microsoft PowerPoint"提示信息框

STEP 5 打包完成后会自动打开打包的文件夹,可以看到里面的打包文件。

如果没有 CD 盘,那么可以选择将其存为视频格式,一般默认的视频格式是 WMV。

说明

如果演示文稿中不包含字体,则选中"嵌入的 TrueType 字体"复选框,在打包时包括这些字体。"嵌入的 TrueType 字体"复选框适用于复制的所有演示文稿,包括链接的演示文稿。

16.4 任务总结

本任务结合物联网专业宣传片的制作,介绍了个性化模板的制作与使用,母版的设计和制作,插入声音,插入 Flash 动画控件,Word 文档和 PPT 互相转换,演示文稿的打包等操作方法,通过本任务的学习,应当掌握模板、母版的概念以及应用、在 PPT 中插入 SWF 格式动画以及 PPT 和 Word 文档的转换等技巧,并能够将这些方法运用到日常的工作和生活中,让演示文稿内容更加充实丰富和多姿多彩。

16.5 实践技能训练

实训 制作节能减排的宣传片

1. 实训目的

① 掌握演示文稿个性化模板制作。

② 掌握演示文稿母版设置。

③ 掌握演示文稿声音及视频使用。

2. 实训要求及步骤

收集以"低碳环保"为主题的相关材料,制作一个节能减排的宣传片。题目自定(如低碳时代、节能减排等)。

① 要求演示文稿中的幻灯片不少于 5 张。

② 幻灯片母版中添加标志性的徽标以及制作时间等。

③ 设计幻灯片并保存为模板文件。

④ 要求幻灯片的背景要美观、和谐。

⑤ 幻灯片中加入合适的背景音乐、图片以及影片文件等元素。

⑥ 幻灯片的各元素设置适当的动画效果和切换效果。

项目六

网络与 Internet 应用

随着 Internet 技术的发展与普及，Internet 已使人类的生活、工作、学习发生了本质性的变化，掌握必要的 Internet 知识与应用已日趋重要。本项目主要介绍了网络的基础知识、Internet 信息的搜索与浏览、网上信息的保存、电子信箱的申请以及电子邮件的收发。

本项目包括以下任务：

任务 17　认识网络

任务 18　漫游 Internet

任务 19　电子邮件收发

PART 17

任务 17
认识网络

17.1　任务描述

当今是互联网飞速发展的时期。随着计算机网络的发展和宽带接入的普及，计算机网络早已渗透到普通百姓的日常工作和生活之中，各级政府建立网站，并在网站公开政府信息提供行政办事服务和便民服务，开展网上互动交流。了解和学习计算机网络知识不仅是工作之所需，同时也是生活之必备。

17.2　任务分析

本任务的解决思路如下。
① 计算机网络的定义、功能。
② 计算机网络协议。
③ 计算机网络的分类。
④ IP 地址、域名和网址。

17.3　任务实施

17.3.1　计算机网络的定义及功能

计算机网络，是指将地理位置不同的具有独立功能的多台计算机及其外部设备，通过通信线路连接起来，在网络操作系统、网络管理软件及网络通信协议的管理和协调下，实现资源共享和信息传递的计算机系统。

计算机网络的功能主要表现在硬件资源共享、软件资源共享和用户间信息交换 3 个方面。

（1）硬件资源共享

可以在全网范围内提供对处理资源、存储资源、输入/输出资源等昂贵设备的共享，使用户节省投资，也便于集中管理和均衡分担负荷。

（2）软件资源共享

允许互联网上的用户远程访问各类大型数据库，可以得到网络文件传送服务、远程文件访问服务，从而避免软件研制上的重复劳动以及数据资源的重复存储，也便于集中管理。

（3）用户间信息交换

计算机网络为分布在各地的用户提供了强有力的通信手段。用户可以通过计算机网络传送电子邮件、发布新闻消息和进行电子商务等活动。

17.3.2 计算机网络协议

20 世纪 90 年代，Internet 作为一个全球化的网络系统得到飞速发展，它将大量不同结构或业务的计算机网络（如商用网、教育科研网、政府网络等）连接到一起，通过标准的网络协议（TCP/IP）实现互通，因此也称为互联网。Internet 是一个庞大的网络，上面承载着超大规模的信息资源和服务，如 Web 服务、电子邮件服务、文件传输服务以及各种语音、视频、图像等多媒体业务。

TCP/IP（传输控制协议/网际协议）是互联网中的一组基本通信协议，其命名源于其中两项重要的协议：TCP（Transmission Control Protocol）和 IP（Internet Protocol）。TCP/IP 是 Internet 最基本的协议、是 Internet 国际互联网络的基础，简单地说，就是由网络层的 IP 和传输层的 TCP 组成的。通信协议有层次特性，大多数的网络组织都按层或级的方式来组织，在下一层的基础上建立上一层，每一层的目的都是向其上一层提供一定的服务，而把如何实现这一服务的细节对上一层加以屏蔽。网络协议确定交换数据格式以及有关的同步问题。对于普通用户而言，并不需要了解网络协议的整个结构，即可与世界各地进行网络通信。

17.3.3 与互联网相关的概念

计算机网络中，IP 地址能唯一标识该计算机在网上的位置，就像身份证号码，是网上计算机的唯一标识；而域名则像现实生活中申领身份证的公安局，用来说明该身份证所属位置。

1. IP 地址

（1）IP 地址的组成

IP 地址分为网络号和主机号两部分。网络号用来标志互联网和一个特定网络，而主机号则用来表示该网络中主机的一个特定连接。因此 IP 地址的编址方式明显地携带了位置信息。

根据网络规模和应用的不同，IP 地址分为 A～E 五类，常用的是 A、B、C 三类。分类和应用情况如表 17-1 所示。

表 17-1　IP 地址分类和应用

类别	首字节数值范围	应用范围
A	1～127	大型网络
B	128～191	中型网络
C	192～223	校园网
D	224～239	备用
E	240～254	试验用

目前主流的 IP 地址长度为 4 个字节，即 32 位二进制数，如 1010110　10101000　00000000　00011001。由于二进制不容易记忆，在书写时通常用 4 段十进制数表示（称为点分式），每段由 0～255 的数字组成，段与段之间用小数点分割，例如 172.168.0.25。

（2）特殊的 IP 地址

网络地址：一个有效的网络号和一个全"0"的主机号。

主播地址：一个有效的网格号和一个全"1"的主机号。

回送地址：A 类地址中以 127 开头的保留地址，用于网络软件测试及本地机器进程间通信。

（3）子网划分

为避免 IP 地址的浪费，将主机号部分进一步划分为"子网号"和"主机"两部分。方法是从标准的 IP 地址的主机号中至少借两位，但至少还要保留两位作为子网号。

A 类是 2～22 位，B 类是 2～14 位，C 类是 2～6 位。一般通过子网掩码来标识，原来标准 IP 中为 0 的部分，对应子网名部分为 1，对应网络部分为 0。

2. 域名系统

Internet 的域名系统（Domain Name System，DNS）是为方便解释机器的 IP 地址而设立的。域名系统采用层次结构，按地理域或机构域进行分层。

在机构性域名中，最右端的末尾都是三个字母的最高域字段，如表 17-2 所示。

表 17-2　机构性域名的含义

机构性域名	表示的机构或组织类型	机构性域名	表示的机构或组织类型
com	盈利性的商业实体	net	网络资源或组织
edu	教育机构或设施	org	非盈利性组织机构
gov	非军事性政府或组织	web	和 WWW 有关的实体
int	国际性机构	arc	消遣性娱乐
mil	军事机构或设施	nom	个人

在地理性域名中，则根据地理位置来命名主机所在的区域，如表 17-3 所示。

表 17-3　地理性域名的含义

地理性域名	表示的国家和地区	地理性域名	表示的国家和地区
CN	中国	CA	加拿大
HK	中国香港	DE	德国
TW	中国台湾	FR	法国
JP	日本	…	……

在因特网中，每个域都有各自的域名服务器，由它们负责注册该域内的所有主机，建立本域中的主机名与 IP 地址的对照表。当该服务器收到域名请求时，将域名解析为对应的 IP 地址，对于本域内未知的域名则回复没有找到相应域名项信息；而对于不属于本域的域名则转发给上级域名服务器去查找对应的 IP 地址。正是因为域名服务器的存在，才使得我们又多了一种访问一台主机的途径——域名方式。

在因特网中，域名和 IP 地址的关系并非一一对应。注册了域名的主机一定有 IP 地址，但不一定每个 IP 地址都在域名服务器中注册域名。

3. 网址

统一资源定位器（Uniform Resource Locator，URL），用来描述网页的地址，它完整描述

Internet 任意一张网页的地址，即网址。采用 URL 可以用一种统一的格式来描述各种信息资源，包括文件、服务器的地址和目录等。

URL 的格式：协议名称://主机 IP 地址（有时也包括端口号）/路径/文件名

如 http://zhidao.baidu.com/question/41535832.html

其中，http:为协议名称；zhidao.baidu.com 为主机名称；question 为存放路径；41535832.html 为文件名。

URL 的格式中，协议名称和主机名称是不可缺少的，端口号、路径、文件名有时可以省略。

4. 互联网设备

（1）调制解调器

调制解调器是 Modulator（调制器）与 Demodulator（解调器）的总称，简称为 Modem。作用是模拟信号和数字信号的"翻译员"。电子信号分两种，一种是"模拟信号"，一种是"数字信号"。电话线路传输的是模拟信号，而 PC 之间传输的是数字信号。要通过电话线把计算机连入 Internet 时，就必须使用调制解调器来"翻译"两种不同的信号。连入 Internet 后，当 PC 向 Internet 发送信息时，由于电话线传输的是模拟信号，必须要用调制解调器把数字信号"翻译"成模拟信号，才能传送到 Internet 上，这个过程叫作"调制"。当 PC 从 Internet 获取信息时，由于通过电话线从 Internet 传来的信息都是模拟信号，必须借助调制解调器将模拟信号"翻译"成数字信号，这个过程叫作"解调"，总称为"调制解调"。

（2）网卡

网卡（NIC）又称网络适配器，网卡是局域网中最基本的部件之一，它是连接计算机与网络的硬件设备。无论是双绞线连接、同轴电缆连接还是光纤连接，都必须借助于网卡才能实现数据的通信。

17.3.4 计算机网络的分类

1. 按地理范围划分

通常根据网络范围和计算机之间互联的距离将计算机网络分为三类：广域网、局域网和城域网。广域网又称远程网，是研究远距离、大范围的计算机网络。广域网涉及的区域大，如城市、国家、洲之间的网络都是广域网。广域网一般由多个部门或多个国家联合组建，能实现大范围内的资源共享。如我国的电话交换网（PSDN）、公用数字数据网（China DDN）、公用分组交换数据网（China PAC）等都是广域网。

（1）广域网

广域网（Wide Area Network，WAN）是一种跨度大的地域网络，通常覆盖一个国家或州。网络上的计算机称为主机（Host），通过通信子网（Communication Subnet）连接，实现资源子网中的资源共享。

（2）城域网

城域网（Metropolitan Area Network，MAN）是一种大型的局域网，因此使用类似于局域网的技术，它可能覆盖一个城市。传输速率通常在 10Mbit/s 以上，作用距离在 10~50km 公里之间。

（3）局域网

局域网（Local Area Network，LAN）地理范围一般在几百米到二十千米之间，适用于一个建筑物（办公楼）或相邻的大楼内，属于一个部门或者单位组建的专用网络，如公司或高校的校园内部网络。

2.按拓扑结构划分

结构拓扑就是网络的物理连接形式。以局域网为例，其拓扑结构主要有星型、总线形和环形三种。对应的网络称为星型网、总线型网和环网。

（1）星型拓扑结构

星型拓扑结构使用一个节点作为中心节点，其他节点直接与中心节点相连构成网络。这里的中心节点可以是文件服务器，也可以是连接设备，常见的中心节点为集线器或交换机，如图 17-1 所示。

星型拓扑结构网络属于集中控制型网络，整个网络由中心节点执行集中式通行控制管理，每个节点主机都通过单独的通信线路将要发送的数据送至中心节点，再由中心节点负责将数据送到目的节点。因此，中心节点较为复杂，而各个节点的通信处理负担较小。整个结构具有组网容易、管理控制简单、故障诊断和隔离容易等优点，是目前局域网普遍采用的拓扑结构。采用星型拓扑结构的局域网，一般使用双绞线或光纤作为传输介质，符合综合布线标准，能满足多种宽带的要求。

（2）总线型拓扑结构

总线型拓扑结构采用单根传输线连接网络中所有主机，包括工作站和服务器。任一站点发送的信号都可以沿总线传播，并被其余主机接收到，如图 17-2 所示。总线型结构的局域网工作站和服务器都通常采用 BNC（基本网络卡）接口网卡，利用 BNC T 型连接器和同轴电缆串行连接各个主机，并在总线两个端头安装终端电阻器。

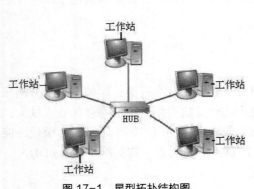

图 17-1　星型拓扑结构图

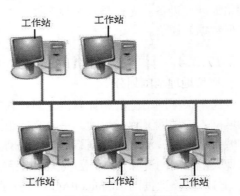

图 17-2　总线型拓扑结构图

总线型拓扑安装方便，但是其缺点也很明显，即所有主机间的通信共用一根总线，线路争用现象严重，更重要的是一旦网络中某个节点出现故障，将导致整个网络瘫痪。

（3）环型拓扑结构

环型拓扑结构中各节点首尾相连形成一个闭合的环，环中数据沿着一个方向绕环逐站传输，环路中各节点地位相同，环路上任何节点均可请求发送信息，请求一旦被批准，便可以向环路发送信息，如图 17-3 所示。环型网中的数据按照设计主要是单向

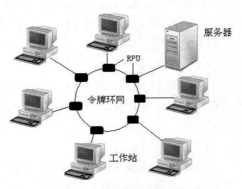

图 17-3　环型拓扑结构图

也可以双向传输（双向环）。由于环线公用，一个节点发出的信息必须穿越环中所有的环路接口，信息流的目的地址与环上某节点地址相符时，信息被该节点的环路接口所接收，并继续流向下一环路接口，一直流回到发送该信息的环路接口为止。

环型拓扑结构简单，负载能力强，无信号冲突，通常采用双环的形式具有较好的抗故障性能，但不足的是，网络中节点过多时影响传输速率。

3.按传输介质分类

网络传输介质就是通信线路。目前常用同轴电缆、双绞线、光纤、卫星、微波等有线或无线传输介质，相应的网络就分别称为同轴电缆网、双绞线网、光纤网、卫星网、无线网等。

17.4 知识拓展

局域网及网络传输介质、传输设备

1.局域网介绍

局域网（Local Area Network，LAN）是目前应用最为广泛的计算机网络系统，通常由某一个局部区域内的多台计算机互联而成，具有组网灵活、成本低、应用广泛、使用方便及技术简单等特点，适用于需要短距离通信、高速数据传输及资源共享的场合。

局域网通常由网络硬件系统和网络软件系统组成，所涉及的网络软件主要为网络操作系统，如 Linux、UNIX 及 Windows 系统等。根据局域网中各计算机的配置、位置及局域网所要实现的功能不同，局域网可以有主机/终端系统、工作站/文件服务器、客户机/服务器和对等网等多种工作模式，在前 3 种工作模式下，需要将少数性能较强的计算机指定为服务器，其余的计算机都称为工作站。

2.网络传输介质

（1）双绞线

双绞线是由两条相互绝缘的导线按照一定的规格互相缠绕（一般以顺时针缠绕）在一起而制成的一种通用配线，一般可分为非屏蔽双绞线（UTP）和屏蔽双绞线（STP）两大类。屏蔽双绞线的外层使用了铝箔包裹以减少辐射，能达到比非屏蔽双绞线更高的传输速率，但价格相对较高、安装略为复杂。双绞线一般用于星型网络的布线连接，两端安装有 RJ-45 水晶头，连接网卡与交换机。一般而言，最大网线长度为 100 米，如果要加大网络的范围，可以在两段双绞线之间安装中继器，最多可安装 4 个中继器连接 5 个网段，达到最长 500 米的传输范围。

（2）同轴电缆

同轴电缆由一根空心的外圆柱导体和一根中心轴线的内导线组成，内导线和圆柱导体及外界用绝缘材料隔开。按直径不同，同轴电缆可分为粗缆和细缆两种。粗缆传输距离长，每段可达 500 米，一般用于大型局域网干线。细缆每段干线最长为 185 米。

（3）光纤

光纤是光导纤维的简称，是一种利用光在玻璃或塑料制成的纤维中的全反射原理而制造成的光传导工具。光纤细小而被封装在塑料护套中，使得它能够弯曲而不至于断裂。通常光纤一端的发射装置将发光二极管或一束激光所发出的光脉冲信号传送至光纤，光纤另一端的接收装置使用光敏元件检测脉冲，然后将光信号转换为电信号，经解码处理后还原成原信号。

光纤一般分为单模光纤和多模光纤。与其他介质相比，光纤的电磁绝缘性能好、信号衰减小、频带宽，主要被用作长距离的信息传递。

3.网络传输设备

（1）集线器

集线器（Hub），如图 17-4 所示。它工作在网络接口层，提供了从一条电缆到另一条电缆的物理通路。通常，集线器有多个端口（如 8 口、16 口、24 口等），它只负责将输入的信号转发到多个输出端口，并不对信号做任何改变。每个端口相互独立，当某个端口出现故障时，不会影响其他端口。由于集线器属于网内的共享型设备，各个连接主机共享带宽，导致了在繁重的网络中，其效率变得十分低下，在中、大型的网络中看不到集线器的身影。市场上常见的集线器传输速率普遍都为 100Mbit/s。

（2）交换机

交换机是交换式集线器的简称，如图 17-5 所示。它通常工作在网络接口层，它基于 MAC（网卡的硬件地址）识别，能"学习"MAC 地址并把其存放在内部地址表中，通过在数据帧的发送端和目的端之间建立临时的交换路径，使数据帧直接由源地址到达目的地址对应的端口。它与集线器的不同在于，集线器是直接将数据转发到所有的端口，属于共享方式。而交换机每个端口固定带宽，新加入的计算机并不影响其他计算机的传输速率，而且交换机通常可以模块化，能通过多台交换机堆叠出更多的端口。

图 17-4　集线器　　　　　　　　　　　　图 17-5　交换机

（3）路由器

路由器是一种可将不同网络之间的信号进行转换的互联设备，如图 17-6 所示。它通常工作在网络层，能在多个网络之间存储和转发数据包，实现网络层上的协议转换，把网络中传输的数据正确传送到下一个网段。因此它比集线器、交换机具有更多的功能，包括过滤、存储转发、路由选择、流量管理等。目前，家用宽带用户也较多采用宽带路由器连接多台计算机，一些小型工作组也采用无线交换机、无线网关或无线路由器等组建无线局域网。

图 17-6　宽带路由器、无线路由器

17.5　任务总结

通过本任务的学习，应掌握计算机网络的定义、功能以及网络协议和分类，以及 IP 地址、域名和网址等知识，并对局域网的组建知识做简单的了解。

17.6　实践技能训练

实训　局域网的组建

1. 实训目的

① 理解局域网的概念，掌握局域网的结构。

② 掌握安装和删除网卡的方法。

③ 掌握局域网的文件共享。

2. 实训要求

① 安装网卡插在主板空的 PCI 槽口上。

② 安装网卡驱动程序。

③ 举例说明日常生活哪些局域网采用的是星形结构。

⑤ 配置 IP 地址。

⑥ 设置计算机名称为 jsj，工作组为 workgroup。

任务 18
漫游 Internet

18.1　任务描述

　　随着 Internet 技术的发展与普及，任何人都能够在 Internet 上浏览网站或网页。现在制定一份去河南省王屋山旅游的计划书。计划书中主要包括搜索王屋山的景区介绍和风景图片，制定旅游线路。通过这个任务的介绍，读者将学会利用 Internet 来搜索信息，并将这些信息保存到自己的计算机中。

18.2　解决思路

　　本任务的解决思路如下。
　　① 熟悉网页浏览器（IE）的使用。
　　② 熟悉搜索引擎的使用，并将搜索引擎设置为主页。
　　③ 保存网页中景点介绍与旅游线路，并下载部分漂亮的风景图片。
　　④ 将介绍王屋山景区的网页保存成文本文件。
　　⑤ 将介绍王屋山景区的有价值的网页链接保存到收藏夹中。

18.3　任务实施

18.3.1　浏览网页

1. 认识网页浏览器

（1）认识浏览器

　　浏览器（Internet Explorer，IE）是用于查看 Web 页的应用程序。采用下面方法之一均可启动 IE。
　　① 选择"开始"→"所有程序"→"Internet Explorer"菜单命令。
　　② 在桌面上双击"Internet Explorer"图标 。
　　启动 IE 后，屏幕上出现类似图 18-1 所示的窗口。通过取消快捷菜单中的"在单独一行中显示选项卡"选项，可以将"选项卡栏"显示在"地址工具栏"行上。

地址工具栏
选项卡栏
菜单栏

工作区

状态栏

图 18-1　IE 浏览器窗口

（2）IE 地址工具栏

在浏览网页时，有很多操作要借助于地址工具栏上的命令按钮来完成，Internet Explorer 的地址工具栏如图 18-2 所示。

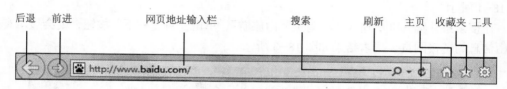

后退　　前进　　　　　　　网页地址输入栏　　　　　　　搜索　　　　刷新　　主页　收藏夹　工具

图 18-2　Internet Explorer 的地址工具栏

①"后退"和"前进"按钮。在浏览时，可以用"后退"和"前进"按钮在已经浏览过的网页之间进行相互切换。

当一个选项卡中只打开一个网页时，"前进"按钮呈灰色，表明该按钮不能使用。只有进行"后退"操作之后，"前进"按钮才变为可以使用。单击工具栏中的"后退"按钮，可以退到前面已经打开过的网页，在浏览器中显示该网页内容。单击工具栏的"前进"按钮，将后打开过的网页调入浏览器。

②"搜索"按钮。单击"搜索"按钮，可以转到"网页地址输入栏"所输入的网址页面。在浏览过程中，有时会因通信线路太忙或输入网址错误，则会弹出错误页面。

③"刷新"按钮。当前网页内容需要更新，或由于其他原因，使得网页没有下载完就中断了，单击"刷新"按钮，可以使浏览器和服务器重新连接而使网页重新载入。

④"主页"按钮。在 Internet Explorer 浏览器中，主页是指每次打开浏览器时所装载的起始页面。

⑤"收藏夹与历史记录"按钮。单击该按钮，在 IE 窗口左侧将打开收藏夹和历史记录选项卡。在收藏夹选项卡中显示自己收藏的网址，选择其中收藏的网址可以重新连接到该网址的网站。在历史记录选项卡中包括了最近访问的站点内容，为了方便查看，设置了日期、站点、访问次数和今天访问的顺序四种查看方式。这些记录可以通过清除历史记录来消除痕迹。

2.浏览网页方法

（1）使用地址栏直接输入网址浏览网页

首先在桌面上双击浏览器图标，打开 Internet Explorer 浏览器，在地址栏中输入要浏览的网站地址，比如，输入"http://www.baidu.com"，按〈Enter〉键或者按"搜索"按键，打开

"百度"网站。

（2）使用地址栏的历史记录功能浏览网页

地址栏是一个下拉列表框，点击下拉箭头，曾经访问过的网站网址都显示在其中。若要再次浏览曾经访问过的网站，只要从中选择即可。

（3）使用超级链接浏览网页

主页是进入一个网站的起始页，在该网页里包含着大量丰富的信息，这些信息通过超链接连接到其他网页。当鼠标放在网页中的文本、图片或图像上，光标变成小手的形状时，则表示该处有一个超链接。通过单击这些对象，便可链接到与其相链接的其他网页。

（4）使用搜索引擎搜索网页

搜索引擎是在 Internet 上提供搜索信息的站点，"百度"是全球非常优秀的中文信息检索的搜索引擎，其搜索功能比较贴近中国网民的搜索习惯。现在用"百度"搜索引擎来检索有关王屋山景点的信息，了解去王屋山旅游时应该走的线路和景点，给出行提供便利。

打开 IE，在地址栏中输入"http:// www.baidu.com"，打开"百度搜索引擎"的主页，如图 18-1 所示。

在搜索条件输入框中输入"河南王屋山旅游"，单击"百度一下"按钮，则会显示有关王屋山信息的链接网页，搜索结果如图 18-3 所示。

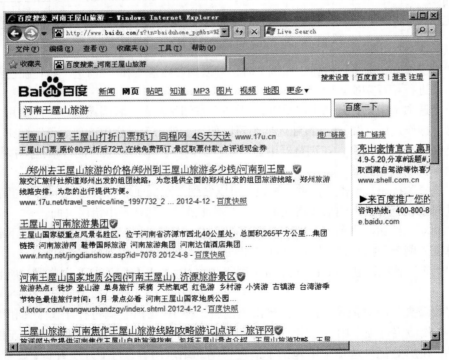

图 18-3　搜索结果

搜索结果列表中显示出和王屋山相关的标题，每一个标题就是一个链接。单击其中一个链接，打开有关王屋山旅游的网页，如图 18-4 所示。在这些网页中，有王屋山的景色介绍，路线说明等信息，从中查找有关王屋山的旅游信息。

汇总和整理所查询到的信息，保存景点路线、景区简介、风景图片和酒店等信息，编写旅游出行计划书。

图 18-4　有关王屋山旅游网页

18.3.2　保存网页及内容

如果浏览到有用信息的网页，或是网页中漂亮的插图、背景、动画，可以及时将这些内容保存到自己计算机硬盘上，以便以后能脱机观看。

1. 保存浏览器中的当前页

保存浏览器中当前页的操作方法为：选择"文件"→"另存为"菜单命令，打开"保存网页"对话框，如图 18-5 所示。在"保存在"下拉列表框中输入保存的路径，在"文件名"组合框中输入文件名，根据保存内容的不同，有四种保存类型可以选择，下面分别叙述。

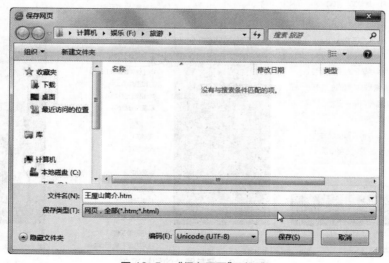

图 18-5　"保存网页"对话框

① 类型为"网页，全部（*.htm；*.html）"，保存显示该网页所需要的全部文件，包括图像、框架、样式表等。这种类型保存的网页由两部分组成，一部分为 html 网页，另一部分是与文件名相同、后缀为"_files"的子文件夹，其中 files 文件夹中包含网页中的图像、框架和

样式表等，用以完整地显示整个网页，如图 18-6 所示。

图 18-6　保存"网页，全部（*.htm；*.html）"类型后的网页文件

② 类型为"Web 档案，单个文件（*.mht）"，将显示该网页所需的全部信息保存在一个 MIME 编码的文件中，如图 18-7 所示。

③ 类型为"网页，仅 HTML（*.htm；*.html）"，只保存网页文本信息和框架，不保存图像、声音和其他文件。这时保存下来的只有网页的文字及其格式等信息。

④ 类型为"文本文件（*.txt）"，只保存当前网页中的文本信息，也就是浏览器把网页中的文字按一定的顺序保存在一个文本文件中。通过这种方法可以将介绍王屋山景区的网页保存成文本文件，如图 18-8 所示。

图 18-7　保存"Web 档案，单个文件"类型后的网页文件　　　　图 18-8　保存"文本文件"类型后的文件

2. 保存网页中的图片

打开一个网页，如果要保存网页中的图片，用鼠标右键单击网页中的图片，选择"图片另存为"菜单命令。在打开的保存图片对话框中选择一个存放的路径，在"文件名"组合框中输入图片的名称，单击"保存"按钮即可完成操作，如图 18-9 所示。

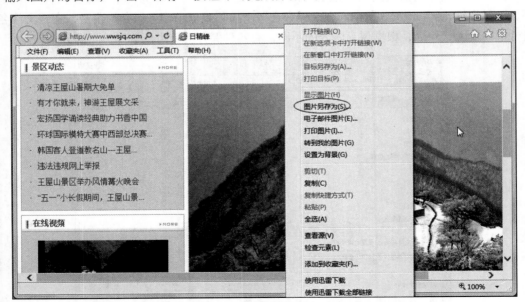

图 18-9　保存图片的快捷菜单

3. 保存页面中的文字

保存页面中的文字，可以直接保存为文本文件（如前面讲到的保存文本文件），也可以选择用 Windows 自带的记事本进行编辑，操作步骤如下。

STEP 1 选定网页中需保存的文字，然后单击鼠标右键，在弹出的快捷菜单中选择"复制"菜单命令，或直接按〈Ctrl+C〉组合键。

STEP 2 打开记事本，在工作区中单击鼠标右键，在弹出的快捷菜单中选择"粘贴"命令，或直接按〈Ctrl+V〉组合键。

STEP 3 在记事本窗口中，选择"文件"→"保存"菜单命令。打开"另存为"对话框，选择保存的位置，输入文件名，将文件保存在指定的位置上。

4. 保存网页中的背景图像

网页中的许多背景是将一个图像文件重复地平铺在浏览器窗口的工作区中，背景图片是可以单独保存下来的。如果要保存背景图片，只要用鼠标右键单击网页中没有图文的区域，在弹出的快捷菜单中选择"背景另存为"菜单命令。打开"保存图片"对话框，选择保存位置，输入文件名，单击"保存"按钮，将背景图片保存到指定的路径中。

18.3.3 保存网址

"收藏夹"可用来收藏比较喜欢的网址或者经常浏览的网址。"收藏夹"不仅可以保存网页信息，还可以让用户在脱机状态下浏览这些网页，既省时又方便。

（1）将网址添加到收藏夹

当遇到喜欢的网页，单击"收藏夹"菜单下的"添加到收藏夹"选项，打开"添加收藏"对话框，如图 18-10 所示。

在"添加收藏"对话框中选择一个收藏网页的文件夹，选择创建位置，输入收藏网页名称，即可实现在收藏夹中收藏一个网址。如果需要在收藏夹中新建一个文件夹，则单击"新建文件夹"按钮，在弹出的"新建文件夹"对话框中输入新文件夹名称，单击"确定"按钮，

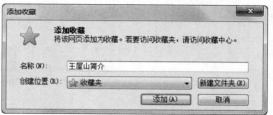

图 18-10 "添加收藏"对话框

则在收藏夹中新建了一个文件夹，自己喜欢的网址将保存在新建的文件夹中。

（2）管理收藏夹

在 IE 浏览器中，如果收藏了很多网页，就需要对收藏夹进行整理。例如，在收藏夹的根目录下根据需要设置不同的文件夹，分别存放不同的网页，便于管理，也便于查阅；将不想要的文件夹或网页删除掉；将某个收藏的网页从一个文件夹移到另一个文件夹中等。

整理收藏夹的方法是：在"收藏夹"窗格中单击"整理"按钮，打开"整理收藏夹"对话框，对"收藏夹"进行多项管理，如创建文件夹、网页的删除和更名、网页的移动和脱机使用等。

（3）浏览收藏夹中的网址

选择浏览器的"收藏"菜单，显示收藏夹中的内容，单击一个收藏网址，就会直接转到对应的网页。

18.3.4 设置起始网页

起始网页就是主页，是指每次打开浏览器时所装载的起始页面。在启动 Internet Explorer 时，系统打开默认主页。为了使浏览 Internet 时更加快捷和方便，用户可以将访问频率高的站点设置为主页。如将"百度"设置为主页，操作步骤如下。

STEP 1 在地址栏中输入"百度"网址："http://www.baidu.com"，按 Enter 键，打开"百

度"的首页。

STEP 2 选择"工具"→"Internet 选项"菜单命令，打开"Internet 选项"对话框，如图 18-11 所示，在"输入地址"栏中将显示打开的网页地址。

STEP 3 "主页"选择区域单击"使用当前页"按钮，单击"确定"按钮，完成主页设置。如果要设置其他的网页，只要在"输入地址"栏中输入网页地址，单击"确定"按钮即可。若要创建多个主页选项卡，请在"输入地址"栏中每行输入一个地址，就可同时启动多个网页。

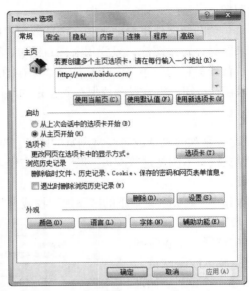

图 18-11 "Internet 选项"对话框

18.4 知识拓展

搜索引擎的使用

搜索引擎就是在 Internet 上提供搜索信息的站点，它们有自己的数据库，并保存了 Web 上很多网页的检索信息，这些信息数据库是不断更新的。在搜索引擎的主页上，输入需要查找信息的关键字，通过检索数据库，列出一些指向检索信息的超链接网页，通过选择超链接可以找到有关查找信息关键字的内容。最著名的提供搜索引擎的网站有：搜狐（www.sohu.com）、雅虎（cn.yahoo.com）、新浪网（www.sina.com.cn）和百度搜索引擎（www.baidu.com）。百度是全球非常优秀的中文信息检索与传递技术供应商，在中国所有具备搜索功能的网站中，由百度提供搜索引擎技术支持的超过 80%。百度搜索引擎的网址是 www.baidu.com，下面介绍一下百度搜索引擎的使用技巧。

① 简单搜索

只要在搜索框中输入关键词，并按一下"百度搜索"按钮，百度就会自动找出相关的网站和资料，并把最相关的网站或资料排在前列。

② 输入多个关键词搜索

输入多个关键词搜索，可以获得更精确更丰富的搜索结果。例如，搜索"北京 暂住证"，可以找到几万篇资料。而搜索"北京暂住证"，则只有严格含有"北京暂住证"连续 5 个字的网页才能被找出来，不但找到的资料少，准确性也比前者差。因此，当你要查的关键词较为冗长时，建议将它拆成几个关键词来搜索，词与词之间用空格隔开。多数情况下，输入两个关键词搜索，就已经有很好的搜索结果。

③ 减除无关资料

排除含有某些词语的资料有利于缩小查询范围。百度支持"−"功能，用于有目的地删除某些无关网页，但减号之前必须留一个空格，语法是"A −B"。

④ 并行搜索

使用"A¦B"来搜索或者包含关键词"A"，或者包含关键词"B"的网页。例如：您要查询"图片"或"写真"相关资料，无须分两次查询，只要输入"图片¦写真" 搜索即可。百度会提供"¦"前后任何关键词相关的网站和资料。

18.5　任务总结

本任务结合在网上查询旅游信息，介绍了网页浏览、保存网页及内容、设置浏览器主页和收藏夹等操作。通过本任务的学习，读者能够浏览网上信息，保存网上有价值的信息，实现网上信息的基本操作。

18.6　实践技能训练

实训　网页浏览器的使用

1.实训目的

① 掌握 IE 使用方法。

② 掌握网页浏览及网上信息检索方法。

2.实训要求

① 用 IE 浏览器打开学校首页：http://www.jyvtc.com，并浏览网页中的内容。

网页浏览器使用

② 将学校首页设为默认主页。

③ 将学校首页中文字信息以文本文件的格式保存到本地磁盘中，文件名为"学院简介.txt"。

④ 将学校首页中的图片和背景图片保存到本地磁盘中，文件名为默认名字。

⑤ 通过"整理收藏夹"，在收藏夹中新建文件夹"济源职院"，并将学校首页网址添加到该文件夹。

PART 19

任务 19
电子邮件收发

19.1 任务描述

电子邮件（Electronic Mail，E-mail），E-mail 服务是目前 Internet 上最基本的服务项目和使用最广泛的功能之一。电子邮件是通过 Internet 邮寄的邮件，像电话一样迅捷，不仅可以传送文字信息，还可以传送计算机上所有形式的数据信息，如文件、图像、声音、视频等。现在要将王屋山的风景照片通过电子信箱的形式发给自己的朋友们，与他们分享漂亮的自然风光。

19.2 解决思路

本任务的解决思路如下。
① 申请免费的电子信箱。
② 给多个朋友发送有附件的电子邮件，其中附件的内容是精心挑选的风景照片。
③ 接收邮件，下载邮件中的附件。

19.3 任务实施

19.3.1 申请免费的电子信箱

电子邮件（E-Mail）是 Internet 的一个基本服务。同平常的信件一样，电子邮件也是用某种形式的"地址"来确定传送目标的。网络上的每个 E-mail 信箱都有一个信箱地址，要向一个用户发送 E-mail，必须知道其信箱地址，即"电子邮件地址"。如果要把邮件发给多个接收者，那么就要同时给出多个"电子邮件地址"。实际上，电子信箱就是 E-mail 服务器硬盘上的一块存储区域。

电子邮件地址由一个字符串组成，该字符串被"@"分为两个部分。@前面部分称为信箱地址的前缀，是用户名，@后面部分是用户信箱所在计算机的域名。在大多数计算机上，电子邮件系统使用用户的账号或登录名来作为信箱的地址。例如，baixf93@126.com，标识在域名为 126.com 的计算机上，账号为 baixf93 的一个用户。

目前，电子邮箱有收费邮箱和免费邮箱，收费电子邮箱可以提供更大的空间，具有更好的稳定性和安全性，一般用于企业邮箱。免费邮箱则主要用于个人。现在以网易为例，介绍申请免费电子邮箱的操作步骤。

STEP 1 地址栏中输入 http://mail.126.com，进入 126 网易免费电子邮箱的主页面，如图 19-1 所示。

图 19-1   126 网易免费电子邮局主页

STEP 2 单击"注册"按钮，打开"注册网易免费邮箱"窗口，如图 19-2 所示。在"邮件地址"文本框中输入用户名，单击"下一步"。如果输入的用户名与已注册的用户名重名，则会提示重新输入邮件地址。

图 19-2   网易免费邮箱注册界面

STEP 3 输入了合适的用户名后，继续输入其他信息。

STEP 4 输入信息后，单击"立即注册"按钮。到此新邮箱就注册成功了。

注册的 126 免费邮箱向您提供 2G 的邮箱容量，支持 50M 的普通附件，安装网易邮箱助手即可支持高达 2G 的超大附件。

19.3.2   电子邮件的收发

1.电子邮件的发送

操作步骤如下。

STEP 1 进入自己的信箱。在此，以前面申请的 126 网易免费信箱为例。首先进入到 126 网易信箱的首页，输入电子邮箱的用户名和密码，单击"登录"按钮，进入到个人邮箱中。

电子邮件收发（免费电子邮箱申请、收发邮件）

STEP 2 输入收件人地址。单击"写信"标签，显示邮件编写界面，如图 19-3 所示。在"收件人"文本框中输入收件人的地址，如果有多个收件人，则用逗号或分号把各个收件人隔开。

STEP 3 输入主题和内容。在"主题"文本框中，输入邮件的主题"王屋山风景照片"，在内容栏中输入相应的正文，如图 19-4 所示。

图 19-3　电子邮箱的写信页面

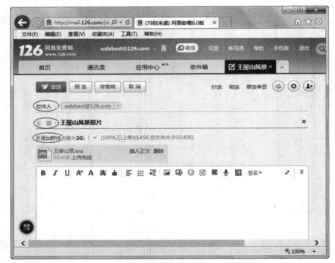

图 19-4　书信的主题和内容

STEP 4 添加附件。单击"添加附件"按钮，打开"添加附件"窗口，单击"浏览"按钮，选择第一张照片所在的文件夹，找到后，单击"打开"按钮，则图片信息就会出现在电子信箱的附件处。如果还要添加新的附件，则继续单击"添加附件"，重复以上操作。

STEP 5 发送邮件。单击"发送"按钮，这时包含有风景照片的信件就同时发往了多个朋友的信箱。到此，完成电子邮件的发送。

　　电子邮箱分为收件箱、发件箱、草稿箱、垃圾箱等多项内容。收件箱用来接收邮件，发件箱用来发送邮件，草稿箱是在发送邮件前存放草拟邮件的内容，垃圾箱用来保存被删除的邮件。电子邮件可以以文本文件方式接收和发送，也可以以附件的方式接收和发送各种形式的文件，如 Word 文档、Excel 电子表格、音频文件、视频文件等。

　　当把收件人的地址和发件人的地址写成同一个地址时，把需要转移的文件，作为附件传上去，就可以把电子信箱当作免费的存储空间，实现异地存取文件的功能。

2. 电子邮件的浏览和回复

① 在如图 19-5 所示的页面中单击"收信"选项卡，打开收信页面。

② 单击主题，可打开邮件。例如，单击"王屋山风景照片"主题，即可打开电子邮件，如图 19-5 所示。

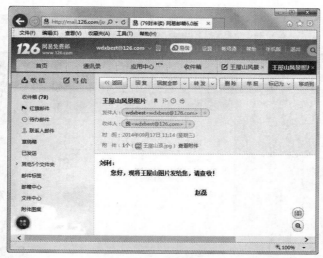

图 19-5　收件箱的内容

③ 浏览该邮件内容，单击"下载"超链接，打开"文件下载"窗口（见图 19-6），按要求将附件保存在指定位置。

④ 回复或转发电子邮件。在收到电子邮件后，如果要回复该邮件，单击图 19-5 中的"回复"按钮，会打开一个回复邮件窗口，如图 19-7

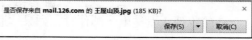

图 19-6　"文件下载"窗口

所示。该窗口中发件人和收件人的地址都是默认的地址，可以修改主题和内容，操作完成后，单击"发送"按钮，完成回复邮件操作。如果是转发邮件，则要重新输入收件人的地址，实现转发邮件操作。如果转发给多人，则用分号把各个收件人隔开。

图 19-7　"回复邮件"窗口

19.3.3 建立个人通讯录

建立个人通讯录的好处是，每次发信时，不必再输入收信人的地址，只要从地址簿中选取相应的地址即可。单击"通讯录"超链接，打开"添加联系人"窗口，如图 19-8 所示。输入完成后按"确定"按钮，一个新的联系人即可添加到通讯录中。如果通讯录中的人员过多，则可以进行分组。

图 19-8　"添加联系人"窗口

在给收件人发送电子邮件时，如果"通信录"中有收件人的地址，则可单击"从通信录中导入"，弹出"通信录"窗口，在收件人的复选框上打上"√"。单击"插入"按钮，返回"写信"页面，这时收件人的地址就导入到地址框中了。

19.4　知识拓展

使用 Microsoft Outlook 2010 收发电子邮件

Microsoft Outlook 2010 是使用较为广泛的收发电子邮件的管理软件，主要功能是进行邮件传输和个人信息管理。它是一个基于 POP（Post Office Protocol）的邮件用户代理程序，实现电子邮件的存储转发程序。

1. Outlook 的启动

在"开始"菜单中选择"所有程序"命令，在弹出的级联菜单中选择"Microsoft Outlook 2010"选项。

2. Outlook 窗口

和以往的版本相比，Outlook 2010 的界面有了明显的变化，主界面主要包括选项卡、功能区、快速访问工具栏、导航空格、主视图、阅读空格和待办事项等。该界面采用了全新的面向结果的工作界面，界面中包含有丰富的功能菜单，便于用户轻松在各个选项间导航。Outlook 自动按用户设置的电子邮件地址搜索是否有新邮件，在收件箱中将列出已接收的邮件。启动 Outlook 后，屏幕上出现"Outlook"窗口，如图 19-9 所示。

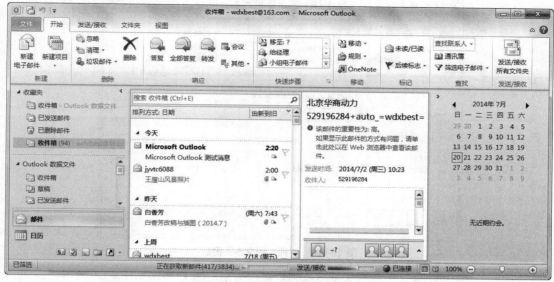

图 19-9　"Outlook 2010" 窗口

3. 创建新邮件和发送电子邮件

电子邮件收发是 Outlook 2010 中最主要的功能，使用"电子邮件"功能，可以很方便地发送电子邮件。创建邮件和发送电子邮件的步骤如下。

在 Outlook 窗口中选择"开始"→"新建电子邮件"按钮，进入新邮件编辑窗口，如图 19-10 所示。

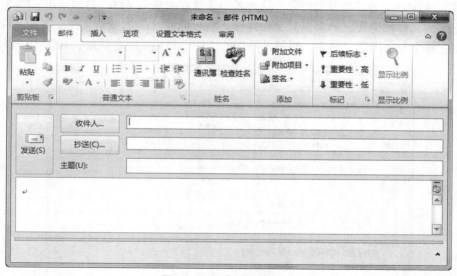

图 19-10　"新邮件"窗口

在"收件人""抄送"文本框中输入各自收件人的 E-mail 地址（也可只输入"收件人"的 E-mail 地址），如果"收件人"为多人时，可以输入多个 E-mail 地址，每个地址间用逗号或分号隔开。E-mail 地址可以是不同服务器，本例中输入了两个收件人：baixf93@126.com；4563698@qq.com。没有抄送人地址，如图 19-11 所示。

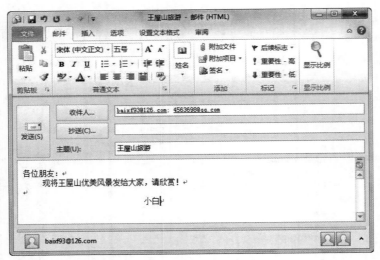

图 19-11　"插入超文本"窗口

"主题"文本框中输入主题词或是邮件的标题。本例中输入"王屋山旅游"。

最下方为正文区，正文区中可以输入邮件的文本内容，该内容的输入类似于"记事本"文档输入方式，可以利用格式工具栏中的按钮，设置文本的格式。在正文区还可以添加一些超文本内容，比如图片、剪贴画、表格、图文框等信息。在"插入"选项卡中可以插入各种超文本内容。

Outlook 2010 还可以将磁盘文件作为附件，随邮件一起发送给收件人。在"邮件"选项卡的"添加"选项组中单击"附加文件"按钮（同样在"插入"选项卡中也可以实现），弹出"插入文件"对话框，在"查找范围"下拉列表中选择要附加的文件，然后单击"插入"按钮，完成插入附加文件的操作。只要重复上面操作，就可以同时添加多个文件。附加文件添加完成后，在主题下方会出现"附件"栏目，添加的文件名称将显示在该处，如图 19-12 所示。

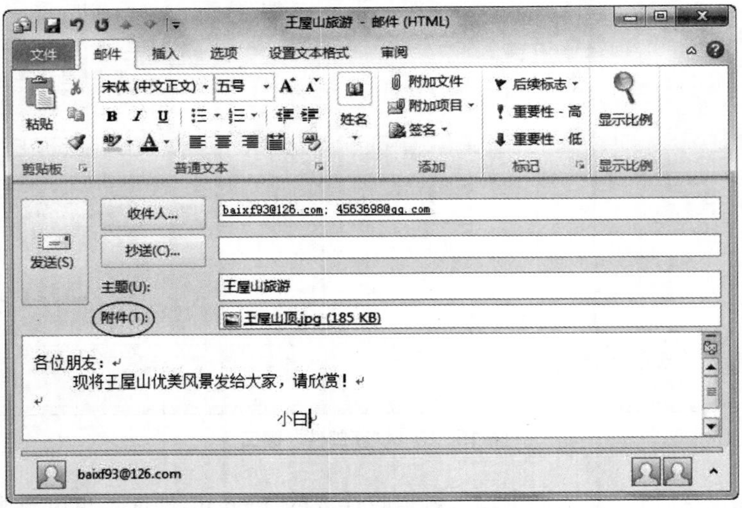

图 19-12　"添加附件"窗口

邮件编辑完成后，单击左侧的"发送"按钮，完成发送邮件过程。发送工作结束后，刚发送的邮件将保存到"已发送邮件"文件夹。如果邮件未发送，可以在 Outlook 的发件箱中看到未发送的邮件，单击 Outlook 中的"发送"按钮即可将邮件发送出去。

4. 接收并阅读电子邮件

在接收电子邮件时，Outlook 要进行两项工作，一项工作是检查"发件箱"中是否有邮件待发，第二项工作是邮件服务器是否有新邮件到达，等待接收。

在接收电子邮件时，首先连接 Internet，即本客户机自动连接至所注册的邮件服务器，如果有邮件到达，则会出现接收进度对话框，并显示出邮件接收的进度。新接收的邮件被保存到"收件箱"文件夹，并在其文件夹后提示邮件数量。

在邮件列表中双击需要浏览的邮件，可以打开邮件工作界面并浏览邮件内容。如果收到的邮件带有附件（邮件栏右下方带有附件标记），可以在带有附件的邮件上单击，在右侧的"阅读窗格"中就会出现附件文档的名称。用右键单击附件文档，在弹出的快捷菜单中选择"打开"命令，弹出"打开邮件附件"对话框，单击"打开"按钮，可以直接打开附件文档，单击"保存"按钮，则可把附件保存到计算机中。

5. 回复电子邮件

Outlook 2010 可以给电子邮件的发件人回信，自动将回信发往发件人所在的电子邮件服务器。在右窗格的信件列表中选择需要回复的信件，选择"开始"选项卡中的"响应"选项组中"答复"按钮，系统弹出回复工作界面。

收件人的地址自动输入被答复人的 E-mail 地址，在正文区输入需要回复的内容，Outlook 系统默认保留原邮件的内容，便于回信者根据信件内容写出回信，该内容用虚线隔开，可以根据需要删除。

回信的其他内容的输入相同于新建邮件操作，输入回复内容后，按照发送电子邮件的方法将此邮件发出。

6. 转发电子邮件

通过转发邮件，可以将他人发给您的电子邮件转发给其他人，实现信息共享。在右窗格的信件列表中选中需要转发的信件，用右键单击，在弹出的快捷菜单中选择"转发"命令，弹出以"转发:"为标题的窗口。在正文区系统默认保留原邮件的内容，可以根据需要删除。在"收件人"文本框中输入收件人的 E-mail 地址，然后单击"发送"按钮，即可完成邮件的转发。

7. 邮件的管理

（1）邮件分类

邮件窗格中默认的只有一个收件箱和发件箱，接收到的邮件和发送的邮件就会混杂在一起，无法区别，通过在收件箱和发件箱中分别创建一个新的文件夹，就可以对邮件分类管理。下面以"收件箱"中信件分类为例。

选中"收件箱"选项用右键单击，在弹出的快捷菜单中选择"新建文件夹"，为新创建的文件夹按类别命名，将收到的邮件按类别放到指定类型的文件夹下，即可方便地管理邮件。

（2）移动邮件

对邮件进行分类，需要将不同类型的邮件放在各自的文件夹中，这就要用到移动邮件操作。根据需要可以直接使用鼠标拖动，将电子邮件在"收件箱""发件箱""已发送邮件"等文件夹之间进行移动。如果需要批量移动邮件，可以按住 Ctrl 键的同时分别单击需要移动的邮件，然后按照移动一封邮件的方法即可将多封信移动到指定位置。

在发送邮件之前，如果暂时不发送某个电子邮件，可以将其移动到"已删除邮件"文件夹中。需发送时，单击此邮件，在"开始"选项卡的"响应"选项组中单击"转发"按钮，便可重新发送。

（3）删除邮件

对一些不用的邮件，可以从"收件箱"或其他文件夹中予以删除。此时被删除的邮件将进入"已删除邮件"文件夹。如果需要，该邮件还可以恢复到原文件夹；而对"已删除邮件"文件夹的邮件再删除时，它便真正消失了。

（4）打印邮件

可以在 Outlook 2010 主窗口打印指定电子邮件，也可以在阅读电子邮件时打印当前电子邮件。从邮件列表窗格中选中要打印的电子邮件，选择"文件"→"打印"菜单命令，打开"打印"对话框。用户可根据需要在该对话框中设置有关打印选项。单击"确定"按钮，即可完成指定电子邮件的打印输出。

19.5　任务总结

本任务结合在网上收发风景照片，介绍了申请免费电子信箱、收发电子邮件、浏览电子邮件、上传下载附件以及电子信箱的设置等操作。通过本任务的学习，能够通过网上电子信箱收发资料，节省时间，提高工作效率。

19.6　实践技能训练

实训　收发电子邮件

1. 实训目的

① 熟悉发送、转发、回复和接收电子邮件的方法。

② 掌握同时给多人发送 E-mail 的方法。

③ 掌握电子邮件中附件的上传和下载。

2. 实训要求

① 申请电子邮箱。打开网易网站，注册免费邮箱，输入个人的详细资料信息，给一个或多个人发送带附件的邮件。附件可以是你的照片、音乐文档等。

② 利用申请到的电子信箱，给多个朋友同时发送一个带附件的 E-mail，邮件文本内容为："我到河南王屋山踏春了，现将风景照片发于你们，希望你们能喜欢。"附件内容为王屋山的风景照片。

③ 尝试在通讯录中建立自己的通信组，然后给组中的所有成员发送邮件。

④ 尝试设置自动回复信息，当你不在网上有人发来邮件时自动回复。

⑤ 尝试设置自动回复内容，可以在每封邮件的最后加上固定的信息。

项目七

常用工具软件应用

计算机之所以具有各种强大的功能，主要都是通过各种各样的工具软件来实现的。本项目主要介绍计算机常用工具软件的使用方式，包括下载工具、PDF 阅读器、压缩软件。利用这些软件可以更充分地发挥计算机的功能，使用户操作和管理个人计算机更加方便、安全和快捷。

本项目包括以下任务：

任务 20　下载工具——迅雷

任务 21　PDF 阅读器——Adobe Reader

任务 22　压缩包管理器 WinRAR

任务20
下载工具——迅雷

20.1 任务描述

电视台正在播放一部电视剧，小刘不愿意总看广告，也想早点知道电视剧的结局，于是从网络上找到了这部电视剧的资源，想把电视剧和主题曲从网上下载到自己的计算机上进行观看。

20.2 解决思路

影音文件等网络资源容量比较庞大，使用专用的下载工具能够更顺利地下载。迅雷是一个提供下载和自主上传功能的工具软件。迅雷使用的多资源超线程技术基于网格原理，能够将网络上存在的服务器和计算机资源进行有效的整合，构成独特的迅雷网络，通过迅雷网络各种数据文件能够以最快的速度进行传递。多资源超线程技术还具有互联网下载负载均衡功能，在不降低用户体验的前提下，迅雷网络可以对服务器资源进行均衡，有效降低了服务器负载。本任务将使用迅雷来完成小刘所需的电视剧和主题曲的下载。

20.3 任务实施

20.3.1 安装迅雷软件

迅雷软件的安装过程如下：

① 进入迅雷官方网站 http://www.xunlei.com，在"产品中心"中下载"迅雷"软件，或者在搜索引擎网站（如百度）中搜索"迅雷"软件进行下载。

下载工具

② 双击下载好的"迅雷"软件安装包，根据安装向导完成安装。

③ 安装后的迅雷软件主界面如图 20-1 所示。

迅雷主界面主要由"工具栏""任务管理栏""任务列表栏""搜索引擎"和"广告栏"几部分组成，不同版本的迅雷组成部分及其位置会有所差别。

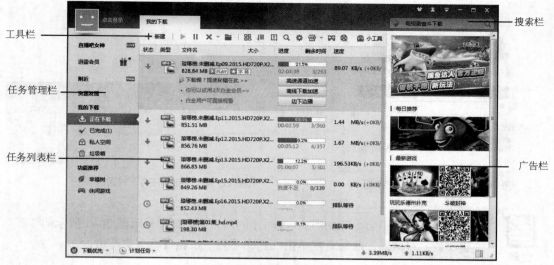

工具栏

搜索栏

任务管理栏

任务列表栏

广告栏

图 20-1 迅雷 7.9 主界面

20.3.2 下载视频文件

① 按照视频名称搜索资源下载页面（如在迅雷搜索栏里输入"电视剧 奋斗 下载"或在百度中进行搜索），找到需要的资源后，如果页面中有"迅雷下载"按钮，如图 20-2 所示，单击"迅雷下载"按钮进行单集下载，或单击"迅雷一键下载"按钮下载全部链接。

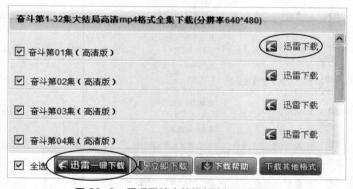

图 20-2 看吧网站中的视频资源下载页面

说明

　　　　识别正确的下载地址是实现正常下载的一个首要条件，因为有些资源可能会是人为上传的一些与实际资源内容不符的假信息。识别的方法是：可查看下载资源的评论或资源预览，或者查看下载地址中显示的文件扩展名，根据链接的下载文件的类型来进行判断。

单击"迅雷下载"按钮或"迅雷一键下载"按钮会弹出"选择方式"对话框，如图 20-3 所示。

普通用户单击"普通下载"按钮，即可打开"新建任务"对话框，如图 20-4 所示，在此对话框中可设置视频文件保存的路径，同时可单击文件名称进行修改。

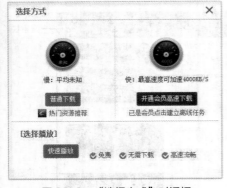

图 20-3 "选择方式"对话框

文件名

保存路径

图 20-4 "新建任务"对话框

说明

部分网站不会出现如图 20-3 所示的对话框，直接显示图 20-4 所示的"新建任务"对话框，此时直接单击"立即下载"按钮进行下载即可。

② 如下载资源页面中没有"迅雷下载"按钮，可在资源名称超链接上鼠标右击，在弹出的快捷菜单中选择"使用迅雷下载"菜单命令或选择"使用迅雷下载全部链接"菜单命令，如图 20-5 所示，然后选择下载方式并设置保存信息。

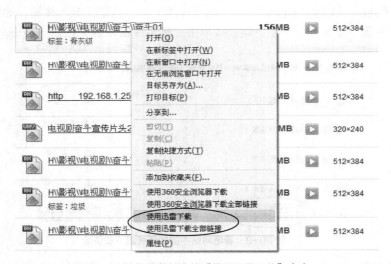

图 20-5 右键快捷菜单中的"使用迅雷下载"命令

③使用 BT 种子下载。BT 种子是一种计算机文件，大小在 1～500KB，扩展名是*.torrent。种子文件是记载下载文件的存放位置、大小、下载服务器的地址、发布者的地址等数据的一个索引文件。网络中提供了很多 BT 种子供用户批量集中下载电视剧或其他容量很大的文件。迅雷作为一种网络下载工具，不仅能下载网络上的一般资源，还支持 BT 下载。

图 20-6 BT 种子文件

BT 资源需要先下载资源的种子（也有部分 BT 资源不需要先下载种子，迅雷会自动直接下载），如下载一个 BT 种子文件"雍正王朝.torrent"，如图 20-6 所示。

双击该种子文件，如弹出窗口提示 Windows 无法打开此文件，如图 20-7 所示，则选择对话框中的"从已安装程序列表中选择程序（S）"。

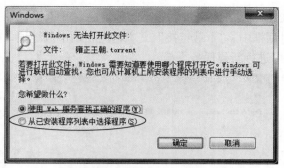

图 20-7　Windows 对话框

单击"确定"按钮后弹出"打开方式"对话框，如图 20-8 所示。可选择迅雷 7 作为打开文件的程序，也可勾选"始终使用选择的程序打开这种文件"，则以后双击种子文件时会直接打开迅雷进行下载。

单击"确定"按钮后弹出"新建 BT 任务"对话框，如图 20-9 所示。在对话框中可设置视频文件的保存信息，并在文件设置列表中选择所需下载的文件。

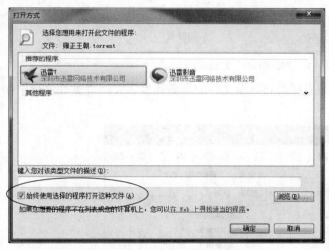

图 20-8　"打开方式"对话框

图 20-9　"新建 BT 任务"对话框

说明

如安装迅雷时默认设置了 BT 种子关联，则双击种子文件时直接弹出如图 20-9 所示的"新建 BT 任务"对话框。

④ 有些资源只提供了下载地址，并未设置超链接，如图 20-10 所示。

图 20-10　有、无超链接的下载地址

对于未设置超链接的下载资源，可复制下载地址后打开迅雷，单击迅雷工具栏中的"新建"按钮，在弹出的对话框中，"下载链接"文本框内粘贴下载地址，如图20-11所示，单击"立即下载"按钮后即可进行新建任务下载。

图20-11 "新建任务"对话框

新建下载任务后，在迅雷的任务列表栏中将显示文件的下载速度、完成进度等信息，如图20-12所示。

图20-12 任务列表

如希望在下载完成前预览视频中的内容，可使用迅雷 7 提供的边下载边播放功能。当下载电影时，单击下载任务列表中的"PLAY"按钮即可进行边下边播，如图20-12所示。

说明
　　　　要实现边下边播，平均下载速度至少达到80KB/s，并保持10秒钟以上。建议等下载到10%之后开始预览，以便得到更好的效果。

下载完成后，打开左侧任务管理栏中的"已完成"，双击想要观看的视频文件并选择播放器后可进行播放，或打开视频文件所在文件夹进行播放，也可进行视频文件的上传或转码等操作。

20.3.3 下载音频文件

下载音频文件的过程跟下载视频文件的过程相似，首先按照歌曲名称搜索资源，浏览搜索结果，并根据需要选择相应的资源找到下载页面。如在百度音乐中搜索歌曲"那些年"的结果，如图20-13所示。

	歌曲名	歌手名	专辑名	试听	歌词	链接	格式	大小	链接速度
01	那些年	胡夏	那些年,我们一起追的女孩 电影原声带	▶	歌	⬇	mp3	5.7M	▮▮▮▮▮▮▮
02	那些年	胡夏	燃点	▶	歌	⬇	mp3	5.6M	▮▮▮▮▮▮▮
03	那些年 我们心底的那个 ta	蓝天generation乐团	大学奇迹的旋律	▶		⬇	mp3	4.5M	▮▮▮▮▮▮▮
04	寂寞的咖啡因	柯震东	那些年,我们一起追的女孩 电影原声带	▶	歌	⬇	mp3	4.3M	▮▮▮▮▮▮▮

图 20-13　歌曲搜索结果

在结果列表中单击想要下载的歌曲右侧的链接按钮⬇进入下载页面下载歌曲，或单击试听按钮▶后打开"百度音乐盒"进行试听后下载。

 说明　有些网站提供的歌曲下载资源超链接不会打开播放器进行歌曲试播放，此时可在资源链接上直接选择"使用迅雷下载"菜单命令，下载完毕后再进行播放。

20.3.4　下载应用软件

音、视频文件下载成功后需使用播放器进行播放。播放器是一种应用软件，需要下载、安装后才可以使用。计算机中有许多类似的应用软件，如 Office 办公软件、浏览器等。这些应用软件的下载方式跟下载视频、音频文件的方法相似，首先按照软件名称搜索资源，如搜索"迅雷看看播放器"，浏览搜索结果，并根据需要打开相应的下载页面进行下载。网络上提供的应用软件资源多以压缩包的形式存在，所以用户下载成功后需经过解压方可安装使用。

在 20.3.3 节中，下载音乐时会弹出窗口提示下载应用软件"百度音乐客户端"，如图 20-14 所示。

单击"PC 客户端"，会弹出窗口提示进行"百度音乐客户端"的下载。不同浏览器的下载提示对话框有所不同，以 360 浏览器为例，下载对话框如图 20-15 所示。确定下载信息后单击"使用迅雷下载"即可打开迅雷完成应用软件的下载。

图 20-14　应用软件"百度音乐客户端"下载页面

图 20-15　应用软件下载提示对话框

20.4　知识拓展

用于下载网络资源的工具软件很多，除了本任务中介绍的迅雷软件外，目前比较常见的下载方式还有以下几种。

（1）直接下载

直接下载也称为浏览器下载，当计算机上未安装任何下载工具软件或浏览器默认设置是使用内建下载时，将使用直接下载的方式进行资源下载。如 20.3.4 节中，若在"新建下载任务"对话框中单击"下载"按钮，则使用直接下载的方式完成应用软件的下载。

若在 IE 浏览器中打开"百度音乐客户端"下载页面，下载对话框如图 20-16 所示。

图 20-16　IE 浏览器下载提示对话框

确定下载信息后单击"保存"按钮进行下载。下载完成后会弹出窗口提示下载已完成，如图 20-17 所示。此时可单击"运行"按钮进行"百度音乐客户端"的安装，或单击"打开文件夹"按钮查看所下载的应用软件。

图 20-17　下载完成提示对话框

（2）电驴下载

电驴是一个完全免费且开放源代码的 P2P 资源下载和分享软件，利用电驴可以将全世界所有的计算机和服务器整合成一个巨大的资源分享网络。用户既可以在这个电驴网络中搜索到海量的优秀资源，又可以从网络中的多点同时下载需要的文件，以达到最佳的下载速度；用户也可使用电驴快速上传分享文件，达到最优的上传速度和资源发布效率。电驴下载器的标志如图 20-18 所示。

（3）快车下载

快车（FlashGet）前称 JetCar（网际快车），是多线程及续传下载软件，是国内第一款也是唯一一款为世界 219 个国家的用户提供服务的中国软件。快车采用基于业界领先的 MHT 和 P4S 下载技术，把一个文件分成几个部分同时下载，下载速度可以提高 100%～500%。FlashGet 可以创建不限数目的类别，每个类别指定单独的文件目录，不同的类别保存到不同的目录中去，强大的管理功能包括支持拖曳、更名、添加描述、查找、文件名重复时可自动重命名等，而且下载前后均可轻易管理文件。快车下载器的标志如图 20-19 所示。

图 20-18　电驴下载器标志

图 20-19　快车下载器标志

20.5　任务总结

Internet 是一个巨大的资源宝库，本任务通过小刘在网络上查找并下载电视剧及主题曲的实例，详细介绍了如何使用迅雷软件下载视频文件、音频文件、应用软件等网络资源的方法。目的是使读者熟悉并掌握常用网络下载工具——迅雷的基本使用方法和解决在下载中出现的一些问题。通过本任务的学习，读者应学会使用搜索引擎查找对自己有用的资料，并学会使用迅雷软件对网络上共享的资源进行下载。

20.6　实践技能训练

1.实训目的
掌握使用迅雷下载资源的方法。

2.实训要求及步骤
① 启动迅雷，熟悉迅雷 7 主界面的主要组成部分。
② 在本地磁盘 E 盘中新建一个以自己名字命名的文件夹。
③ 在因特网中搜索"网页制作视频教程"资源并使用迅雷进行下载。
④ 将下载资源文件名命名为"网页制作视频教程"，并将下载的视频教程保存到 E 盘以自己名字命名的文件夹中。

PART 21
任务 21
PDF 阅读器——
Adobe Reader

21.1 任务描述

　　学生小赵下学期要学习 Qt 编程技术，小赵想在假期里自学一下，但教材还没发。于是小赵在网上下载了一些 Qt 编程技术方面的书，但下载成功以后发现这些文件的扩展名都是 *.pdf，双击无法打开，小赵希望能找到一种可以方便地阅读 PDF 文档的软件。

21.2 解决思路

　　PDF（Portable Document Format，便携文件格式）是 Adobe 公司制定的一种特定格式的文档，这种文档不仅能够保留原有文件的面貌和内容、字体与图像，还可以实现在 Windows、UNIX、Linux 等系统上的跨平台使用。为了便于在网络上发表、传输和保存，许多文档都有其 PDF 格式的版本。

　　阅读 PDF 电子书籍需要专用的电子图书浏览工具软件。目前可浏览电子图书的工具软件有多种，如 Adobe 公司的 Adobe Reader 是一个专用于打开 PDF 文件进行阅读、管理和打印的工具软件。本任务的解决思路即为使用 Adobe Reader 阅读小赵下载的 PDF 文档。

21.3 任务实施

21.3.1 认识 Adobe Reader 软件

PDF 阅读器

　　以 Adobe Reader9 为例，安装成功后，所有以 *.pdf 为扩展名的文件的图标将会变成如图 21-1 所示。

　　双击此 PDF 文档，可打开 Adobe Reader 软件，显示文档中的内容，如图 21-2 所示。

　　默认打开的 Adobe Reader 工具栏中包括：A. 文件工具栏，B. "页面导览"工具栏，C. "选择和缩放"工具栏，D. "页面显示"工具栏，E. "查找"工具栏，如图 21-3 所示。

图 21-1　PDF 文档

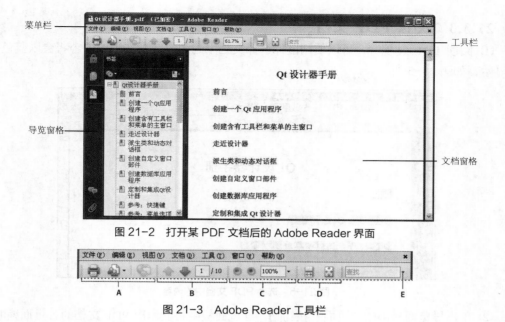

图 21-2　打开某 PDF 文档后的 Adobe Reader 界面

图 21-3　Adobe Reader 工具栏

21.3.2　打开 PDF 文档

打开 PDF 的方式一般有一下几种。

1. 在应用程序内打开 PDF

运行 Adobe Reader 应用程序，选择"文件"→"打开"菜单命令，或单击工具栏中的"打开"按钮。在"打开"对话框，请选择一个或多个 PDF 文档文件名，然后单击"打开"按钮。

> **说明**　　如果已打开多个文档，可以从"窗口"菜单选择文档名称，在文档之间进行切换。在 Windows 中，每个打开文档的按钮都位于 Windows 任务栏上。单击相应按钮可以在打开的文档之间进行切换。

2. 从桌面或在其他应用程序里打开 PDF

① 要打开本地磁盘中保存的 PDF 文档，可直接双击 PDF 文件图标。

② 要打开附加到一个电子邮件的 PDF 文档，可打开电子邮件，然后双击 PDF 图标。

③ 要打开链接到网页的 PDF，单击 PDF 文件链接，通常会在网络浏览器内直接打开 PDF。

当 PDF 文档的图标不是　，或在 Mac OS 系统中，无法通过双击文件图标来打开 Adobe Reader 软件阅读 PDF 文档时，可在 PDF 文档上单击鼠标右键，打开快捷菜单后选择"使用 Adobe Reader 9 打开"；或选择"打开方式"→"Adobe Reader 9.5"菜单命令进行阅读，如图 21-4 所示。

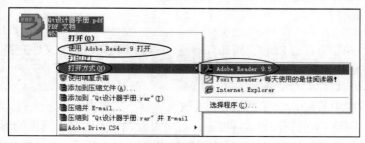

图 21-4　通过快捷菜单选择打开方式

21.3.3 阅读 PDF 文档

① 阅读 PDF 文档时，可以使用鼠标选择文档中的内容，被选中的内容将会以蓝色背景色显示，如图 21-5 所示。

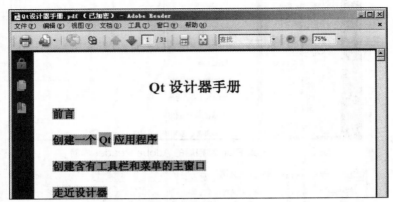

图 21-5　选中 PDF 文档中的内容

② 单击导览面板中的"页面"按钮，导览面板中将显示出 PDF 文档的各页面缩略图，如图 21-6 左侧导览面板所示。单击相应缩略图，可快速打开对应的页面。再次单击"页面"按钮，可关闭页面缩略图。

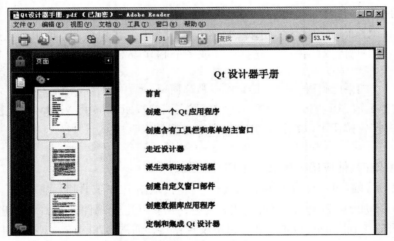

图 21-6　导览面板中的页面缩略图

③ 单击导览面板中的"书签"按钮，导览面板中将显示出 PDF 文档的目录，如图 21-7 左侧导览面板所示。单击相应目录链接，便可快速打开相关页面进行阅读。再次单击"书签"按钮，可关闭书签内容。

说明

并非所有的 PDF 文档都有书签，这与 PDF 文档的源文件有关，而与 Adobe Reader 无关。

④ 单击工具栏中的 按钮和 按钮，可放大或缩小文档内容显示比例。若要达到最佳的阅读效果，单击工具栏上的 按钮或 按钮，可将页面调节到较易于阅读的形式。

⑤ 如果用户使用的是三键鼠标，可使用鼠标滚动键滚动页面，或者单击状态栏上的 按

钮和⬇按钮进行翻页。

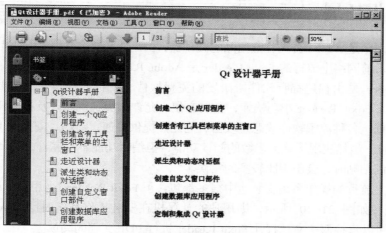

图 21-7　导览面板中的书签

⑥ 在阅读 PDF 文档时，选择菜单栏上的"视图"→"全屏"菜单命令或选择"视图"→"自动滚屏"菜单命令，可以实现文档的全屏阅读或自动滚屏功能。

⑦ 单击工具栏上的🖨按钮，设置打印参数后即可打印 PDF 文档。

21.3.4　复制 PDF 文档中的文字或图片

当需复制 PDF 文档中的某段文本或某张图片时，可通过选择复制文字或图片的方式来获取内容，操作步骤如下。

STEP 1 打开 PDF 文档后，在页面上单击鼠标右键，在弹出的快捷菜单中选择"选择工具"菜单命令，如图 21-8 所示。

STEP 2 从要复制内容的起始位置按下鼠标左键并拖动鼠标，选择需要的文字或图片。在所选内容区域单击鼠标右键，在弹出的快捷菜单中选择"复制"菜单命令；或直接选择菜单栏上的"编辑"→"复制"菜单命令，就可将所选文字或图片复制到剪贴板中。

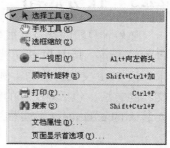

STEP 3 用同样的方法也可完成图片的复制，复制完成后即可将文本或图片粘贴在其他地方。

图 21-8　"选择工具"菜单命令

由于 PDF 文档是纯粹的只读文件，也是一种复杂的文件格式，因此 Adobe Reader 提供的编辑功能并不强大。

说明

为保护作者版权，有些 PDF 是被加密的。当打开的 PDF 文档标题栏显示"已加密"，如图 21-9 所示，则该 PDF 文档中的内容无法复制粘贴，只能进行阅读或者打印。

图 21-9　已加密的 PDF 文档

21.4　知识拓展

Adobe Reader 是 Adobe 公司官方出品的阅读器，稳定性和兼容性好，但缺点是体积庞大，启动速度慢。目前网络上流行的 Foxit Reader 是 Adobe Reader 的最佳替代工具。

Foxit Reader 是由福建福昕软件所研发的免费软件，支持的操作系统主要以 Microsoft Windows 为主。Foxit Reader 小巧快速，安装方便，允许浏览、审阅以及打印任何 PDF 文档的软件，可以抵抗各种流氓软件或恶意攻击，为用户提供快速、流畅、安全的阅读体验。

Foxit Reader 虽然实现了绝大多数的阅读功能，但编辑功能不够完善，选择 PDF 文档中的内容进行复制粘贴时，会出现比较多的错误。

目前市场上流行的操作系统安装包中很多都包含了 Foxit Reader。当用户下载下来的 PDF 文档显示的图标如图 21-10 所示，则用户的计算机在安装操作系统时已默认安装了 Foxit Reader，此时可以直接双击文档打开 Foxit Reader 进行 PDF 文档的阅读。

图 21-10　以 Foxit Reader 为默认 PDF 阅读器的 PDF 文档图标

21.5　任务总结

随着计算机的普及，很多书籍由传统的纸质化向电子化迈进，如 PDF 文档、CAJ 文档、PDG 文档等。其中 PDF 文档是网络中使用最多的电子书籍类型之一。本任务通过学生小赵寻求阅读 PDF 文档方法的实例，详细介绍了使用 PDF 阅读器 Adobe Reader9 阅读并编辑 PDF 文档的方法，包括对文档的放大、缩小、打印、复制、粘贴等。通过本任务的学习，应掌握安装 Adobe Reader9 阅读器并使用 Adobe Reader9 阅读和编辑 PDF 文档的方法。

21.6　实践技能训练

1. 实训目的

掌握 PDF 文档的阅读方法。

2. 实训要求及步骤

① 下载并安装 Adobe Reader9。

② 启动 Adobe Reader，熟悉 Adobe Reader 主界面的主要组成部分。

③ 在因特网中搜索并下载"计算机应用基础.pdf"。

④ 使用 Adobe Reader 打开"计算机应用基础.pdf"。

⑤ 新建一个以"PDF 文档转换"为名称的 Word 文档，将"计算机应用基础.pdf"文档中的第 3 页内容复制到该 Word 文档中。

PART 22

任务 22
压缩包管理器 WinRAR

22.1　任务描述

周末，小王和小李相约爬山，并使用小李的数码相机拍摄了很多照片。晚上回家后小王请小李通过邮箱把照片发送给他，但照片多达几十张，逐一发送费时费力。小李希望能够寻找一种便捷的方法，既减少网络传输文件的数据量，又可以保护文件不会受损。

22.2　解决思路

本任务的解决思路如下：选择需要发送的所有照片，使用免费的压缩包管理器 WinRAR进行压缩，将压缩好的照片压缩包通过邮箱发送给小王。小王收到邮件后，使用压缩包管理器 WinRAR 对照片压缩包进行解压，便可正常欣赏照片。如果文件过大，无法通过邮箱发送，还可在压缩文件时设置分卷压缩，然后分别发送。

22.3　任务实施

22.3.1　了解 WinRAR

当通过 E-mail、FTP、QQ 等各种方式向远程计算机传送文件时，常因为网络速度限制而影响传输时间。在无法提高网络速度的前提下，可以通过压缩文件、减小文件容量来提高传输速率。

WinRAR 是一款功能强大的压缩包管理器，它是档案工具 RAR 在 Windows 环境下的图形界面。该软件可用于备份数据，缩减电子邮件附件的大小，解压缩从 Internet 上下载的 RAR、ZIP2.0 及其他文件，并且可以新建 RAR 及 ZIP 格式的文件。WinRAR是目前最流行的压缩工具之一，界面友好，使用方便，在压缩率和速度方面都有很好的表现。用户可在网络中下载免费版安装使用。

压缩包管理器

22.3.2　安装 WinRAR 软件

以 WinRAR4.11 简体中文试用版为例，安装步骤和方法如下。

① 双击 WinRAR.exe 压缩包安装程序，弹出 WinRAR 安装界面，如图 22-1 所示。单击"浏览"按钮，选择好安装路径后单击"安装"按钮开始安装。

② 安装过程中会弹出设置对话框，如图 22-2 所示。选择相应的复选框进行设置，单击"确定"按钮继续安装。

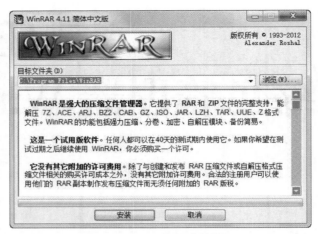

图 22-1　WinRAR 安装界面

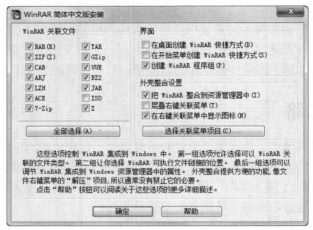

图 22-2　安装设置

③ 安装完成会弹出 WinRAR 安装完成的提示框，如图 22-3 所示。单击"完成"按钮即可成功安装 WinRAR。

④ 成功安装 WinRAR 后，在程序菜单里可以查看到 WinRAR 的项目条，如图 22-4 所示。

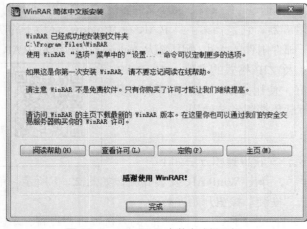

图 22-3　WinRAR 安装完成提示框

图 22-4　WinRAR 项目条

22.3.3　文件压缩操作

1. 一般方式

下面以小李制作照片压缩包为例，说明从 WinRAR 图形界面压缩文件的方法和步骤。

① 选中要压缩的一个或者多个文件或文件夹，在选中的文件或文件夹图标上单击鼠标右键，弹出快捷菜单，如图 22-5 所示。

② 如果选择"添加到照片.rar"菜单命令，会直接在当前目录下生成一个压缩包文件，完成所选对象的压缩；如果选择"添加到压缩文件"菜单命令，则打开"压缩文件名和参数"对话框，如图 22-6 所示，设置参数后单击"确定"按钮，即可开始执行压缩文件操作。

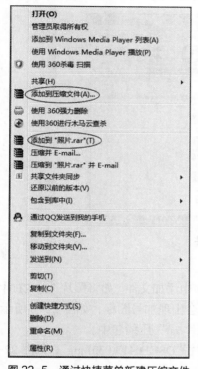

图 22-5　通过快捷菜单新建压缩文件

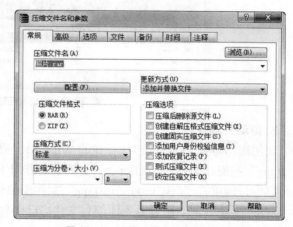

图 22-6　设置压缩文件名和参数

说明

在"压缩文件名和参数"对话框的"常规"选项卡中包括下列项目。

● 压缩文件名：可以输入包含驱动器号的名称或者是完整路径给压缩文件。单击"浏览"按钮可修改压缩文件保存的路径。

● 配置：打开此菜单允许创建新配置、管理和选择压缩配置。

● 压缩文件格式：RAR 或 ZIP，如果选择 ZIP 格式，不支持这种压缩文件格式的一些高级选项将不会被启用。

● 压缩方式：WinRAR 支持六种压缩方法："标准""最快""快速""常规""较好"和"最好"。

● 压缩分卷大小，字节：如果要创建卷，在这里输入单个卷的大小；如果使用 RAR 格式压缩到可移动磁盘，可以从列表中选择"自动检测"字符串，而 WinRAR 将会自动为新的分卷选择分卷的大小。

● 更新方式：包括添加并替换文件（默认）、添加并更新文件、只刷新已存在的文件、覆盖前询问、跳过已存在的文件、同步压缩文件内容。

● 压缩选项：包括压缩后删除源文件、创建自解压式压缩文件、创建固实压缩文件、添加用户身份校验信息、添加恢复记录、测试压缩文件、锁定压缩文件。

2.从 WinRAR 图形界面压缩文件

① 启动 WinRAR，进入 WinRAR 操作界面，如图 22-7 所示。

② 在地址栏内输入或选择压缩文件保存路径，在文件列表框里选择所要压缩的文件或文件夹（可选择多个）。

③ 单击"添加"按钮或选择"命令"→"添加文件到压缩文件中"菜单命令。

图 22-7　选择要压缩的文件

3.拖动方式

使用拖动方式，可以向已经存在的 WinRAR 压缩文件中添加文件。如将照片"DSCF0415 (033).jpg"拖到"照片.rar"图标上，此时鼠标指针右下角会出现加号图标，如图 22-8 所示。松开鼠标，即可将"DSCF0415(033).jpg"文件添加到"照片.rar"压缩包中。

双击"照片.rar"，可以看到压缩包文件中已经包含照片"DSCF0415(033).jpg"，如图 22-9 所示。

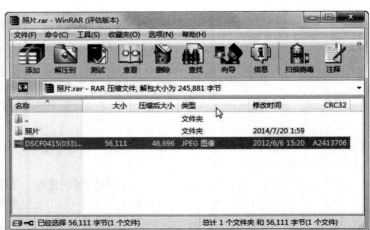

图 22-8　添加文件到压缩文件　　　　　　　　图 22-9　拖动文件到压缩包中

22.3.4　文件解压缩操作

解压是压缩的逆操作，操作也非常简单，一般有如下几种方式。

1. 一般方法

以解压"照片.rar"为例，直接用鼠标右键单击该文件，在弹出的快捷菜单中选择"解压文件"菜单命令，或者选择"解压到当前文件夹"菜单命令，或者选择"解压到照片"菜单命令。只有选择"解压文件"菜单命令时，会弹出"解压路径和选项"对话框，如图 22-10 所示，其他选择则直接执行解压操作。

图 22-10　"解压路径和选项"对话框

"解压路径和选项"对话框启用时，可以改变解压文件的目标文件夹。默认的文件夹与压缩文件所在位置相同，也可以在"目标路径"区域输入新的路径，或是从文件夹树窗格中选择一个已存在的文件夹。

同时，也可以使用"新建文件夹"按钮创建一个新的文件夹。

2. 解压分卷压缩文件

因照片太多，小李把这次的照片按 20MB 的大小进行了分卷压缩，生成了若干个分卷压缩文件。小王收到邮件后要解压这些分卷压缩的文件，需选中其中任意一个分卷，右键单击该文件即可对分卷文件进行合并解压。

如果有任一分卷不在当前文件夹下，当解压到该分卷时，会弹出"需要下一压缩分卷"对话框，如图 22-11 所示。可以通过"浏览"按钮找到分卷所在位置，单击"确定"按钮继续解压文件。如果分卷丢失则无法继续解压文件。

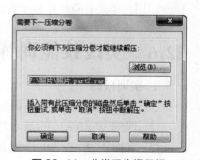

图 22-11　分卷丢失提示框

22.4　知识拓展

WinRAR 除了上述功能外，还提供了文件查看、评估压缩率、修复损坏的压缩文件等功能，这里仅简要介绍为压缩包设置密码的操作。

选择需要压缩的文件进行压缩，在打开的"压缩文件名和参数"对话框中，选择"高级"选项卡，如图 22-12 所示。

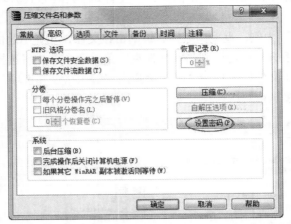

图 22-12　"压缩文件名和参数"对话框中的"高级"选项卡

在打开的"高级"选项卡面板中单击"设置密码"按钮，弹出"输入密码"对话框，在此界面中输入密码即可完成带密码压缩。

说明

不同版本的 WinRAR 中"设置密码"的按钮位置可能会有所不同，如 WinRAR5.20 版本中的"设置密码"按钮位于"常规"选项卡中。

如果 WinRAR 遇到加密的文件，解压时会提示用户输入密码。只有输入正确的密码，才能完成加密压缩文件的解压。

22.5　任务总结

本任务结合实际，通过对邮件中附件的压缩和解压缩操作，介绍压缩包管理器 WinRAR 的特点和基本功能。通过本任务的学习，应当掌握 WinRAR 的基本操作方法。WinRAR 的功能和操作在用户整理计算机中的文件时非常有用，会使计算机里的文件占用更少的空间，便于查找。

22.6　实践技能训练

1. 实训目的

① 熟悉 WinRAR 操作界面及操作界面设置方法。

② 理解 WinRAR 的基本功能。

③ 掌握用 WinRAR 压缩及解压缩文件的方法。

2. 实训要求

① 选择 100 张照片或图片，按 20M 大小进行分卷压缩。

② 尝试三种压缩方法。

③ 观察压缩完成后的文件。

④ 把压缩后的文件传递给另外的同学，请他对文件进行解压缩。

⑤ 讨论压缩和解压缩文件过程中出现的问题或现象。

项目八

全国计算机等级考试一级 MS Office 考试

任务 23　认识全国计算机等级考试一级 MS Office 考试

任务 23
认识全国计算机等级考试
一级 MS Office 考试

23.1 任务描述

小张马上要毕业了，但毕业需要有计算机证、英语证和职业资格证三证才能换来毕业证，小张在大一的时候由于特殊原因没有学习计算机应用课程，更不用说考证了，现在要拿证，需要参加计算机等级考试，怎样能练习一下计算机等级考试的内容呢？这时老师给他推荐了一个计算机等级考试模拟软件，这个模拟软件可以帮助他熟悉计算机等级考试。

23.2 解决思路

本任务的解决思路如下。
① 了解计算机等级考试一级 MS Office 考试的时间和环境。
② 了解计算机等级考试一级 MS Office 考试考的题型和分数分布情况。
③ 熟悉计算机等级考试一级 MS Office 考试的界面及相关操作。
④ 了解全国计算机等级考试一级 MS Office 考试大纲。
⑤ 熟悉全国计算机等级考试一级 MS Office 考试具体题型。

23.3 任务实施

23.3.1 考试时间和运行环境

全国计算机等级考试每年考试两次，分别在 3 月及 9 月举行，具体日期以官方公布为准。
考试形式：采用无纸化考试上机操作。
考试时间：90 分钟。
软件环境：Windows 7 操作系统，Microsoft Office 2010 办公软件。

23.3.2 题型和分值布置

（1）选择题（计算机基础知识和网络的基本知识）。（20 分）
（2）Windows 操作系统的使用。（10 分）
（3）文字处理软件 Word 操作。（25 分）
（4）电子表格软件 Excel 操作。（20 分）

（5）演示文稿 PowerPoint 操作。（15 分）

（6）浏览器的简单使用和电子邮件的收发。（10 分）

23.3.3　考试界面与相关操作

双击桌面上的"全国计算机等级考试一级 MSOffice 考试模拟系统"图标，出现模拟系统主界面，如图 23-1 所示。

单击"开始登录"按钮，出现登录界面，如图 23-2 所示。

图 23-1　全国计算机等级考试上机考试系统主界面

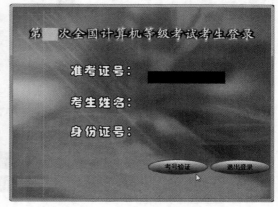

图 23-2　输入准考证界面 1

在准考证号栏中输入模拟软件默认的准考证号，该软件默认的准考证号为 150199990001，如图 23-3 所示。

准考证输入完毕后，单击"考号验证"按钮，打开"登录显示"消息框，如图 23-4 所示，系统根据准考证号匹配考生姓名和身份证号，验证输入信息是否正确。

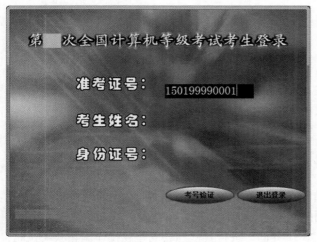

图 23-3　输入准考证界面 2

图 23-4　"登录显示"消息框

如果输入的信息不正确，单击"否"按钮，返回到图 23-3 界面，重新输入即可，如果输入的信息正确，单击"是"按钮，打开"登录信息"显示界面，如图 23-5 所示。

单击"开始考试"按钮，打开"考试信息"显示界面，其中显示各个部分试题的分数分配，如图 23-6 所示。

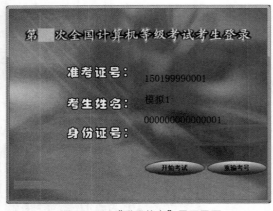
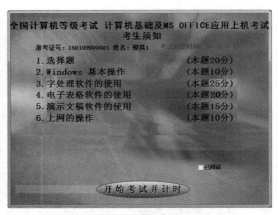

图 23-5 "登录信息"显示界面　　　　　　　　图 23-6 "考试信息"显示界面

　　单击"开始考试并计时"按钮，进入答题主界面，如图 23-7 所示，并且开始计时，该模拟系统采用倒计时方式进行计时。在此界面中，可以任选某一部分进行答题，没有先后顺序。下面按排列顺序，介绍各个部分的答题操作。

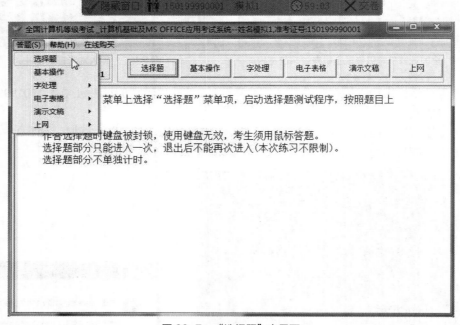

图 23-7 "选择题"主界面

　　首先选择"答题"→"选择题"菜单命令，出现选择题的答题界面，如图 23-8 所示。本次考试共有 20 道选择题，可以选择下面的题号进行选择做题，在完成所有选择题操作后，一定要单击"保存并退出"按钮，回到图 23-7 界面，进行其他题目的答题操作。正式考试时，选择题部分只能进入一次，退出后不能再次进入。

　　在图 23-7 所示的界面上，单击"基本操作"命令按钮，打开基本操作题的试题，如图 23-9 所示。选择"答题"→"基本操作"菜单命令，打开"Windows 资源管理器"界面，出现如图 23-10 所示。在这个"Windows 资源管理器"界面中完成基本操作题的相应操作，完成操作后，关闭"Windows 资源管理器"窗口，回到图 23-9 界面。

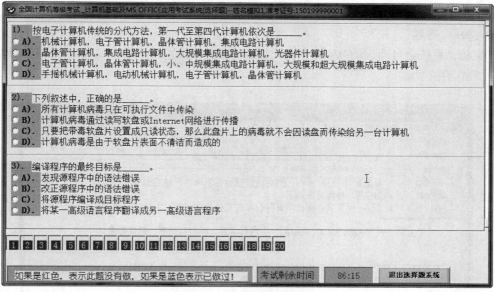

图 23-8 "选择题"操作界面

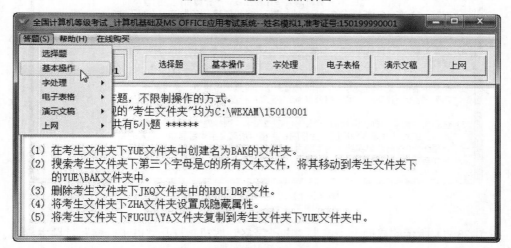

图 23-9 "基本操作"题主界面

图 23-10 Windows 资源管理器界面

在图 23-9 所示的界面上，单击"字处理"按钮，打开"字处理"试题主界面，如图 23-11 所示。选择"答题"→"字处理"菜单命令，打开"字处理"菜单中的相应考题，单击相应 Word 文档，系统会自动启动 Word 并打开相应文档，根据题目要求，完成相应操作，操作完成后注意保存文档。

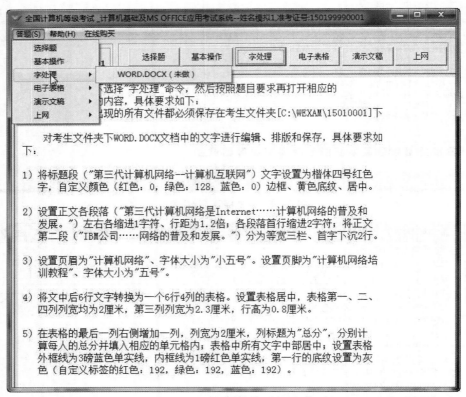

图 23-11　"字处理"试题主界面

在图 23-11 所示的界面上，单击"电子表格"按钮，打开"电子表格"试题主界面，如图 23-12 所示。选择"答题"→"电子表格"菜单命令，打开"电子表格"菜单中的相应考题，单击相应 Excel 文档，系统会自动启动 Excel 并打开相应文档，根据题目要求，完成相应操作后保存并退出文档。

在图 23-12 所示的界面上，单击"演示文稿"按钮，打开"演示文稿"题主界面，如图 23-13 所示。选择"答题"→"演示文稿"菜单命令，打开"演示文稿"菜单中的相应考题，单击相应 PPT 文档，系统会自动启动 PowerPoint 并打开相应文档，根据题目要求，完成相应操作后保存并退出文档。

在图 23-13 所示的界面上，单击"上网"按钮，打开"上网"试题主界面，如图 23-14 所示。在本类题中有网页浏览和电子邮件的收发两类试题，分别对应不同的应用软件，不同试题，上网题是不同的。选择"答题"→"上网"→"Internet Explore"菜单命令，系统会自动启动 IE，根据题目要求，完成相应操作；选择"答题"→"上网"→"Outlook Express"菜单命令，系统会自动启动 Outlook Express，根据题目要求，完成电子邮件收发操作。

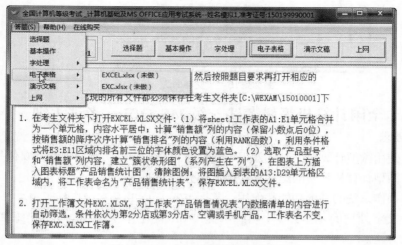

图 23-12　"电子表格"试题主界面

1. 在考生文件夹下打开EXCEL.XLSX文件：（1）将sheet1工作表的A1:E1单元格合并为一个单元格，内容水平居中；计算"销售额"列的内容（保留小数点后0位），按销售额的降序次序计算"销售排名"列的内容（利用RANK函数）；利用条件格式将E3:E11区域内排名前三位的字体颜色设置为蓝色。（2）选取"产品型号"和"销售额"列内容，建立"簇状条形图"（系列产生在列"），在图表上方插入图表标题"产品销售统计图"，清除图例；将图插入到表的A13:D29单元格区域内，将工作表命名为"产品销售统计表"，保存EXCEL.XLSX文件。

2. 打开工作簿文件EXC.XLSX，对工作表"产品销售情况表"内数据清单的内容进行自动筛选，条件依次为第2分店或第3分店、空调或手机产品，工作表名不变，保存EXC.XLSX工作簿。

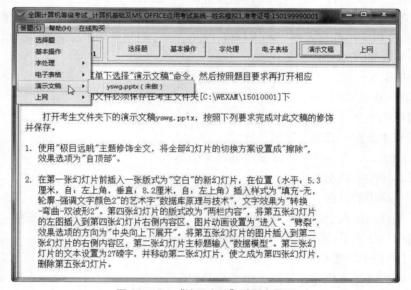

图 23-13　"演示文稿"试题主界面

打开考生文件夹下的演示文稿yswg.pptx，按照下列要求完成对此文稿的修饰并保存。

1. 使用"极目远眺"主题修饰全文，将全部幻灯片的切换方案设置成"擦除"，效果选项为"自顶部"。

2. 在第一张幻灯片前插入一张版式为"空白"的新幻灯片，在位置（水平：5.3厘米，自：左上角，垂直：8.2厘米，自：左上角）插入样式为"填充-无，轮廓-强调文字颜色2"的艺术字"数据库原理与技术"，文字效果为"转换-弯曲-双波形2"。第四张幻灯片的版式改为"两栏内容"，将第五张幻灯片的左图插入到第四张幻灯片右侧内容区。图片动画设置为"进入"、"劈裂"，效果选项的方向为"中央向上下展开"。将第五张幻灯片的图片插入到第二张幻灯片的右侧内容区，第二张幻灯片主标题输入"数据模型"。第三张幻灯片的文本设置为27磅字，并移动第二张幻灯片，使之成为第四张幻灯片，删除第五张幻灯片。

图 23-13　"演示文稿"试题主界面

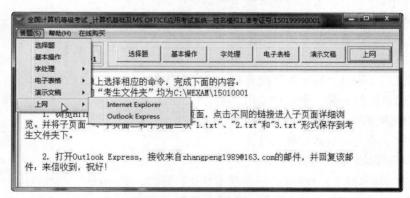

图 23-14　"上网"试题主界面

1. 浏览HTTP页面，点击不同的链接进入子页面详细浏览。并将子页面一、子页面二和子页面三以"1.txt"、"2.txt"和"3.txt"形式保存到考生文件夹下。

2. 打开Outlook Express，接收来自zhangpeng1989@163.com的邮件，并回复该邮件：来信收到，祝好！

所有考题做完后，所有文件保存并且关闭，单击"交卷"按钮，出现图23-15所示界面，单击"确认"按钮后，系统会自动提交试卷，考试结束。

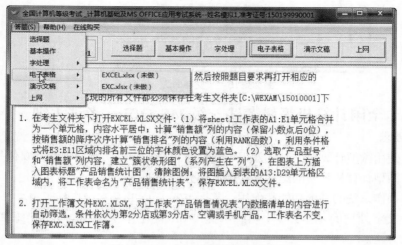

图 23-15　"交卷确认"界面

23.3.4　全国计算机等级考试一级 MS Office 考试大纲

1. 基本要求

① 具有使用微型计算机的基础知识（包括计算机病毒的防治常识和多媒体基础知识）。

② 了解微型计算机系统的组成和各组成部分的功能。

③ 了解操作系统的基本功能和作用，掌握 Windows 的基本操作和应用。

④ 了解文字处理的基本知识，熟练掌握 Word 的基本操作和应用，熟练掌握一种汉字（键盘）输入方法。

⑤ 了解电子表格软件的基本知识，掌握 Excel 的基本操作和应用。

⑥了解演示文稿的基本知识，掌握演示文稿制作软件 PowerPoint 的基本操作和应用。

⑦了解计算机网络的基本概念和因特网（Internet）的初步知识，掌握 IE 浏览器软件和 Outlook2010 软件的基本操作和使用。

2. 考试内容

（1）计算机基础知识

① 计算机的发展、类型及其应用领域。

② 计算机中数据的表示、存储与处理。

③ 计算机软、硬件系统的组成及主要技术指标。

④ 多媒体技术的概念与应用。

⑤ 计算机病毒的概念、特征、分类与防治。

⑥ 计算机网络的概念、组成和分类；计算机与网络信息安全的概念和防控。

⑦ 因特网网络服务的概念、原理和应用。

（2）操作系统的功能和使用

① 操作系统的基本概念、功能、组成和分类。

② Windows 操作系统的基本概念和常用术语，文件、文件夹、库等。

③ Windows 操作系统的基本操作和应用。

● 桌面外观的设置，基本的网络配置。

● 熟练掌握资源管理器的操作与应用。

● 掌握文件、磁盘、显示属性的查看、设置等操作。

● 中文输入法的安装、删除和选用。

● 掌握检索文件、查询程序的方法。

● 了解软、硬件的基本系统工具。

（3）文字处理软件的功能和使用

① Word 的基本概念，Word 的基本功能和运行环境，Word 的启动和退出。

② 文档的创建、打开、输入、保存等基本操作。

③ 文本的选定、插入与删除、复制与移动、查找与替换等基本编辑技术；多窗口和多文档的编辑。

④ 字体格式设置、段落格式设置、文档页面设置、文档背景设置和文档分栏等基本排版技术。

⑤ 表格的创建、修改；表格的修饰；表格中数据的输入与编辑；数据的排序和计算。

⑥ 图形和图片的插入；图形的建立和编辑；文本框、艺术字的使用和编辑。

⑦ 文档的保护和打印。

（4）电子表格软件的功能和使用

① 电子表格的基本概念和基本功能，Excel 的基本功能、运行环境、启动和退出。

② 工作簿和工作表的基本概念和基本操作，工作簿和工作表的建立、保存和退出；数据输入和编辑；工作表和单元格的选定、插入、删除、复制、移动；工作表的重命名和工作表窗口的拆分和冻结。

③ 工作表的格式化，包括设置单元格格式、设置列宽和行高、设置条件格式、使用样式、自动套用模式和使用模板等。

④ 单元格绝对地址和相对地址的概念，工作表中公式的输入和复制，常用函数的使用。

⑤ 图表的建立、编辑和修改以及修饰。

⑥ 数据清单的概念，数据清单的建立，数据清单内容的排序、筛选、分类汇总，数据合并，数据透视表的建立。

⑦ 工作表的页面设置、打印预览和打印，工作表中链接的建立。

⑧ 保护和隐藏工作簿和工作表。

（5）电子演示文稿软件 PowerPoint 的功能和使用

① 中文 PowerPoint 的功能、运行环境、启动和退出。

② 演示文稿的创建、打开和保存。

③ 演示文稿视图的使用，幻灯片基本操作（版式、插入、移动、复制和删除）。

④ 幻灯片基本制作（文本、图片、艺术字、形状、表格等插入及其格式化）。

⑤ 演示文稿主题选用与幻灯片背景设置。

⑥ 演示文稿放映设计（动画设计、放映方式、切换效果）。

⑦ 演示文稿的打包和打印。

（6）因特网（Internet）的初步知识和应用

① 了解计算机网络的基本概念和因特网的基础知识，主要包括网络硬件和软件，TCP/IP 的工作原理，以及网络应用中常见的概念，如域名、IP 地址、DNS 服务等。

② 能够熟练掌握浏览器、电子邮件的使用和操作。

23.4 任务总结

通过介绍全国计算机等级考试一级 MSOffice 等级考试的模拟，可以了解一级等级考试的知识点分布和考试流程。

23.5 实践技能训练

实训 计算机等级考试模拟训练

1.实训目的

① 了解计算机等级考试模拟软件的安装方法。

② 了解计算机等级考试的时长、考试环境、题型和分数分布情况。

③ 熟悉计算机等级考试的界面及相关操作。

2. 实训要求

① 安装计算机等级考试的模拟软件。

② 进行计算机等级考试的模拟考试。

③ 分析考试结果。